U0270001

高温季节建筑施工安全健康

陈炳泉　伊文　杨扬　赵一洁　编著

中国建筑工业出版社

图书在版编目（CIP）数据

高温季节建筑施工安全健康/陈炳泉等编著. —北京：中国建筑工业出版社，2018.10
ISBN 978-7-112-22649-8

Ⅰ.①高…　Ⅱ.①陈…　Ⅲ.①建筑施工-高温作业-安全管理
Ⅳ.①TU714

中国版本图书馆 CIP 数据核字（2018）第 204124 号

本书为香港理工大学陈炳泉教授及其团队成员共同编写完成，主要包括：高温作业与危害、高温下建筑施工健康安全、高温下建筑施工安全管理、高温下建筑施工健康安全实验研究、高温下建筑施工健康安全的对策和展望等内容。

本书适合广大建筑施工管理人员、安全管理人员等阅读。

责任编辑：张伯熙　刘　江
责任设计：李志立
责任校对：张　颖

高温季节建筑施工安全健康

陈炳泉　伊文　杨扬　赵一洁　编著

*

中国建筑工业出版社出版、发行（北京海淀三里河路 9 号）
各地新华书店、建筑书店经销
北京科地亚盟排版公司制版
北京京华铭诚工贸有限公司印刷

*

开本：787×1092 毫米　1/16　印张：12　字数：295 千字
2019 年 11 月第一版　2019 年 11 月第一次印刷
定价：**38.00** 元
ISBN 978-7-112-22649-8
（32745）

版权所有　翻印必究
如有印装质量问题，可寄本社退换
（邮政编码 100037）

序

　　全球变暖与气候变化是当今人类面临的主要环境问题。其中，高温酷暑是众多天气灾害之一。近来高温酷暑现象日益显著，给人们的生活和健康带来伤害，甚至危及生命。建筑业是我国国民经济的重要支柱产业之一，与国家的社会经济发展、人民的生活水平有着紧密联系，因此工程建设的安全备受政府和业界的关注。

　　高温下建筑业的健康安全已成为建筑工程管理的焦点。本书通过文献回顾、事故案例分析、气候实验室研究，以及建筑工地实地调研与测试等工作，分析和总结了建筑业防暑降温措施的现状，探索了高温下建筑施工的作息时间安排，研制了建筑业的抗热工作服，开发了高温预警智能设备，并提出了改善我国建筑业高温事故频发的具体对策、建议和发展战略。本书的研究为进一步健全和完善我国的建筑业职业安全监督管理体系，加强企业安全生产综合监督管理能力，提供了有力的参考资料，具有较高的借鉴意义。

　　目前对高温下建筑安全管理的政策性保护规划严重滞后，学术界的专项研究又处于盲点或片断性阶段。本书的研究具有现实性和针对性，其成果处于该领域的前沿。本书内容已获得英国皇家特许建造学会国际创新及研究奖，研究成果已在国际顶级建筑期刊发表论文，引发学术界及行业广泛关注。本书可供从事建筑安全监督与管理的行政人员、企业安全管理人员，以及相关研究人员使用和参考，也可作为相关专业研究生的学习用书。

何国钧

香港测量师学会会长

2017 年 12 月

前　言

　　建筑业是我国国民经济的支柱产业，在提高经济增长率和推动社会发展方面具有重要影响，然而建筑业却一直是职业伤亡事故多发的行业。这是因为建筑工程施工主要是露天作业，受自然条件影响较大，不安全因素相对较多。建筑工程施工多为劳动密集型的人工施工，工作繁重，体力消耗大，容易疲劳，从而导致安全事故发生。保护建筑工人的安全与健康，是贯彻"以人为本"及创建"和谐社会"方针的体现。

　　近年来，全国各地高温大气的出现越来越频繁。2017年夏季，我国多省均受到高温酷热天气的影响，各地亦频发高温预警。2017年7月1日至31日，全国各地高温指数急剧攀升：北京最高气温37℃，武汉最高气温突破40.5℃左右，上海最高气温40.9℃，杭州最高气温41.0℃，苏州最高气温39℃，重庆最高气温突破40℃，长沙最高气温39.6℃，河北南部、山西中南部、陕西中部、新疆中南部等地最高气温40~42℃，新疆吐鲁番达到了47~49℃。

　　夏季天气炎热易致露天工作的劳动者中暑甚至死亡，给劳动者的身体健康和生命安全带来了风险与危害，也成为社会关注的重要问题。2012年6月29日，国家安全生产监督管理总局、卫生部、人力资源和社会保障部、中华全国总工会制定了《防暑降温措施管理办法》，旨在加强高温作业、高温天气作业劳动保护工作，维护劳动者健康及其相关权益。

　　夏季天气炎热，是建筑工程事故的多发期。为了进一步健全和完善建筑业职业健康安全管理体系，有效控制建筑业在夏季事故多发的局面，香港理工大学建造业健康及安全研究小组进行了高温天气下建筑业的健康安全措施研究。课题组在建筑工地现场进行了实地考察与数据搜集，获得了大量第一手资料，为本书的完成奠定了坚实的基础。

　　高温下建筑施工健康安全管理是综合的、多学科交叉的研究领域。由于作者知识有限，书中偏颇和疏漏之处在所难免，敬请读者批评指正。

2017年12月

目　　录

序
前言
第1章　绪论 ……………………………………………………………… 1
　1.1　全球变暖 …………………………………………………………… 1
　1.2　高温热浪 …………………………………………………………… 2
　　1.2.1　高温热浪标准 ………………………………………………… 2
　　1.2.2　高温热浪类型 ………………………………………………… 3
　　1.2.3　高温环境对人体健康的危害 ………………………………… 3
　1.3　高温天气与建筑业 ………………………………………………… 4
　　1.3.1　高温天气与建筑业夏季安全事故 …………………………… 4
　　1.3.2　建筑业高温环境作业健康安全措施 ………………………… 6
　1.4　本章小结 …………………………………………………………… 12
　本章参考文献 …………………………………………………………… 12

第2章　高温作业与危害 ……………………………………………… 14
　2.1　高温作业 …………………………………………………………… 14
　　2.1.1　热应激与热应变 ……………………………………………… 14
　　2.1.2　热适应 ………………………………………………………… 15
　　2.1.3　人体热调节 …………………………………………………… 16
　　2.1.4　高温作业涉及行业 …………………………………………… 18
　2.2　高温环境评价方法与标准 ………………………………………… 19
　　2.2.1　环境指标 ……………………………………………………… 19
　　2.2.2　生理指标 ……………………………………………………… 21
　　2.2.3　理论评价方案 ………………………………………………… 22
　　2.2.4　实证评价方案 ………………………………………………… 26
　　2.2.5　案例分析 ……………………………………………………… 27
　2.3　高温环境对人体健康的危害 ……………………………………… 30
　　2.3.1　生理反应及热致疾病 ………………………………………… 30
　　2.3.2　心理反应及行为 ……………………………………………… 33
　2.4　本章小结 …………………………………………………………… 34
　本章参考文献 …………………………………………………………… 34

第3章　高温下建筑施工健康安全 ………………………………… 39
　3.1　高温下建筑施工健康安全现状 …………………………………… 39
　　3.1.1　高温下建筑施工影响健康安全的潜在风险 ………………… 39

　　3.1.2　高温下建筑施工引发的中暑事故与案例分析 ················ 42

　3.2　高温下建筑施工的健康安全措施 ····················· 49

　　3.2.1　环境工程措施 ····························· 50

　　3.2.2　行政措施 ····························· 52

　　3.2.3　个人防护措施 ····························· 55

　　3.2.4　各地现行高温下建筑施工健康安全措施 ············· 56

　3.3　高温下建筑施工安全研究动态 ····················· 58

　　3.3.1　文献回顾 ····························· 58

　　3.3.2　研究成果 ····························· 58

　　3.3.3　高温施工安全研究贡献与局限性的评价 ··········· 69

　3.4　本章小结 ····························· 70

　本章参考文献 ····························· 71

第4章　高温下建筑施工安全管理 ················· **84**

　4.1　建筑施工安全管理 ····························· 84

　　4.1.1　概论 ····························· 84

　　4.1.2　安全管理体系 ····························· 87

　　4.1.3　安全管理研究 ····························· 88

　4.2　高温下建筑施工安全管理 ····················· 89

　　4.2.1　高温下安全管理体系 ····················· 89

　　4.2.2　高温下个人和组织特性 ····················· 91

　　4.2.3　高温事故管理 ····························· 92

　4.3　案例研究 ····························· 92

　　4.3.1　研究背景 ····························· 92

　　4.3.2　安全预警系统设计 ····················· 93

　　4.3.3　材料和方法 ····························· 97

　　4.3.4　结果 ····························· 99

　　4.3.5　讨论 ····························· 102

　4.4　本章小结 ····························· 103

　本章参考文献 ····························· 103

第5章　高温下建筑施工健康安全实验研究 ·········· **108**

　5.1　实验研究 ····························· 108

　　5.1.1　实验研究的过程 ····················· 108

　　5.1.2　建筑工程管理的实验研究 ················· 110

　5.2　高温下建筑施工极限时间 ····················· 111

　　5.2.1　研究问题 ····························· 111

　　5.2.2　数据采集 ····························· 111

　　5.2.3　数据分析 ····························· 115

　　5.2.4　研究结果 ····························· 116

　5.3　高温下建筑施工休息时间 ····················· 121

5.3.1 研究问题 ·· 121

5.3.2 数据采集 ·· 121

5.3.3 数据分析 ·· 124

5.3.4 研究结果 ·· 125

5.4 高温下建筑施工作息安排 ··· 133

5.4.1 研究问题 ·· 133

5.4.2 作息安排机制 ··· 133

5.4.3 工作时间安排 ··· 134

5.4.4 休息时间安排 ··· 136

5.4.5 敏感性因素 ·· 137

5.4.6 合理作息时间安排 ··· 138

5.5 本章小结 ·· 138

本章参考文献 ·· 138

第 6 章 高温下建筑施工健康安全的对策和展望 ············· **141**

6.1 高温下建筑施工健康安全的对策 ····························· 141

6.1.1 "纵横"研究策略 ··· 141

6.1.2 应用型研究方向 ··· 142

6.1.3 科学研究方法 ··· 142

6.2 抗高温个人防护设备的研发 ···································· 144

6.2.1 建筑工人夏季抗热工作服 ···································· 144

6.2.2 建筑工人抗热背心 ··· 154

6.3 高温职业健康安全的展望 ······································ 171

6.4 本章小结 ··· 173

本章参考文献 ·· 173

第 7 章 结论 ·· **177**

7.1 高温下建筑业的防暑降温措施 ································ 177

7.2 建筑业工人抗热工作服 ·· 178

7.3 高温预警智能设备 ·· 179

本章参考文献 ·· 179

致谢 ··· **180**

作者简介 ·· **181**

第1章 绪 论

1.1 全球变暖

全球变暖与气候变化是当今人类面临的主要环境问题。2016 年 4 月，政府间气候变化专门委员会（IPCC）第六次评估报告称全球变暖已成为不争的事实。1880—2012 年，在这 130 多年间，全球地表温度上升了 0.85℃；而 2003—2012 年这十年间，全球地表平均温度较 1850—1900 年的平均温度升高了 0.78℃。

2016 年 12 月，世界气象组织发布《2016 年世界气候状况初步报告》。报告以 2016 年前 11 个月的数据为依据，提出 2016 年极有可能成为有气象记录以来（1880 年）的"最热年"。数据统计，截至 2016 年 9 月，全球平均气温比工业化前升高了 1.2℃。其中最高气温出现在科威特西北部的米特巴哈（Mitribah）小镇，其最高气温可达 54℃。

2013 年是我国高温天气的开端，众多地区气温频频刷新高温纪录。据 2013 年统计数据，我国高温区域覆盖 19 个省区市，面积达 317.7 万 km²，相当于约 1/3 国土。我国一般认为日最高气温达到或超过 35.0℃时为高温。表 1-1 为 2017 年部分省会城市高温情况。2017 年 1 月 1 日至 9 月 14 日，省会级城市中，福州居高温日数排行榜首，高温天数长达 48 天；重庆以 46 天高温日数居第二，杭州则以 45 天排在第三位。此外，西安、郑州、上海、石家庄、南昌、合肥等地也都是高温频发。从极端高温看，重庆 42.0℃、西安 41.8℃、杭州 41.3℃排名前三。

2017 年中国部分省会级城市高温排行（2017 年 1 月 1 日至 9 月 14 日） 表 1-1

城市	天数	2016 年最高气温（℃）	最长连续高温日数（d）
福州	48	39.3	10
重庆	46	42.0	19
杭州	45	41.3	18
西安	42	41.8	10
郑州	39	38.8	7
上海	35	40.9	18
石家庄	28	39.5	8
南昌	28	38.8	11
合肥	27	41.8	18
海口	25	37.9	7
天津	24	38.9	7
济南	24	37.4	5
南京	23	40.0	15
北京	22	38.5	5

城市	天数	2016年最高气温（℃）	最长连续高温日数（d）
长沙	22	39.1	8
武汉	21	39.7	9
广州	21	38.3	7
南宁	14	37.9	7
太原	13	37.9	7
兰州	11	38.6	6
银川	8	39.1	5
乌鲁木齐	6	39.2	3
成都	6	36.5	3
沈阳	5	37.5	3

资料来源：http://www.sohu.com/a/192316162_307935。

1.2 高温热浪

气候变化与全球变暖会给人类的生活和健康带来一系列问题，其中影响最直接的是高温热浪。高温热浪通常是指一段持续性的高温过程，由于高温持续时间较长，引起人、动物以及植物不能适应并且产生不利影响的一种气象灾害。高温热浪的标准主要依据高温对人体产生影响或危害的程度而制定。高温热浪灾害受地理、社会和经济等多方面的影响。世界各国和地区研究高温热浪所采取的方法不同，高温热浪的标准也有很大差异。目前国际上还没有一个统一而明确的高温热浪标准。

1.2.1 高温热浪标准

1. 我国高温热浪标准

2012年5月，国家安全生产监督管理总局、卫生部、人力资源和社会保障部、中华全国总工会联合修订并起草了《防暑降温措施管理办法》，向社会征集意见。意见稿对"高温天气"做了明确规定，指地市级以上气象主管部门所属气象台站向公众发布的日最高气温35℃以上的天气。我国一般把连续数天（3天以上）的高温天气过程称之为高温热浪（或称之为高温酷暑）。

由于近年来高温热浪天气的频繁出现，高温带来的灾害日益严重。中国气象部门针对高温天气的防御，特别制定了高温预警信号。2010年中央气象台发布了新的《中央气象台气象灾害预警发布办法》，将高温预警分为蓝色、黄色、橙色三级。但有部分省市根据自己的特点仍继续沿用2007年的气象灾害预警办法，将高温预警信号分三级，分别以黄色、橙色、红色表示。

2. 国外高温热浪标准

世界气象组织（World Meteorological Organization，WMO）建议高温热浪的标准为：日最高气温高温32℃，且持续3天以上（WHO，2016）。

荷兰皇家气象研究所则定为：日最高气温高于25℃，且持续5天以上，其中至少有3

天最高气温高于 30℃（Dutch Review，2017）。

美国、加拿大、以色列等国家气象部门依据综合考虑了温度和相对湿度影响的热指数（也称湿温）发布高温警报。例如美国发布高温预警的标准是：当白天热指数连续两天有 3h 超过 40.5℃ 或者预计热指数在任一时间超过 46.5℃，发布高温警报（NWS Heat Index，2017）。

德国科学家基于人体热量平衡模型，提出了人体体感温度指标。例如当人体生理等效温度（PET）超过 41℃，热死亡率显著上升，因此以人体生理等效温度（PET）大于 41℃ 为高温热浪预警标准（Matzarakis，1999）。

1.2.2　高温热浪类型

人体对冷热的感觉不仅取决于气温，还与空气湿度、风速、太阳热辐射等有关，因此，不同气象条件下的高温天气，也有其相应的特征。通常有干热型和闷热型两种类型。

1. 干热型高温

气温极高、太阳辐射强而且空气湿度小的高温天气，被称为干热型高温（李崇银等，2009）。在夏季，我国北方地区如新疆、甘肃、宁夏、内蒙古、北京、天津、河北等地由于降水量少，大陆性气候显著，因此经常出现干热型高温。

2. 闷热型高温

由于夏季水汽丰富，空气湿度大，在气温并不太高（相对而言）时，人们的感觉是闷热，就像在蒸笼中，此类天气被称之为闷热型高温（李崇银等，2009）。由于出现这种天气时人感觉像在桑拿浴室里蒸桑拿一样，所以又称"桑拿天"。在我国沿海及长江中下游，以及华南等地河流湖泊众多，降雨量大，导致相对湿度大，加上昼夜温差小，因此经常出现闷热型高温。

1.2.3　高温环境对人体健康的危害

人在高温环境下，除了引起体温调节有关的生理反应外，严重时会引起某些疾病。同时由于热应激的作用，可能导致原有疾病加重或诱发某些疾病，由于高温在这些疾病的发生发展中仅为部分原因，我们称这部分疾病为高温诱发的疾病，即热致疾病（heat illness）。

1. 高温直接引起的疾病

在高温条件下，高温引起的疾病包括中暑和精神性神经障碍。中暑是高温环境下由于热平衡和（或）水盐代谢紊乱而引起的一种以中枢神经系统和（或）心血管系统障碍为主要表现的急性热致疾病（谈建国等，2009）。

而精神性神经障碍又称热疲劳是指热暴露下对情绪、工作能力、技术效能产生的不良影响，情绪"中暑"就是其中的一种（谈建国等，2009）。

2. 高温诱发的疾病

在高温环境下，由于人体处于热应激状态，交感神经兴奋，大量出汗，血液黏稠度增加，心血管系统处于高负荷运行状况，消化系统功能减弱，从而导致原有的疾病加重。如血压在受热早期和晚期的激烈变化，可诱发心脏疾病，出现高血压、冠心病等；血液黏稠度增加可引起血栓从而出现脑卒中；消化系统功能减弱导致人体负营养状态而使原来的器质性疾病进一步加重。

1）热伤风

夏季气温高，人体代谢旺盛，能量消耗较大，而炎热又常使人睡眠不足，食欲不振，这样，人体免疫力和抵抗力就开始下降，再加上过于贪凉，病菌、病毒就会乘虚而入，从而导致伤风感冒。这种"热伤风"，中医上称作"暑阴"，属于"四时感冒"中的"夹暑感冒"，起病较急，症状一般是"发热，恶寒，头痛，咽痛，无汗，小便赤红，全身无力"（韩林涛，2001）。

2）热中风

炎热的夏季，人体出汗较多，而老年人体内水分比年轻人要少，加上生理反应迟钝，所以在夏天最容易"脱水"。"脱水"会使血液黏稠，这对患有高血压、高血脂症或心脑血管病的老年人来说，无异于"火上加油"，输向大脑的血液受阻变缓，发生中风的概率增高。夏季易发生"热中风"，除了气温高的原因外，较低的气压也是诱病因素，容易发生中风（韩林涛，2001）。

3）心理疾病

在炎热的夏季，大约有16％的人会出现情绪和行为异常，特别是中老年人，医学上称之为"夏季情感障碍"（王延群，2016）。现代医学研究表明，夏季情感障碍的发生与气温、出汗、睡眠时间和饮食不足有密切关系。当环境温度超过30℃，日照时间超过12h，湿度高于80％时，气象因子对人体下丘脑的情绪调节中枢的影响就明显增强，情感障碍发生明显增多（王延群，2016），加上出汗多，人体内的电解质代谢障碍，影响大脑神经活动，从而产生情绪和行为方面的异常。

1.3 高温天气与建筑业

1.3.1 高温天气与建筑业夏季安全事故

1. 中国大陆

图1-1为2003—2012年中国大陆建筑业事故发生月份统计分析。图1-1表明，第一季度的事故死亡人数最少，共614人。第二、第三、第四季度死亡人数均在千人以上。

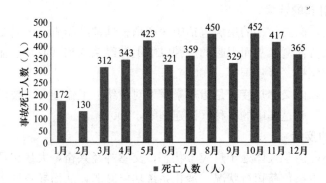

图1-1　2003—2012年中国大陆建筑业事故发生月份统计图

资料来源：王力争等，2007。

夏季是事故发生的高峰期，原因在于夏季全国普遍高温，而建筑行业多为露天作业，受室外环境影响较大。高温作业的环境下，工作人员负荷较大，容易造成人的失误、机器的损坏，从而导致事故的发生。此外，第四季度在年底，许多企业为了完成年度工期计划，加快了施工速度，晚点作业、超高强度工作屡有发生，就造成了事故频发，死亡人数居高不下的现象。1、2月份正值年关，许多企业工地停工歇业，大量外来建筑工人工返乡过年，事故次数有明显的减少。

2. 美国

2011—2016年美国建筑业因高温导致的死亡人数和非致命事故如图1-2所示。从图1-2可见，美国建筑业每年因高温发生的事故平均可达630人。图1-3为美国各行业因高温导致非致命事故统计。其中12：00—16：00是事故的高发期，共计8010人。

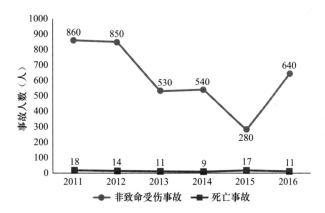

图1-2 2011—2016年美国建筑业因高温导致事故统计图

数据来源：https://data.bls.gov/gqt/RequestData。

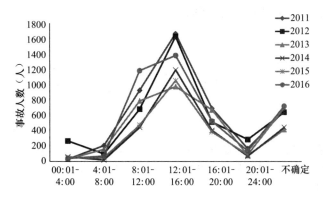

图1-3 2011—2016年美国各行业因高温导致非致命事故人数统计图

数据来源：https://data.bls.gov/gqt/RequestData。

3. 日本

图1-4为2016年日本建筑业事故发生月份统计分析。图1-4表明，第一、二、三、四季度的事故死亡人数分别为3754人、3583人、4102人、3619人。其中，7月至10月的致命人数均超过1300人，是建筑业致命事故的高发期。

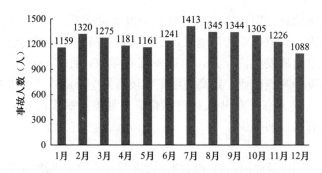

图 1-4　2016 年日本建筑业事故发生月份统计图

数据来源：http://www.jisha.or.jp/english/statistics/index.html。

夏季是建筑业伤亡事故的高发期，具有以下原因：

（1）全球暖化趋势的影响，气温不断上升，夏天极端酷热的日子愈来愈频密，在户外从事体力劳动的工人首当其冲。酷热天气绝对危害工人的健康。工人在户外工作时，因天气太热而感到身体不适，情况包括晕眩、呼吸困难、体力不支、气喘、作呕等症状，部分工人可能出现休克和中暑等严重情况。

（2）建筑工程施工主要是露天作业，受自然条件影响较大，不安全因素较多。

（3）建筑工程施工很多属于高空作业，因此危险性更大。

（4）目前建筑工程施工还多为劳动密集型的人工施工，工作繁重，体力消耗大，容易产生疲劳，从而导致安全事故发生。

（5）安全事故发生率居高不下的根本原因还在于建筑施工人员文化素质偏低、流动性大、安全知识匮乏、安全意识薄弱，管理层重视不够、管理不善，责任不明，规章制度不健全、欠落实，专用资金不到位等。

1.3.2　建筑业高温环境作业健康安全措施

1. 美国

美国职业安全与健康管理局（Occupational Safety and Health Administration，OS-HA）对高温环境作业制定了一系列健康安全措施，包括工程控制、工作安排、个人防护装备、教育与培训。

预防热中暑的最好的方法是使工作环境凉爽，可通过在塔吊、起重机施工设备等驾驶室、休息间装置空调设备，采用适当的通风系统、冷却风扇，采用反光板将热辐射转移等工程控制的方式减少工人与热环境的接触。在工作安排方面，美国职业安全与健康管理局（OSHA，2017）建议：

（1）承包商应该制订一个应急计划，当工人出现中暑的症状或迹象时，如何提供迅速到位的医疗服务。

（2）承包商应当采取措施帮助员工适应热环境，特别是刚刚接触热环境的新员工或是没有在热环境下工作一个星期或以上的员工。热适应训练一般为一个星期，承包商通过逐步增加工作强度并给予频繁的临时休息使员工适应热环境。

（3）在工作区域附近提供充足的饮用水，方便工人补充水分。

（4）避免工人长时间暴露在热环境下，应尽量将工人的工作量平均分配，并合理安排作息。

（5）将高强度劳动安排在日间较清凉的时间，如果可以的话，减少酷热天气下的工作强度。

（6）通过工作轮换制缓解工人的疲劳与热应力。

（7）工人在工作时需要留意身边的同事是否出现中暑的症状，发现中暑的工人应采取适当的抢救措施并及时报告。

（8）在某些恶劣环境，雇员需要对工人的生理指标进行监控。

某些个人防护设备，如不透气的衣服或是呼吸面罩会增加工人中暑的风险。对于某些热环境的工作，工人可能需要绝缘手套、绝缘服、反光服或红外线反射面罩。在极端高温的环境下，工人可能需要穿着具有冷冻功能的服装。

工人和管理者都应该接受培训，了解热暴露的危害及其预防措施。内容包括：引起热致疾病的危险因素；不同类型热致疾病及其症状；热致疾病的预防程序；经常补充适量水的重要性；适应热环境的重要性及如何让工人适应热环境；向上级报告出现热致疾病或症状的重要性；应对热致疾病的流程；在工作现场提供紧急医疗服务的流程等。

2. 中国华南某典型高温地区

中国华南某典型高温地区政府高度重视酷热天气下的伤亡事故。当地管理部门出版了《在酷热天气下工作的工地安全指引》(Guidelines on Site Safety Measures for Working in Hot Weather)，对酷热天气下工作制定了安全措施及特别安排，当地管理部门要求总承包商及分包商必须注意在酷热天气下工作的安全措施及特别安排并对工作环境、工作安排、提供饮用水、合适的衣着及个人防护装备、教育与培训等方面做了详细规定（CIC，2013）。

在工作环境方面，指引要求提供遮蔽处和通风设备。可在工作地点提供遮蔽处如太阳伞或遮阳棚，以阻挡阳光直接照射或主要辐射源。遮蔽处应设有足够通风设施、座位，并提供饮用水。此外，应确保工作地点维持良好的通风，以降低工作环境的温度，包括隔离工作地点的热源，如发热的机械；采用适当的通风系统，如手提风扇或吹风机等，增加工作地点的空气流通。

在工作安排方面，承包商应留意天气报告。尤其当酷热天气警告生效、紫外线指数偏高或天气潮湿时，更应加强安全措施。措施包括尽可能将工作重新编排于日间较清凉的时间及地方进行，避免长时间在酷热环境下工作；提供适当的机械辅助工具（例如手推车、拖拉机、铲车、电锯、机械吊机）以减少工人在酷热天气环境下的体力消耗；透过定时休息或轮流负责不同职务及到不同地点工作，让工人降温，并减少他们暴露在酷热天气环境下的时间；在可行的情况下，把必须穿戴个人防护装备（例如呼吸器、围裙、长袖手套）的粗重工作，安排在日间较清凉的时间或有遮蔽处的地方进行等。

当地管理部门要求在工作地点提供足够的清凉饮用水——在建筑工地应在建造业工人工作的 50m 步行范围内提供足够饮用水；而在其他较大范围的工地如土木工程的工地可考虑将饮用水送至建造业工人的工作位置。此外，工地应禁止饮用会令身体脱水的含酒精饮料及避免饮用有利尿作用和增加水分流失的含咖啡因饮料，例如茶或咖啡。建筑工人在高温天气下工作时应穿浅色、宽松、透气、长袖衣服及透气的安全帽。

总承包商及分包商应在酷热天气期间或之前（一般而言酷热天气为每年 5 月至 9 月期

间）为工地管理人员及建造业工人提供相关的培训，而课程内容可考虑涵盖下列内容
（CIC，2013）：

  （1）认识热环境工作的潜在危险；

  （2）相关的法令和要求；

  （3）暑热压力的影响及相关的安全措施；

  （4）辨别风险因素、中暑征兆和症状；

  （5）暑热压力的评估；

  （6）监测暑热天气及压力的仪器及示范；

  （7）中暑的急救程序和对健康的潜在影响。

  当地行业联盟于 2012 年 3 月至 4 月，以电话问卷形式访问了 246 名建筑工人，发现有将近三成工人在 2011 年夏天工作期间中暑或几乎中暑（表 1-2）。据统计，2012 年 5 月份已经有建筑工人在高温下丧生，而进入 7 月份后，天气更加酷热，每天平均最高气温达 32℃。

  当地行业联盟要求当地政府参考美国国家气象局推出的"酷热指数"进行立法，规定在酷热天气下，工人应有额外的休息时间，承包商必须提供清凉饮用水及相关配套设施；同时在有关立法未实施前，承包商应在气象部门发出酷热天气警告的情况下，让建筑业工人最少在上午 10：00—10：30 期间有 10min 额外休息时间，而且必须提供清凉饮用水。

2011 年华南某典型高温地区建筑工人中暑情况调查   表 1-2

	人数	百分比
有中暑	11	5%
有不适，几乎中暑	51	23%
没有影响	181	71%
6 月至 8 月无开工	3	1%

  资料来源：http://www.hkctu.org.hk/cms/article.jsp? article_id=803&cat_id=8。

  曾中暑的工人都能清楚地描述出中暑的症状，包括：乏力、心跳加速、头晕、神志不清、冒冷汗、抽筋、作呕等。有中暑的工人需要即时求医或休息一两天才能恢复过来。而在酷热天气下感到不适，而又未中暑的，往往出现轻微中暑的症状，或感到身体过热、口渴、呼吸急促等。大多数工人感到中暑或几乎中暑时都会自己去休息，但有工人反映说因为不能离开工作岗位而继续工作。

  当地行业联盟表示，根据多年来的建筑业行规，工人在下午 3：30 有休息时间，但也有四成工人未能享有，特别是室内工作的建筑工人如装修、杂工、维修等。根据当地管理部门推出的《在酷热天气下工作的工地安全指引》及当地政府部门的指引，承包商在酷热时段，应安排工人在清凉的地方休息。调查又发现，有近三成工人表示工地并没有向工人提供饮用水。工地没有饮用水提供的话，工人大多数会自备饮用水。而当地职工会联盟认为，工人在炎热的夏季工作，要喝很多水，他们自携这么多水上班，是很不便的事。在没有提供饮用水的工地，工人不得不自费在工地附近买饮用水，一天可能要花几十元。当地行业联盟表示，根据当地管理部门推出的《在酷热天气下工作的工地安全指引》及当地政府部门的指引，承包商应在方便的地点提供足够的清凉（10～15℃）饮用水，并鼓励员工多饮水。

3. 中国整体情况

我国 1960 年颁布的《防暑降温措施暂行办法》，专家指出大部分规定都不适合目前的劳动管理和卫生健康现状，呼吁尽快制定新的法规以适应行业的发展要求。该《办法》仅在组织措施一节中提到高温作业和夏季露天作业，提出了应有合理的劳动休息制度，各地区可根据具体情况，在气温较高的条件下，适当调整作息时间，但对于高温界定、高温休假、高温补助等具体细则均未明确。高温安全的法制建设是构建建筑业高温施工健康安全管理体系的基石，回顾和整理国家、地方有关部门颁布的高温劳动保护相关法规便于明确管理目标与原则（表 1-3、表 1-4）。

1960 年颁布的《防暑降温措施暂行办法》已无法满足现实需要。2012 年 6 月 29 日，国家安全生产监督管理总局、卫生部、人力资源和社会保障部、中华全国总工会以安监总安健〔2012〕89 号印发《防暑降温措施管理办法》。自发布之日，1960 年 7 月 1 日的《防暑降温措施暂行办法》予以废止。新办法明确了发放高温津贴、高温作业限制和防护等劳动者长期关注的问题，并明确了工会的监督职能。新办法也明确了高温下劳动者的权益，如：①当最高气温达到 40℃以上，应当停止当日室外露天作业；②企业必须向劳动者发放高温津贴，并纳入工资总额时将高温津贴单独列项明示，杜绝了企业逃避或拖欠职工高温津贴的行为；③明确了工会组织依法对用人单位的高温作业、高温天气劳动保护措施实行监督，包括在发现违法行为时，有权向用人单位提出，用人单位应当及时改正，拒不改正的，工会应当提请有关部门依法处理，并对处理结果进行监督。

国家有关部门颁布的高温劳动保护相关法规　　表 1-3

名称	颁发机构	主要内容	颁发时间	文件号
《防暑降温措施暂行办法》	卫生部、劳动部、全国总工会	防暑降温的措施，包括技术措施、保健措施和组织措施。但它作为一个指导性文件，对于直接攸关劳动者权益的高温休假、高温补助等问题，却没有清晰的规定，更没有规定任何法律责任	1960 年 7 月 1 日	1960（60）卫防钱字第 207 号
《关于进一步加强工作场所夏季防暑降温工作的通知》	卫生部、劳动和社会保障部、国家安监总局、全国总工会等	保护劳动者健康及其相关权益，落实相关法律法规的规定，做好劳动者防暑降温工作，有效预防和控制中暑事件发生。涉及五方面内容：提高认识，加强领导；广泛开展宣传活动；明确职责，加强监管；落实用人单位责任；做好防治高温中暑服务保障工作，要求各地用人单位在 35℃以上高温天气向劳动者支付高温津贴。但由于缺乏相应的处罚机制，通知精神并没有得到切实执行	2007 年 6 月 8 日	卫监督发〔2007〕186 号
《高温中暑事件卫生应急预案》	卫生部与中国气象局	规定以有效预防和及时处置由高温气象条件引发的中暑事件，指导和规范高温中暑事件的卫生应急工作，保障公众的身体健康和生命安全。各地卫生部门要监测、报告高温中暑事件，并将高温中暑病例列为网络直报系统突发公共卫生事件报告管理信息子系统中进行报告。预案将高温中暑事件划分为特别重大（Ⅰ级）、重大（Ⅱ级）、较大（Ⅲ级）、一般（Ⅳ级）四级。	2007 年 7 月 19 日	卫应急发〔2007〕229 号

续表

名称	颁发机构	主要内容	颁发时间	文件号
《防暑降温措施管理办法》	国家安全生产监督管理总局、卫生部、人力资源和社会保障部、中华全国总工会	新办法明确了高温天气界定；将范围扩大到所有从事高温作业和高温天气作业的用人单位和新兴职业；规定将劳动者高温津贴纳入工资总额；明确了工会组织依法对用人单位的高温作业、高温天气劳动保护措施实行监督	2012年6月29日	安监总安健〔2012〕89号

地方有关部门颁布的高温劳动保护相关法规   表 1-4

名称	颁发机构	主要内容	施行时间	文件号
《重庆市高温天气劳动保护办法》	重庆市人民政府	把高温天气分三档：35～37℃、37～40℃、40℃以上。用人单位不得因高温天气停止工作、缩短工作时间，扣除或降低劳动者工资；用人单位必须为下属的所有劳动者发放高温补贴，否则就是违法	2007年6月1日	重庆市人民政府令第205号
《北京市关于进一步做好工作场所夏季防暑降温工作有关问题的通知》	北京市劳动和社会保障局、北京市卫生局	室外露天作业人员高温津贴每人每月不低于60元；在33℃（含33℃）以上室内工作场所作业的人员，每人每月不低于45元。但高温补贴并非每个劳动者都有，只有在高温天气下露天工作以及不能采取有效措施将工作场所温度降低到33℃以下的，才能获得高温津贴	2007年7月17日	京劳社资发〔2007〕123号
《深圳市高温天气劳动保护暂行办法》	深圳市人民政府	日最高气温达到40℃时，当日停止工作；日最高气温达到38℃时，当日工作时间不得超过4h；日最高气温达到35℃时，应缩短员工连续作业时间；12：00—15：00应停止露天作业。对从事露天作业的员工，发现患有心、肺、脑血管性疾病、持久性高血压、肺结核、中枢神经系统疾病及其他身体状况不适合高温天气露天作业的员工应调离岗位。用人单位应对露天作业员工按照每人每月不低于150元的标准发放高温保健费	2005年8月12日	深府〔2005〕138号

我国缺乏完善的高温下的健康安全管理机制，具体存在了以下几个问题：

1) 高温安全意识薄弱

在高温作业环境中劳动生产，作业人员因受到热的影响，除引起与体温调节有关的生理机能紧张外，严重时可引起某些疾患。高温对作业人员的健康危害是显而易见的，目前的施工企业缺乏完善的高温下的健康安全管理机制，高温安全意识淡漠，漠视高温环境下作业对劳动者的伤害和存在的高温事故危险，只顾生产经营活动中的经济效益，忽视高温施工健康安全管理，把高温安全工作当作陪衬。

2) 安全管理评价单一

为了规范施工现场管理，加强建筑企业安全生产，1999 年建设部出台实施《建筑施工安全检查标准》（JGJ 59—99），2011 年对标准进行修订，2012 年 7 月 1 日执行新标准。政府安全检查执法部门会对建筑企业进行施工安全评估，用"安全检查评分表"进行打分。但是此安全检查方式只能从静态的角度反映某一时刻的安全施工状况，具有一定的被动性和偶然性。"安全检查评分表"评分法不能充分反映出建筑施工企业是否具有良好的安全管理组织，难以反映各个企业之间安全管理状况的横向比较。针对高温健康安全管理而言，需要研究建立一套能充分反映高温下建筑施工健康安全的管理体系，不仅可以为政府安全管理机构、监理单位等部门和机构提供建筑施工企业高温安全管理评估的需要，而且能促使建筑企业更加关注高温安全的事故管理。

3）企业高温安全管理体系不健全

针对高温安全管理而言，国家相关法规的不健全以及行业标准的滞后，导致建筑施工企业对高温安全管理与措施的漠视。企业缺少高温管理的科学依据，难以制定完善的高温施工安全健康管理体系，对高温危害、中暑事件、职业健康、应急救援等未引起足够的重视，对自身管理的现状水平也缺乏可参考的衡量标准。本课题的目的就是为了弥补这面的缺陷，提出管理体系的建设和评价标准。

4）高温安全监督、检查、考核、评估依据不充分

在高温下建筑施工安全执法方面的问题有：有法不依，执法不严，违法不究；高温安全检查监督方式缺乏；安全责任不明确；高温施工管理标准不统一，无系统化的指标评价要素。另一方面，高温建筑安全事故统计资料的缺失，对开展企业高温施工安全管理评价、高温建筑施工安全预警研究、建立有效的高温保险调节机制造成阻碍。

5）忽视职业健康安全，高温劳动保护投入不足

作业人员的劳动防护用品是保护劳动者安全健康的一种预防性辅助措施。《中华人民共和国劳动法》中第 54 条规定："必须提供符合规定的劳动安全卫生条件和防护用品。"《重庆市高温天气劳动保护办法》第十五条要求："用人单位应当向劳动者提供高温天气必需的劳动防护设施和用品，并加强对劳动防护设施和用品的维护和管理。"在激烈的市场竞争中，高温劳动保护用品安排到的资金严重不足，致使高温现场安全设施标准偏低，安全防护装备落后，配备不足，相当部分企业未根据职业健康安全管理需要和自身特点制定一整套管理规定。本书将从安全生产制度以及职业健康安全措施管理切入，以施工工时、个人防护用品、生活设施与福利、施工人员资质审核、教育与培训、施工环境改善、安全检查具体方面进行管理体系内容的设置。

6）安全管理人员培训力度不够

目前，我国建筑行业整体素质不高，进城务工人员占了近 80％，这些人员大多数文化水平低，对高温安全防护技能差，职业技能培训不到位；同时，行业技术、专业管理人员偏少。虽然各级政府和施工企业在人员的教育安全培训方面提供了一些基础性条件，但是在培训计划、培训体制、培训标准等方面还须进一步提高，而对于异地务工人员的医疗保险等相对应的问题还有待解决（王震等，2018）。

7）高温中暑的认定

2004 年卫生部、劳动和社会保障部联合颁布实施了《职业病目录》，在《职业病目录》中明确将高温作业过程中的中暑收录为因物理因素所致的职业病；2003 年国务院颁布的《工伤保险条例》中规定患有职业病的可认定为工伤。根据上述两法规，在高温环境下劳动引发的中暑应该属于工伤，但高温中暑鉴定为工伤的相关程序十分烦琐，高温中暑的工伤人员对劳动赔付存在认知模糊，也未必有时间与精力去争取这一待遇。

8）职业健康安全管理机构建设

职业健康安全管理建设是建筑施工企业安全生产工作的一个重要内容。施工企业在转换经营机制的过程中，存在重生产、轻安全的想法，在精简机构、裁员的过程中，出现了取消或兼并安全管理机构、撤销专职安全员的现象。许多企业都没有专门的安全管理员从事健康安全的生产管理，企业组织机构中也没有设立安全健康常设机构，即使设置了相应机构，却形同虚设。正是建筑施工企业思想的不重视和管理机构的不健全，削弱了高温健康安全管理及监督检查的力量，其安全监管难以保证。

总而言之，要从根本上转变高温环境下建筑施工健康安全管理所存在的被动局面，就要从新角度去审度这一严峻的现实。不仅要从管理层面、组织层面来思考问题，更重要的是把高温下建筑施工的健康安全管理作为一个管理系统来对待认识，研究管理组织内部各个不同要素、不同对象之间的有机整体性。

1.4 本章小结

建筑业是我国国民经济的重要支柱产业，其施工安全问题一直备受社会各界的关注。建筑安全不仅是建筑业可持续发展的基础，也是国民经济改革和发展的重要条件。

国家对安全生产法制建设工作历来都相当重视。1999 年，十五届四中全会决议明确了"坚持预防为主，落实安全措施，确保安全生产"的指导思想，进一步确定了"安全第一，预防为主，综合治理"的安全生产的指导方针，并相继制定了《劳动法》《安全生产法》《职业病防治法》《工伤保险条例》等一系列与安全生产相关的法律法规和安全技术标准（纪明波，2003）。针对建筑业安全生产领域，国家于 1991 年颁布实施了《建筑安全生产监督管理规定》，于 1998 年颁布实施了《建筑法》，于 1999 年出台了中华人民共和国行业标准《建筑施工安全检查标准》（2011 年进行了修订），于 2003 年国务院 395 号令颁布实施了《建设工程安全生产管理条例》（姜敏，2004）。这一系列相关法规的颁布和实施，不但维护了建筑业市场的秩序，而且提升建筑业生产的安全管理水平。

高温安全事故是建筑施工现场主要的安全隐患之一，严重威胁着施工人员的生命安全。目前我国已颁布了一系列有关高温下建筑施工安全生产和管理的法律法规，并积极推行职业健康安全管理体系，但由于受到诸多现实问题的困扰，高温安全生产和职业健康的现实严峻。为此，在夏季施工安全生产管理中，必须抓住重点环节，进行行之有效的管理和防范，降低事故的发生率。

本章回顾了高温热浪、高温天气与建筑业、建筑业职业安全健康等研究背景，并对建筑业安全伤亡事故、建筑业高温天气下职业健康安全措施进行分析，从而提出我国需要完善的高温下的健康安全管理的问题。

本章参考文献

[1] 李崇银等编著. 我国重大高温影响天气气候灾害及对策研究［M］. 北京：气象出版社，2009.

[2] 王震，严娟. 外出务工人员期待异地就医直接结算的便利［J］. 中国社会保障，2018（3）：82-83.

[3] 韩林涛. 高温导致热伤风 天热引起肠胃病老人要防热中风［N/OL］. 健康时报，2001-07-19（1）.

http://www.people.com.cn/GB/paper503/3828/462989.html.

[4]　纪明波. 当前我国安全管理存在的问题分析及对策探讨 [J]. 中国工运，2003（7）：7-9.

[5]　姜敏. 把握特点建立制度强化建筑安全管理 [J]. 建筑经济，2004（2）：11-13.

[6]　谈建国，陆晨，陈正洪. 高温热浪与人体健康 [M]. 北京：气象出版社，2009.

[7]　王力争，方东平. 中国建筑业事故原因分析及对策 [M]. 北京：中国水利水电出版社，2007.

[8]　王延群. 夏季谨防"情感障碍"[J]. 养生月刊，2016（6）：492-493.

[9]　Construction Industry Council (CIC). Guidelines on safety measures for working in hot weather, Version 2[EB/OL]. 2013. http://www.cic.hk/cic_data/pdf/about_cic/publications/eng/V10_6_e_V00_Guidelines on Site Safety Measures for Working in Hot Weather.pdf

[10]　Dutch Review. The Netherlands National Hot Weather Plan[EB/OL]. 2017-06-19. https://dutchreview.com/news/dutch-news/holland-heatwave-netherlands-national-hot-weather-plan/

[11]　Matzarakis A, Mayer H, Iziomon M G. Applications of a universal thermal index: physiological equivalent temperature[J]. International journal of biometeorology, 1999, 43(2): 76-84.

[12]　NWS Heat Index. National Weather Service-NOAA[EB/OL]. 2017. http://www.nws.noaa.gov/om/heat/heat_index.shtml.

[13]　Occupational Safety and Health Administration (OSHA). Occupational Heat Exposure[EB/OL]. 2017. https://www.osha.gov/SLTC/heatstress/prevention.html.

[14]　World Meteorological Organization (WMO). WMO Statement on the state of the Global Climate[R/OL]. 2016. https://public.wmo.int/en/resources/library/wmo-statement-state-of-global-climate-2016.

第 2 章　高温作业与危害

2.1　高温作业

2.1.1　热应激与热应变

高温作业，是指在高气温或同时存在高湿度或热辐射的不良气象条件下进行生产劳动（谭明杰，2004）。由高温作业所引发的热应激（heat stress），受到工作环境的气候条件、工作强度（代谢热）、工作服的综合影响。工作环境的气候条件包括环境温度、相对湿度、辐射热和风速。工作中产生的代谢热量与工作强度有关。工作服的影响包括服装的热阻和湿阻对人体和环境热交换的影响。

工作场所热应激的识别，包括许多角度：热应激影响因素、工人行为、医疗监督和生理抽样。识别在大多情况下都是一种定性判断。如果识别出有过多的热应激暴露，则应及时进行治疗，制定相应措施。第一个角度是热应激的影响因素，即高温环境、高工作强度和工作防护服。通常来讲，有两种形式的热应激，即高温环境起主要作用的热应激和体力劳动（体内产生大量代谢热）起主要作用的热应激。由于服装，尤其是特殊防毒保护性服装，阻碍散热，即使在凉快的环境也有可能引起热应激，或加重热应激水平。因此，如果不是穿着轻薄的服饰，则应考虑服装对热应激的影响。一个明显的热应激暴露特征是服装被汗液湿透。第二个识别角度是工人行为，可以通过观察工人工作、行走状态或通过和雇员、指导员聊天。其中一项工人的行为与服装有关，即工人脱掉服装以散热。另一项行为是工人开始寻找遮阴的地方或凉快的地方。工作行为的变化包括增加间断休息次数、工作节奏变慢和忽略安全工作准则。员工的行为特征还包括烦躁、旷工和士气低落。此外，迟缓的决策制定、错误数量增加、工作质量下降也是判断的指标。第三个识别角度是医疗监督，可通过急救或诊所记录查看员工抱怨的情况，包括疲劳、晕厥、恶心、头痛、皮疹和肌肉痉挛等。在热应激暴露时，安全事故的发生率可能会增加。第四个角度是生理抽样。对于前面提到的各种热应激识别的迹象，生理抽样可能会提供最终的和明确的热应激水平。监测汗水流失量是非常麻烦的，脱水情况的评价可以通过测量一个工作周期前后体重的变化值，如果体重下降超过了开始时测量的 1.5%，则可能出现显著的脱水（Greenleaf et al.，1985）。对于体温，在工作周期结束时可以通过读取口腔温度或耳道温度来评价（由于测量工量侵入式和高成本的问题，核心体温❶可由口腔温度或耳道温度测量值来校正

---

　　❶　正常情况下，身体核心体温（body core temperature）一般维持在 37.0±0.5℃；若于高温下运动或进行体力劳作，核心体温可上升 3℃（Brück，1983；Sawka et al.，1988）。当核心体温达到 39℃，一般则为"危险水平"（Armstrong，2000）；若上升到 42℃，便可能引发死亡（Pugh et al.，1967）。

估计），如果校正后的核心体温超过 38℃，则认为热应激暴露，需要后续评价及控制（NIOSH，1986）。测量体温时，工作被打断，此时可以记录恢复期心率。指在一个工作周期结束后，工人坐下，开始记录心率，恢复期心率为 1min 内最后一刻的值（Fuller et al.，1981）。如果恢复期心率小于 110 次/min，则认为心血管没有过度反应，如果大于 120 次/min，则热应激可能会影响个人健康（NIOSH et al.，1985；Bernard et al.，1988）。

由热应激引发的人体生理热应变（heat strain），包括体温、心跳、出汗率等的变化（Parsons，2014）。暴露于热应激环境，人体各部分温度升高，利于热量从身体排出。核心温度是热应变的重要指标。血液流动将热量从身体内部组织器官（包括产生热量的工作肌肉部位），传递到皮肤表面来散热。心血管反应（心率提高）确保代谢所需以及核心到体表的热传递所需。心率是生理应变的敏感指标。排汗确保了身体的蒸发冷却。通过肌肉的血流量与代谢需求成正比。肌肉中产生的热量通过血流分布到身体的其他部位，身体核心温度逐渐上升。身体内部的热量又通过额外的血流传递到皮肤表面。该血流量与代谢率成正比，与核心温度和皮肤温度之间的差值成反比（当差值减少时，需要更多的血流量以确保热传递速率）。当外界温度低于皮肤表面温度，热量得以通过传导、对流从体内排出；当外界温度高于皮肤表面温度，热量主要依靠汗液蒸发来排出体外。汗液的蒸发受到周围环境湿度和空气流动的影响（Parsons，2014）。

2.1.2 热适应

人体初始暴露于高温环境，热反应强烈，但通常经过几天之后，会慢慢适应环境气候，热承受能力也会有所提高。导致这种变化的原因不仅仅是由于行为（例如：减少活动）和衣着饮食的改变，更是由于人体生理的适应改变。热适应（acclimatization/acclimation）指经过长时间的热暴露，发生实质性生理变化以适应高温环境。在英文中，热适应有两种写法，一种是 acclimatization，指暴露于自然热环境中；一种是 acclimation，指暴露于人工设置的热环境中（Chalmers et al.，2014）。总体来看，与未热适应的状况相比，已热适应的状态有更多的排汗量、降低的体温和心率（Garrett et al.，2011）。简单来说，主要的变化是由于汗腺的"训练"而排汗更多（Parsons，2014）。通过增加排汗量降温来应对热应激，人体核心温度和心跳可以被控制在能承受的极限范围（Parsons，2014）。其他的生理变化包括血容量的增加、核心体温下降和汗液、尿液中的盐分（NaCl）含量下降（Parsons，2014）。

根据标准（ISO 7243，1989；NIOSH，1986），热适应状态可以通过 3～7 天暴露于高温环境达到。对于已经在某一热环境热适应的人，如果他们离开此热环境暴露的持续时间超过 1～2 周，则热适应状态将会完全失效（ACGIH，2009）。因此，工人从一个地方前往另一个地方（典型如流动工人、外出打工者），他们在前一个工作地点的热适应状态在新的工作热环境中可能失效，在新环境仍然需要热适应过程。通常来讲，人们对于当前暴露的热环境已经热适应，但是他们对于更热的环境也许并没有完全的热适应。根据研究，热适应状态于 3 周左右之后完全失效，在热适应训练中得到降低的体温和心跳，低 NaCl 的汗液，和较早出汗的起始时间，都将在 3 周未热适应暴露后回归正常状态（Garrett et al.，2011）。

人为的热适应方法，通常通过在热环境中运动来提高体温，并且确保每天出汗超过1h。为了尽快达到充分的出汗量（蒸发散热），并在整个阶段都保持在此出汗量水平，需要有规律地每隔一段时间补充水分。运动本身具有一定效果，经常训练的运动员会达到部分热适应。热适应状态对于心理和行为反应也有一定好处。为达到热适应状态，通过暴露于高温环境中训练，在最初的几天效果最明显。健康的人能够更快地热适应，服用维生素C对热适应也有所帮助。最重要的是要保持充足的水分摄入，以防水分流失过多。

在军事训练以及体育运动领域，热适应训练计划都得到了广泛的应用。热适应的训练方法主要分为三种（Garrett et al.，2011）：①恒定工作强度运动；②自我调节运动；③可控热疗法。恒定工作强度训练方法常用于军事领域。在恒定强度训练中，参加实验者保持某一固定的工作强度运动。在应用时，有几点需要注意：①所有的参加实验者都按照同一强度运动，不同参加实验者之间的生理反应和适应能力有很大差异；②由于工作强度在整个训练阶段都是固定的，个体热应力水平将会在训练后期阶段逐渐降低。自我调节强度训练允许个体根据其自身身体素质水平、自觉身体负荷和适应能力选择适合自己的工作强度训练。自我调节运动方法具有较高的实用性，但是在研究领域，由于无法控制相同的工作强度和热负荷，实验结果不易分析。在可控热疗训练法中，通过运动提高至某一体温并保持稳定。可控热疗方可以被当作热适应的等温模型。Turk 和 Worsley（1974）研究发现，使用1h的可控热疗法，86%的参加实验者在4天内能够达到满意的热适应。对于以上提到的热适应训练方法在实施过程中，以下要点需要明确（Taylor，2000）：①选择训练使用的温度，该温度应至少等于今后暴露的热环境温度；②对于湿润的环境，温度上限应小于40℃，对于干燥的环境，温度上限应小于50℃；③选择相对湿度，该湿度应基于目标环境的最大湿度；④热适应训练中，核心体温至少升高1℃，但是最高不能超过39.5℃；⑤对于较长时间的热适应训练（7天以上），通常经历三个阶段，即急剧期升高体温，短期热适应训练（少于7天）加强出汗反应，长期热适应训练改善出汗效率。热适应训练的主要目的是达到短期热适应训练效果，对于更长时间的热适应训练，效果可能会降低（没有初始训练时带来的效益大）。

2.1.3 人体热调节

人体内部产生代谢热，提供执行工作所需能量；人体与周围环境，通过传导、对流、辐射和蒸发进行热传递。合并以上产生的热量和损失的热量，即为人体内部储热率。净储热率为正值，则体温逐渐升高；净储热率为负值，体温降低。人体和外界环境处于热平衡状态时（动态平衡），人体核心温度通常保持在37℃左右，此时，热传递到体内的热量和体内产生的热量，与输出体外的热量平衡（抵消），净储热率为0。人体与周围环境的热交换，可以由热平衡公式（2-1）（Bernard，2012；Parsons，2014）计算：

$$S = (M - W) + C + R + K + (C_{resp} + E_{resp}) - E \tag{2-1}$$

式中，S 为体内的蓄热速率（W），M 为身体内部产生的总的代谢热（W），W 为执行工作所需能量（W），C 为身体表面和周围空气之间的对流热（W），R 为身体表面与周围（固体）环境之间的辐射（红外）热（W），K 为身体表面和周围（固体）环境直接接触的传导热（W），E 为汗液蒸发的热损失率（W），C_{resp} 为呼吸对流热（W），E_{resp} 为呼吸蒸发热（W）。

对于不同体表面积的人，标准化的方法是使用热量除以总体表面积。总体表面积的计算依照 Du Bois 等人（1916）公式（2-2）：

$$A_D = 0.202 \times W^{0.425} \times H^{0.725} \tag{2-2}$$

式中，A_D 表示 Du Bois 体表总面积，W 表示体重，H 表示身高。一个体重 70kg 身高 1.73m 的男性，其总体表面积计算可得 1.8m²。

在热平衡公式中，S 为正值意味着热储量增加，体温趋于升高，负值意味着热储量减少，体温趋于降低。在一整天长时间角度来看，不存在热量的净储蓄，但在短时间内，由于高温作业热量净储蓄增加。在极端条件下，热储蓄率可以达到 500W。M 与工作强度成正比。当休息时（不工作），通常 M 约为 100W，重体力劳动时 M 值迅速增高到 500W。W 从 0 到不大于 25% 的总代谢热。$M-W$ 表示身体内部产生的总的代谢率减去执行工作所需能量后的热量净增加。由于完成工作仅占约 10% 的总代谢率，W 值通常也可被忽略。对于 C、R 和 K，正值表示热量流入身体，负值表示流出身体。C 是身体表面和周围空气之间的对流热，它与皮肤和空气之间的温度差以及风速成正比。

工作服特性可改变对流热 C。当周围空气温度高于体表平均温度（热平衡热舒适条件下体表温度约为 33℃，热应激条件下通常为 36℃），C 为正值，代表热量流入身体。无论对流热是正值还是负值，通常都不会超过 50W。R 是身体表面与周围（固体）环境之间的辐射（红外）热流，它与皮肤温度和固体平均表面温度差成正比。

工作服特性可改变辐射热 R。当固体表面平均温度高于体表温度时，R 为正值，代表热量流入身体。辐射热传递 R 通常都不超过 50W。K 代表身体表面和周围（固体）环境直接接触的热传导，它与皮肤温度和周围环境温度差成正比。工作服特性改变比例常数。当周围环境温度高于体表温度时，K 为正值，代表热量流入身体。热传导需要大的接触面积，在较小面积上的大量热流量，容易引起局部组织的极度不适、疼痛，造成烧伤。E 是汗液蒸发的热损失率。皮肤由于出汗浸湿，热量随汗水蒸发，从而身体得到冷却。蒸发冷却由人体生理机制控制调节来减少体内热储蓄。蒸发散热受外界环境和衣物限制。蒸发冷却率与风速成正比，与皮肤表面和周围环境的水汽压差成正比。

工作服特性可改变蒸发热 E。当环境和服装利于蒸发散热，人体自身通过生理控制调节蒸发冷却，降低核心温度。蒸发散热 E，通常为 0～600W（生理调节极限）。在热平衡公式中，服装对于热传递的影响不可忽略。工作服热阻值越大，隔热保温功能越好，不利于散热，夏季的衣服一般热阻值都较小，冬季服装热阻值大，高热阻值的防护服常用于火险救灾，可以隔离高温热气与有毒气体。工作服湿阻值越大，透水蒸气能力越弱，不利于排汗散热，所以夏季衣服设计要考虑服装面料的透湿性能。

$C_{resp} + E_{resp}$ 表示由于呼吸发生的热交换，包括呼吸对流热（C_{resp}）和呼吸蒸发热（E_{resp}）传递。这些呼吸热交换量在休息情况下占总热交换量比例较高，但在工作、运动时占总热交换量比例不高。为了讨论方便，这部分将被忽略，式（2-1）简化为（Bernard，2012）：

$$S = M + C + R - E \tag{2-3}$$

也就是说，蓄热速率等于人体内部产生的热加上由于对流和辐射的热增益（或损失），减去汗水蒸发造成的热损失。热平衡公式（2-1）和式（2-3）描述了热应力水平受到周围环境、工作、服装因素的综合影响。主要热量来源于体内产生的代谢热，热损失的主要途径是蒸发。尽管对流和辐射是重要的，但它们的贡献要小得多。理想的情况，人体处于热平衡状态，体内无储蓄热量（$S=0$）。在此状态下，通过生理调节，所需的蒸发冷却水平 E_{req}，可由式（2-4）（Bernard，2012）计算：

$$E_{req} = M + C + R \tag{2-4}$$

某些情况下 E_{req} 高于生理调节的最大蒸发冷却能力，或者是被周围环境和工作服限制了，此时，储热净增益（储热率 S 为正值），核心体温随之上升一定温度（$\Delta T_{re,max}$）。体重为 W 的人可以承受的最大净热储蓄量（H_{max}）由式（2-5）（Bernard，2012）计算：

$$H_{max} = 0.75 \times W \times \Delta T_{re,max} \tag{2-5}$$

根据热储蓄率 S 和能够承受的最大热储量 H_{max}，可得出安全的高温作业时间 t_{max}（Bernard，2012）：

$$t_{max} = H_{max}/S \tag{2-6}$$

最大热储量相同情况下，热储蓄率越大，可允许的安全高温作业时间越少。

2.1.4　高温作业涉及行业

根据气象条件的特点，高温作业可分为三个基本类型，即高温强辐射作业、高温高湿作业及夏季露天作业，涉及不同的工业企业（《中国职业医学》编辑部，2017）。

（1）高温强辐射作业，如炼钢车间，铸造、锻造车间，炉窑车间，火力发电厂的锅炉房等。这些生产场所涉及到各种热源，如冶炼炉、窑炉、锅炉、被加热的物体（铁水、钢锭）等，可以通过对流、传导、辐射散热，升高周围空气和物体的温度；周围物体被加热后，又成为二次热辐射源，扩大热辐射面，进一步升高气温。这类作业环境包括两种热原，对流热（被加热了的空气）和辐射热（热源及二次热源）。这类作业环境的气象特点是气温高、热辐射强度大，但相对湿度通常较低，易形成干热环境。人在此环境中劳作会大量出汗，如果通风不良，汗液难以通过蒸发有效散热，易导致体内热蓄积，引发中暑。

（2）高温高湿作业，如造纸、印染等工业，当液体加热或蒸煮时，车间气温可达 35℃以上，相对湿度常高达 90% 以上；潮湿的深矿井作业，气温可达 30℃ 以上，相对湿度高达 95% 以上。如果通风不良，极易形成高温、高湿和低气流的不良气象条件，即湿热环境。这类作业环境的气象特点是气温和湿度均高，但辐射强度不大。人在此环境中劳作，即使周围气温不高，但由于周围水汽压高，劳动中产生的汗液难以通过蒸发有效散热，从而造成体内热蓄积，或水、电解质平衡失调，引发中暑。

（3）夏季露天作业，如建筑业、农业。此类作业环境所涉及的高温和热辐射主要来自于阳光辐射，此外，夏季露天劳作时还受地表和周围物体二次辐射源的附加热作用。露天作业中的热辐射强度虽然低于高温车间，但持续的时间较长，并且通常是头颅受到太阳直接照射。在中午前后阳光辐射最大，如果此时工作强度加大，则极易引起人体因过度蓄热而中暑。尤其是在无风的气候条件下，人体难以通过对流蒸发散热，如不积极采取防暑措施，极易导致中暑。

2.2 高温环境评价方法与标准

2.2.1 环境指标

湿球黑球温度（Wet Bulb Globe Temperature，WBGT）是使用最广泛的高温环境评价指数，包括了工作环境的气温、湿度、辐射热和风速的综合影响，是一个综合评价人体接触作业环境热负荷的基本参量。WBGT 指数由干球（T_{db}）、自然湿球（T_{nwb}）、黑球（T_g）三个部分温度构成。可由热应激监测器（例如 $3M^{TM}$ QUESTemp Heat stress Monitor）测得。自 20 世纪 50 年代被提出以来，WBGT 已广泛应用于职业卫生、运动及军事领域（Parsons，2014）。

干球温度（T_{db}），通过一个暴露于空气中的温度传感器测量（该传感器连着一个类似灯泡状的外壳来屏蔽辐射热源），测得即为大气温度。测量范围为 $10 \sim 60℃$，精确度 $\pm 0.1℃$。干球温度值用来估算对流热交换的方向和大小。

自然湿球温度（T_{nwb}），通过一个由浸湿的棉纱包裹的温度传感器测量（该棉纱暴露于周围空气中，感应自然空气流动，棉纱下方连接着水槽以确保浸湿状态），即为大气湿度饱和情况下的温度。测量范围为 $5 \sim 40℃$，精确度 $\pm 0.5℃$。该温度的大小与棉纱蒸发冷却量成反比，即随着环境空气中水蒸气压（湿度）的增加而减少。随着湿度的增加，自然湿球温度逐渐趋近于干球温度。水蒸气压力是一个关键的环境参数，它影响了环境可以允许的最大的蒸发冷却量。

黑球温度（T_g），通过黑色铜球中的温度传感器测量（传统球体直径为 150mm，但当前仪器通常使用较小的直径 50mm）。测量范围为 $20 \sim 120℃$，精确度 $\pm 0.5℃$ 对应 $50℃$，$\pm 0.1℃$ 对应 $120℃$。黑球温度值用以估计辐射热交换。由于黑球与周围空气紧密接触，所以黑球温度也反映出黑球与空气之间的对流热。经验上来讲，黑球温度是表示热交换的良好指标（综合了对流和辐射热的影响）。

WBGT 指数是以上这些温度度数的加权平均值（ISO 7243，1989）。在室内环境中，$WBGT = 0.7T_{nwb} + 0.3T_g$；室外环境中 $WBGT = 0.7T_{nwb} + 0.2T_g + 0.1T_{db}$。

标准的 WBGT 指数应为多次测量（时间和空间）的加权平均值。空间上的权重计算，如公式（2-7）所示。

$$WBGT = \frac{WBGT_{head} + 2 \times WBGT_{abdomen} + WBGT_{ankles}}{4} \quad (2-7)$$

式中，$WBGT_{head}$、$WBGT_{abdomen}$、$WBGT_{ankles}$ 表示热应激监测器（Heat stress Monitor）分别设置在头部位置、腹部位置（离地约 1.1m 高）、踝关节位置的测得值。多数情况下，由于场地限制等原因，通常仅测腹部位置的 WBGT 值。

尽管 WBGT 指数在应用中还存在一些限制，例如低估风速的影响（Miller et al.，2007），无法测量代谢速率和服装作用等，它依然是高温环境评价的一个有效指标，便于测量且易于理解。WBGT 指数强调了两大最广泛应用的环境阈值体系，即由美国政府工业卫生学家会议（American Conference of Governmental Industrial Hygienists，ACGIH）2014 年提出的极限值（Threshold Limit Values，TLVs）和国际标准化组织（ISO 7243）

1989 年提出的参考值（Reference Values）。该环境阈值体系，在中国（《高温作业分级标准》GB/T 4200—2008❶）、美国（NIOSH，1986；OSHA，1999）、加拿大（Ontario Ministry of Labour，2013；Saskatchewan Ministry of Labour and Workplace Safety，2000）、英国（BS EN 27243，1994；HSE，2012）、澳大利亚（AIOH，2003）、新西兰（OSHS，1997）等地，已被写入职业安全健康准则（Rowlinson et al.，2014）。一些补充的方法也都有说明：通过标准化风速，根据工作种类对代谢速率归类，对大部分工作服设置服装调整参数。表 2-1 和表 2-2 分别表示了基于 WBGT 的极限值 TLVs 和参考值。

WBGT 极限值 TLVs 表 2-1

工作时间占比重	工作强度（work load）		
（work in a work-rest regimen）（%）	轻（light）（℃）	中等（moderate）（℃）	重（heavy）（℃）
75～100	31.0	28.0	—
50～75	31.0	29.0	27.9
25～50	32.0	30.0	29.0
0～25	32.5	31.5	30.5

资料来源：ACGIH，2014。

表 2-1 中，不同工作强度（work load），依据工作时间占总时间（包括工作和休息时间）的百分比，对应不同上限的 WBGT 值，即工作作业场地环境条件需要在此 WBGT 以内，以确保安全作业时的核心温度（核心温度≤38℃）。该表中提供的数值，是基于假设工人都是已热适应的，穿着全套工作服，并且有足够的水和盐补充。这些工人都是健康的、热适应的，穿着轻薄的工作服（热阻约 0.6clo）。美国政府工业卫生学家会议（ACGIH）也提供了不同衣物的 WBGT 修正值，其变化从+1℃的聚烯烃工作服到+3℃的双层编织工作服，直至+11℃的特殊用途的隔汽保护型工作服。对于特殊的服装或其他重要的变化，需要专家评价，提供意见。对于环境测量、工作强度评价、工作休息方式、水盐补充、服装、人体热适应能力和健康状况评测的相关的指导方法也在 ACGIH 标准中有所说明。

WBGT 参考值 表 2-2

代谢率（metabolic rate）（W/m²）	已热适应（℃）	未热适应（℃）
休息 M≤65	33	32
65＜M≤130	30	29
130＜M≤200	28	26
200＜M≤260	25（26）[a]	22（23）[a]
M＞260	23（25）[a]	18（20）[a]

a：有括号值对应于可感受到空气流动情况；无括号值对应于无空气流动情况。
资料来源：ISO 7243，1989。

表 2-2 中，对于工人已热适应和未热适应的情况，依据不同工作代谢率，对应不同的

---

❶ 《高温作业分级》GB/T 4200—2008 已于 2017 年废止，目前尚未有新的替代标准。

WBGT 参考值上限。在此上限内，安全工作时的体温得以确保（核心温度≤38℃）。该上限随着代谢率要求提高而降低；在相同的代谢率需求下，未热适应比已热适应的上限低。ISO 7243 的修正版中，给出了服装调整值（clothing adjustment factor，CFA），该值从一般工作服 0℃ 到特制隔汽工作服＋12℃，WBGT 加上 CFA 值，即为有效 WBGT 值。

除 WBGT 以外，另外 2 个应用广泛的高温环境评价指标分别是加拿大使用的湿润指数（Humidex）（Masterton et al.，1979），和美国公众天气预报中使用的酷热指数（Heat Index）（Steadman，1979）。这 2 个指标包含了气温和湿度的综合影响，可由温度计和湿度计测得，非常易于测量且费用低廉。承包商可以利用公开的信息，即当地气象台提供的气温和湿度报告，从而减少测量 WBGT 所需人员和设备配置。然而，实际应用中，工作场所的微观气候往往偏离城市或地区的一般气候，因此，这 2 个指标的有效性还有待商榷。湿润指数和酷热指数指标都忽略了太阳辐射和风速的影响。太阳辐射和风速在室外工作环境中有重要影响。尽管有这些担忧，在 WBGT 指数无法获得时，这 2 个指标依旧经常被推荐使用（CSAO，2007，2010）。

对于机组人员的工作环境，美国空军将 WBGT 指数简化为 "战斗机热负荷指数"（Fighter Index of Thermal Stress，FITS）。通过假定典型的飞行员在驾驶舱的代谢速率和标准工作服，该指数可由气温和相对湿度表读取（Stribley et al.，1978）。美国国家环境保护局（US Environmental Protection Agency，EPA）在农业工作热应激管理准则中，也采用了 FITS 指数。然而，FITS 指数在工作环境使用时，还需要配合许多其他的调整因素，例如辐射、风速等，使其应用变得复杂，削弱了方便性和有效性。

热工作极限值（Thermal Work Limit，TWL），通过更好地预测空气冷却能力的影响，改善了基于 WBGT 的设置的极限值。TWL 由国际标准化组织（ISO 7933）于 1989 年提出，是基于所需出汗率（Required Sweat Rate，RSR）模型。遵循 RSR 模型的原理，高温环境热应激通过个人的生理应变体现，TWL 通过将环境影响转化为等效的保持身体热平衡的代谢率，将环境因素整合在一项指标中（Brake，2002；Brake et al.，2002）。TWL 模型，已被应用于澳大利亚采矿业作热应激管理准则（Bell，2012；Corleto，2011；Taylor et al.，2012）、阿联酋的高温环境工作指南中（Abu Dhabi EHS Center，2012）。

2.2.2 生理指标

评估热应激水平的另一种方法是通过监测与工作有关的热应变生理指标。该理念在很早就被引入到热应激的评价方法中。热应激引起的生理应变能够很好地反映在出汗、核心温度和心率上。

1. 出汗

汗水损失量计算为预测脱水提供了方法。在 1～2h 内，平均出汗率（SR）可由公式（2-8）（Bernard，2012；Kerslake，1972）计算。

$$SR = \frac{BW_{initial} - BW_{final} + IN}{T} \tag{2-8}$$

其中，$BW_{initial} - BW_{final}$ 为该段时间间隔前后的体重差（kg），IN 指在该段时间内喝水和进食的重量（kg），T 表示时间（h）。该公式假设无排泄损失的体重。

一般每小时排汗量应小于 1L，一个工作日排汗量应小于 6L。为了监测总的排汗量，需要测量由于排泄导致的体重减轻量。从实际出发，实时监测排汗量不是一个常规措施，但对于一个工作日的脱水程度预测是可行的，即测量从工作班次的开始到结束的体重变化百分比。如前所述，超过 1.5％体重（约 1～1.5kg）的损失表明可能出现脱水。

2. 核心温度

测量人体核心温度的方法有多种。在实验室中，通常是通过测量直肠、鼓室和食管的温度。食管温度能够非常有效地评价人体对热应激的生理反应。然而，食管温度对于评价总热量有不足之处。在工业界，直肠温度经常被当作预测总储热量的最佳指标。鼓室温度是早期学者们喜欢使用的评价体温调节反应的手段，目前已被食管温度替代。人体核心温度的测量，可以通过一颗可吞咽式胶囊传感器将食管内的温度数据实时传输到接收器（NASA，2006）。该方法是目前最普遍使用的，但对于常规监测来说是相当昂贵的。由于成本问题，核心温度难以在工作现场测量。因此，实际应用时通常会寻求核心温度的替代测量方法，例如口腔和耳道温度。每种方法都有其优缺点。口腔温度测量是得到广泛认可的，且在评价工业界热应激方面有很长的历史。现代电子设备比水银玻璃温度计反应灵敏。一次性热条也可用于测量。测量注意点包括：①测量前 15min 内不能进食或饮水；②测量时口腔闭合（不说话或用口呼吸）。通常来讲，口腔温度测量值加 0.5℃即被当作直肠温度值。任何的测量方法都需要在使用前进行校准。对于一次性热条，应随机抽样每批次的样品进行校准。另一种方法是测量耳道温度，将温度传感器放置在耳道内接近鼓膜的位置，并且注意将耳道与外界环境隔离。隔离方法，可通过棉球或听力保护器。耳道温度值对外界环境条件比较敏感。例如，炎热环境或高辐射环境下，该测量值可能会大于直肠温度。与直肠温度相比，耳道温度对热应激水平的变化更敏感，意味着它会升高或降低得更快。

一旦确定了评估核心温度的方法，则需要相应的抽样策略。基本上，时间加权平均核心温度在 8h 工作日中应小于 38℃，且上限为 39℃（Bernard，2012）。

3. 心率

心率测量比较容易，测量方法可靠且易接受。恢复期心率、心率峰值和时间加权平均心率可用于评价热应激时心血管方面的反应。标准是恢复期 1 分钟内最后一刻的值。工人停止工作，在座椅上休息，1 分钟内最后一刻的心率即为恢复期心率。传统的方法则需要测量从第 30 秒到 1 分钟的值。恢复期心率最好由电子仪表在 1 分钟最后一秒附近测量。如果恢复期心率小于 110 次/min，则认为无显著的热应变。

与心率监测器配合使用的数据记录器可以记录心率在整个工作班次内的变化情况。回顾工作人员一个工作日的心率记录，重点包括整个工作日的平均值以及峰值。一个工作日的平均值应该小于 110 次/min（WHO，2004）。峰值心率（持续 1min 以上）应该小于90％该工人最大心率值，个人最大心率值为 $195-0.67×$年龄（Logan et al.，1999）。

2.2.3 理论评价方案

热应激的理论评价方案基于人体与环境热交换模型，参见式（2-1）。一般来讲，如果达到热平衡状态，则无热储蓄，且在该环境的暴露时间是没有限制的。如果热储蓄（S）＞0，则在该环境的暴露是有时间限制的，该时间可以通过式（2-6）预测。

热应激指标（Heat Stress Index，HSI）（Belding et al.，1995）的提出，是基于保持热平衡所需蒸发量 E_{req} 式（2-4）与在环境中能达到的最大蒸发量 E_{max} 的比值。通过式（2-9）（Belding et al.，1995）计算。

$$HSI = \frac{E_{req}}{E_{max}} \times 100\%　　　　　(2-9)$$

热应激指标 HSI 与所需皮肤湿度值相等（即 $HSI = w_{req}$）。HSI 与生理热应变密切相关，尤其是与身体出汗水平有关，HSI 值的区间为 0～100。当 $HSI = 100$ 时，所需出汗量为生理应变所能达到的最大值，因此代表了规定的出汗率上限。$HSI = 0$，无热应变；$HSI = 10 \sim 30$，轻微到一般热应变，几乎不影响体力工作；$HSI = 40 \sim 60$，严重热应变，对健康有威胁；$HSI = 70 \sim 90$，非常严重热应变，需要医疗检查，补充盐水；$HSI = 100$，最大热应变。对于 $HSI > 100$ 的情况，身体净热储蓄，最长暴露时间（Allowable Exposure Time，AET）可依据式（2-10）（Belding et al.，1995）计算，AET 单位是 min。

$$AET = \frac{2440}{E_{req} - E_{max}}　　　　　(2-10)$$

式（2-9）和式（2-10）涉及的变量的计算，见表 2-3。

热应激指标 HSI 与可允许最长暴露时间（AETs）计算涉及的变量　　表 2-3

	变量计算	穿衣	未穿衣
辐射热损失（W/m²）	$R = k_1(35 - t_r)$	$k_1 = 4.4$	$k_1 = 7.9$
对流热损失（W/m²）	$C = k_2 v^{0.6}(35 - t_a)$	$k_2 = 4.6$	$k_2 = 7.6$
最大蒸发热损失（W/m²）	$E_{max} = k_3 v^{0.6}(56 - P_a)$（最高限值为 390W/m²）	$k_3 = 7.0$	$k_3 = 11.7$
所需蒸发量（W/m²）	$E_{req} = M - R - C$	—	—
	$HSI = (E_{req}/E_{max}) \times 100$	—	—
可允许最长暴露时间（min）	$AET = 2440/(E_{req} - E_{max})$		

注：t_r 为平均辐射温度（℃），t_a 为空气温度（℃），v 为风速（m/s），P_a 为水汽压（kPa）。
资料来源：Parsons，2014。

对于最大蒸发量，最高限值 390W/m² 的设定是依据最大出汗率 1L/h，最大出汗率保持 8h 以上的条件得出。表 2-3 中，简单假定了衣服是长袖衬衫和长裤，且体表温度假定保持在 35℃。

Givoni（1966，1976）提出了热应激指标的改进版本（Index of Thermal Stress，ITS），基于热平衡，所需出汗量为：

$$E_{req} = H - (C + R) - R_s　　　　　(2-11)$$

式中，R_s 代表太阳辐射热量，H 表示代谢产生热量。一个重要的改进是意识到并非所有的汗液都蒸发（还有滴落的汗液），因此所需出汗率与所需汗液蒸发率有关（Parsons，2014）：

$$S_w = \frac{E_{req}}{\eta_{sc}}　　　　　(2-12)$$

式中，η_{sc} 代表出汗效率。

室内环境，$R + C = \alpha v^{0.3}(35 - T_g)$；室外环境考虑太阳辐射，$T_g$ 由空气温度替换，太阳辐射量的修正值 $R_s = -E_s K_{pe} K_{cl}[1 - \alpha(v^{0.2} - 0.88)]$，该公式主要是由实验数据所得，

不是严格理论推导得出。最大蒸发热损失 $E_{max} = K_p v^{0.3}(56 - P_a)$，出汗效率 $\eta_{sc} = \exp\left[-0.6\left(\dfrac{E_{req}}{E_{max}} - 0.12\right)\right]$。当 $\dfrac{E_{req}}{E_{max}} < 0.12$ 时，$\eta_{sc} = 1$；当 $\dfrac{E_{req}}{E_{max}} > 2.15$ 时，$\eta_{sc} = 0.29$。McIntyre（1980）将以上计算整合得出热应激指标 ITS，单位 g/h：

$$ITS = \frac{H - (R + C) - R_s}{0.37 \eta_{sc}} \tag{2-13}$$

式中，系数 0.37 将"瓦特每平方米"转化为"克每小时"。

对 HSI 和 ITS 热应激指标更进一步地改进，并考虑实际应用，提出所需出汗率（SW_{req}）指标（Vogt et al.，1981）。该指标计算了保持热平衡（改进的热平衡公式）所需的出汗率，最重要的是，通过对比所需的和人体生理允许的出汗水平，对计算过程提供了实用的解释。该指标已被 ISO 采纳（ISO 7933，1989），之后被预测热应变方法（predicted heat strain method）代替（ISO 7933，2004）。与其他理论评价指标相同，SW_{req} 也是基于热平衡公式中的 6 个基本参数（气温 t_a，辐射温度 t_r，相对湿度 ϕ，风速 v，服装热阻 I_{cl}，代谢率 M 和外部工作耗能 W）。此外，计算也需要指导有效的辐射面积值（站立姿势 $=0.77$，静坐姿势 $=0.72$）。基于以上，所需蒸发量可据此计算（Parsons，2014）：

$$E_{req} = M - W - C_{res} - E_{res} - C - R \tag{2-14}$$

式中每一变量的详细计算可查 ISO 7933。体表平均温度通过多元回归方程计算或假设为 36℃。

根据所需蒸发 E_{req}，最大蒸发 E_{max} 和出汗效率 r，则所需皮肤湿度 $w_{req} = \dfrac{E_{req}}{E_{max}}$，所需出汗率 $SW_{req} = \dfrac{E_{req}}{r}$。

设皮肤湿度预测值为 w_p，蒸发率预测值为 E_p 和出汗率预测值为 SW_p。如果计算所需值可以被达到，则所需值等于预测值（例 $w_p = w_{req}$）。如果计算所需值不能达到，则最大值即为预测值（例 $SW_p = SW_{max}$）。如果所需出汗率（人体自身生理调节）可以达到，且不会导致不能接受的水分流失，则对于 8h 的工作班次没有暴露时间限制。如果无法达到，则限制的暴露时间（duration limited exposures，DLE）可由计算得出：当 $E_p = E_{req}$ 且 $SW_p \leqslant D_{max}/8$，则 $DLE = 480min$，此时 SW_{req} 可以被用作热应激指标；如果以上条件无法满足，则 $DLE_1 = 60Q_{max}/SW_p$，$DLE_2 = 60D_{max}/SW_p$，取 DLE_1 和 DLE_2 中的最小值。其中，D_{max} 为最大允许的水分损失，Q_{max} 为最大散热量。

许多实验室和工地实验评价了 SW_{req} 指标和它的解释，发现了它在有效性和应用范围上的一些限制。基于 SW_{req} 指标，Malchaire 等人（1999）提出了预测热应变（Predicted Heat Strain，PHS）的评价方法，该方法已被 ISO 采纳（ISO 7933，2004）。Malchaire 等人（1999）将身体暴露于高温环境（包括人工气候实验室和工地实验）的生理反应建立了一个大型数据库（1113 个文件）。该数据库中的一半数据用于建立一个新模型，另一半数据用于评价和验证。理论和实践考虑以及经验模型提供了改进 SW_{req} 指标的公式和方法，提出了预测热应变（PHS）评价模型。Malchaire 等人（1999）针对预测热应变评价方法，描述了所需出汗率指标计算的一系列修正值，包括呼吸热损失修正，身体平均温度的引进，体内热储蓄的分布，直肠温度的预测，皮肤平均温度和出汗率的指数平均，未热适应个体的皮肤最大湿度 w_{max} 的限值，最大出汗率，由于活动导致的核心温度升高，内部温度限值，最大脱水量，辐射防护服的影响，以及通风对服装热阻的影响。

预测热应变的计算基于人体和环境的热交换公式（热平衡公式），其中 6 个基本参数已在 SW_{req} 指标计算中描述，则所需蒸发量根据式（2-15）（Parsons，2014）计算。

$$E_{req} = M - W - C_{res} - E_{res} - C - R - dS_{eq} \qquad (2-15)$$

式中，E_{req} 是所需蒸发热传递（W/m²）。M 是代谢率（W/m²），可根据 ISO 8996（2004）得到。W 是工作所需能量（W/m²），该值在计算中可被忽略。C_{res} 是呼吸对流热交换（W/m²）。E_{res} 是呼吸蒸发热交换（W/m²）。C 是对流热交换（W/m²）。R 是辐射热交换（W/m²）。dS_{eq} 是与代谢率相关的核心体温增加产生的热储蓄率（W/m²），源于核心体温的增加。

式（2-15）中的每一项，可以通过以下计算得出，$C_{res} = 0.00152M (28.56 - 0.885t_a + 0.641P_a)$，$E_{res} = 0.00127M (59.34 + 0.53t_a - 11.63P_a)$，$C = h_{cdyn} \times f_{cl} \times (t_{cl} - t_a)$，$R = h_r \times f_{cl} \times (t_{cl} - t_r)$，$E = w (P_{sk,s} - P_a) / R_{tdyn}$，$dS_{eq} = C_{sp} \times (t_{cr,eq\,i} - t_{cr,eq\,i-1}) \times (1 - \alpha)$。其中，$t_a$ 为空气温度（℃），t_r 为平均辐射温度（℃），t_{cl} 为衣服表面温度（℃），P_a 为水汽压（kPa），$P_{sk,s}$ 为皮肤温度对应饱和水汽压，h_{cdyn} 为动态对流热交换系数 [W/(m²·K)]，h_r 为辐射热传递系数 [W/(m²·K)]，w 为皮肤湿度，f_{cl} 为着装面积系数，R_{tdyn} 为服装和服装空气层总湿阻（m²·kPa/W）。

预测热应变的解释分析。热应激的两个标准（最大皮肤湿度 w_{max} 和最大出汗率 SW_{max}）和热应变的两个标准（最大可接受的直肠温度 $t_{re,max}$ 和最大可允许的脱水量 D_{max}）都用来解释 PHS 模型。

根据表 2-4，假设热适应人群的最大出汗率比未热适应人群高 25%。脱水量极限值（D_{max}）是基于最大脱水率 3% 来推测的（仅对工业界而言，不适用于军人和运动员）。现实情况中，虽然有足够的饮用水供应，工人们依旧未能补充足够的与流汗失水量相当的水分。热暴露持续 4~8h，不管所产生的汗液总量如何，观察到有 50% 的工人补液率为 60%，95% 的工人补液率为 40%。因此，基于补液率，设 D_{max50} 和 D_{max95}（即 60% 补充 7.5% 体重的汗液流失 = 4.5% 体重，则脱水量 = 7.5% 体重 - 4.5% 体重 = 3% 体重；40% 补充 5% 体重的汗液流失 = 2% 体重，则脱水量 = 5% 体重 - 2% 体重 = 3% 体重）。

直肠温度源于热储蓄 S，$S = E_{req} - E_p + S_{eq}$，其中，$S$ 是人体热储蓄率，E_p 是预测蒸发热交换，S_{eq} 是与代谢率相关的核心体温增加产生的热储蓄率。热储蓄增加，核心体温增加，体表温度增加。

PHS 模型中，如果计算所需值可以达到，则所需值等于预测值。如果计算所需值不能达到，则最大值即为预测值。

基于 PHS 模型的建议极限值 表 2-4

项目	未热适应	已热适应
最大皮肤湿度 W_{max}	0.85	1.0
最大出汗率 SW_{max} [W/m²]	$(M-32) \times A_D$	$1.25(M-32) \times A_D$
最大脱水量 D_{max50}	7.5%×体重	7.5%×体重
最大脱水量 D_{max95}	5%×体重	5%×体重
直肠温度限值	38℃	38℃

资料来源：Parsons，2014。

依据 PHS 模型，计算当到达表 2-4 所示的直肠温度或总脱水限值所对应的最大可允

许暴露时间 D_{lim}。如果 E_{max} 为负值或计算得到的最大暴露时间小于 30min，则此方法计算暴露时间不可行。

总的来说，关于以上一系列计算，ISO 7933（2004）标准中提供了基于 Excel 表格的计算方法。该理论评价方案需要收集或估计一系列的环境和工作参数，包括干球、湿球、黑球温度，风速，代谢率，衣物热阻湿阻值。ISO 标准提供了不同衣物的湿阻热阻参考值。根据这些数据，热传递系数可以通过对流、辐射和最大蒸发冷却来估算。之后，将估算的数值带入公式中，来估算所需蒸发冷却值。蒸发的汗水的比例随排汗冷却要求的增加而降低，由此估算出汗率水平，从而计算支持所需蒸发冷却的出汗总量。基于以上预测值，可以计算出在某一环境中暴露的时间限制，从而避免过度蓄热或汗水损失（脱水）。

预测热应变模型 PHS 提供了基于热平衡公式的复杂全面的理论评价方法，该方法的解释与实用指导具有重要意义。今后可基于此方法，进行研究和改进。

2.2.4 实证评价方案

美国政府工业卫生学家会议（ACGIH，2014）与国家职业安全健康研究所（NIOSH，1986）提出了评估工作场所热应激的方法，该方法当前已被广泛接受应用。该评价方案的目的是使用以小时为单位的时间加权平均值（TWAs）将身体核心温度限制在 38℃。WBGT 由于其测量简单性、实用性和可靠性，被选作高温环境评价指标。研究者根据不同水平代谢率，制定 WBGT 的安全极限值。在此安全极限值以内，能够保证约 95％ 的工人的核心温度在 38℃ 以下。该安全极限值与代谢率的变化有关，是其函数映射。高温环境适应的状态（热适应）不同会影响热应激的生理反应，因此学者们对于已热适应和未热适应的工人分别制定了暴露极限。

对于服装的影响，还未在美国国家职业安全与健康研究所（NIOSH）的标准中提出解决方法。Ramsey（1978）首先提出，随后 Bernard 和 Kenny（1988）进一步研究，推进了服装调整因素（clothingdjustment factors，CAFs）的使用（ACGIH，2014；Bernard et al.，2005；Bernard et al.，2007）。表 2-5 中列出了由 ACGIH 制定的服装调整因素值。在评价热应激时，CAF 常附加于广泛使用的 WBGT 指数一起使用。

对于不同工作地点、工作服和工作任务，有效 WBGT 值和有效代谢率值（M）可以通过 TWA 方法确定（Bernard，2012），其中 $T = \sum t_i$，

$$WBGT_{effective} = \frac{\sum[(WBGT_i + CAF_i)t_i]}{T} \qquad (2-16)$$

$$M_{effective} = \frac{\sum M_i t_i}{T} \qquad (2-17)$$

不同衣物的服装调整因素值（clothing adjustment factors，CAFs） 表 2-5

服装	CAF（USF）[℃ WBGT]	CAF（ACGIH）[℃ WBGT]	备注
工作服（work clothes）	0	0	标准工作服，标准织物
布工作服（cloth coveralls）	0	0	织物
SMS 单层无纺布工作服（SMS nonwoven coveralls as a single layer）	−1	0.5	由聚乙烯通过非专有 SMS 方法制得无纺布

服装	CAF（USF）[℃ WBGT]	CAF（ACGIH）[℃ WBGT]	备注
Tyvek 1422A 单层工作服（Tyvek 1422A）	2	1	由聚乙烯制得专有织物 Tyvek
双层编制工作服（double layer of woven clothing）		3	
NexGen^R 单层工作服	2.5	—	NexGen 专有微孔织物，具有防水透气性。这种织物不同类型具有很大差异，CAF 值无法普遍适用
单层隔汽工作服（vapor-barrier coveralls as a single layer）	10		无兜帽
单层隔汽工作服，有兜帽（vapor-barrier coveralls with hood as a single layer）	11	11	单层隔汽工作服，有兜帽
兜帽（hood）	+1		增加兜帽穿着（无论任何工作服）

注：CAF 值在原 WBGT 上加减以获得有效 WBGT。
资料来源：Bernard，2012。

表 2-6 以实例说明了如何使用 WBGT 极限值和 CAFs 判断某一工作是否超出安全范围。表中可以看到，WBGT 有效值（32.5℃）超过了 WBGT 极限值（28.2℃），当把任务 3 增加到 25min，WBGT 有效值（29.1℃）小于（满足）WBGT 极限值（29.2℃）要求。

CFA 应用于 WBGT 限值计算案例 表 2-6

工作	服装	代谢率 M（W）	测量所得 WBGT（℃）	有效 WBGT（℃）	WBGT 限值（℃）	时间（min）
1	隔汽工作服有兜帽	300	33	44		10
2	工作服	400	33	33		20
3	工作服	100	20	20		10
TWA		300	29.8	32.5	28.2	40
将工作 3 调整为 25min						
TWA		245	27.1	29.1	29.2	55

资料来源：Bernard，2012。

2.2.5 案例分析

1. 案例背景

本案例以中国华南某典型高温地区的建筑工人为背景，通过环境指标、生理指标和感官指标来评价工人热应激状况。

华南地区位于亚热带，夏季天气炎热潮湿。建筑工人在阳光直射的室外或封闭不透风的室内施工作业，非常容易引发热应激。建筑工人夏季中暑死亡的新闻，时有报道（图 3-3）。当地政府和业界对高温作业表示非常担忧，颁布了一系列防暑降温说明和指导方针。本案例（Chan et al.，2016）以该地区的建筑业为背景，通过建立工作场所的环境指标、建筑工人的生理指标和感知指标来评价高温作业热应激水平。

2. 实验参与对象

一共有 16 名本地建筑工人参与实验。实验参与对象都是健康的男性且体质良好，无糖尿病、高血压、心血管疾病和长期服用药物史。所有参加实验者均穿着标准工作服（由当地建造业议会统一提供，包括 T 恤衫和长裤）、安全帽和安全鞋（图 2-1）。服装热阻值约为 0.5clo。

该地区夏季通常从 5 月持续到 9 月。该工地试验于 2016 年 7 月到 8 月间进行，工人对炎热的天气已有 1 个月左右的适应。每个实验参加实验者需要提供他们的名字、年龄和工种。他们的体重（包括整套工作服）和身高均为当场测量。基本资料（平均值±方差）：年龄 21.7±1.9，身高 173.7±5.1cm，体重 65.0±11.8kg。这些参与实验的工人来自于 4 个工种，每个工种与对应人数：模板工 6 人，钢筋工 6 人，测量员 2 人和砌砖工 2 人。由研究人员解释，使实验参加实验者清楚地了解实验目的和必要程序。实验开始前，所有参加实验者都签署书面同意书。实验收集的数据保存在独立的服务器中，且仅用于该研究，设有密码保护只有授权的研究人员才能访问原始数据。这项研究协议获得大学伦理委员会的批准。

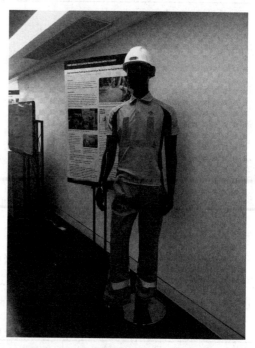

图 2-1　施工作业标准穿着（工作服、安全帽和安全鞋）

3. 实验过程与测量指标

工地实验在建造业训练中心进行，所有的工人和平时一样正常做工。实验从早上 8：00 持续到下午 4：00。早晨开工前，实验参加实验者被要求换上标准工作服，并由实验工作人员帮助佩戴心率带（Polar Wearlink，美国）以测量工作时的心跳。工作开始前 30min，实验对象先在一个空调房（约 22℃）休息以稳定心跳和体温。在这个休息阶段，实验对象被明确告知实验目的和流程，他们自愿签署一份实验同意书。早上和下午的工作各持续 135min，早晨 9：00—11：15 和下午 1：30—3：15。在整个实验过程中，鼓励参与对象经常补充水分，以防脱水。

为了评价高温作业对工人的影响，工地微环境的气象学测量以及工人自身的生理和感观测量同时进行。气象学测量，将 WBGT 监测仪（QUESTemp°36，澳大利亚）放置于靠近实验对象工作的地方，以采集干球温度、湿球温度、黑球温度和风速，监测仪每分钟记录一次数据。生理测量，通过心率带测得工人的心率，每分钟记录一次数据；在本案例中，由于侵入式的测量方法和成本问题，身体核心温度通过每 5min 测量一次耳道温度来推测。人体感观测量，通过 Borg 的 CR-10 主观疲劳感觉 RPE 评级表（Rate of Perceived Exertion Scale），和调整后的 ASHRAE 热感觉评级表（Thermal Sensation Scale）测量。RPE 评级表从 0 到 10，表示主观疲劳感觉从休息、极其轻松、很轻松、轻松、有点吃力、吃力、非常吃力、极其吃力到精疲力竭。热感觉评级表从 1 到 7，表示从非常凉爽、凉爽、微凉、中等、微热、热到非常热。RPE 和热感觉评级表均使用直观类比标度，让实验对象快速、准确选择当前感官对应级别。RPE 和热感觉每 5min 测量一次。

基于心率测量，由 Moran 等（2001）提出的生理应变指数（Physiological Index _ HR，PSI_{HR}）根据式（2-18）计算。

$$PSI_{HR} = 5 \times \frac{HR_i - HR_0}{HR_{max} - HR_0} \tag{2-18}$$

式中，HR_0 表示开始工作前休息状态的平均心率，HR_i 为工作中实时测量的心率，HR_{max} 为测得的最大心率，如果该最大心率未超过 180 次/min，则将 180 次/min 替代入公式。PSI_{HR} 的范围从 0 到 5，值越大表示热应变水平越高。

基于感官 RPE 和热感觉测量，由 Tikuisi 等（2002）提出的感知热应变指数（Perceptual Strain Index _ PeSI）根据式（2-19）计算。

$$PeSI = 5 \times \frac{RPE_i}{10} + 5 \times \frac{TS_i - 1}{6} \tag{2-19}$$

式中，RPE_i 和 TS_i 表示工作中实时测量的主观疲劳感觉和热感觉。$PeSI$ 的范围从 0 到 10，值越大表示热应变水平越高。

为了进一步反映体力工作负荷，相对心率（RHR）（Maiti，2008）根据式（2-20）计算。

$$RHR = 100 \times \frac{HR_w - HR_r}{HR_{max'} - HR_r} \tag{2-20}$$

式中，RHR 表示相对于休息时的心率增长百分比，HR_w 表示工作中实时测量的心率，HR_r 表示休息时最小的心率，$HR_{max'}$ 表示为根据年龄预测的最大心率 $HR_{max'} = 220 - age$。RHR 的范围及分类：轻松（$RHR < 30\%$），一般（$30\% \leqslant RHR < 40\%$），和辛苦（$RHR \geqslant 40\%$）。

4. 工地试验的结果分析

根据 WBGT 监测仪的测量值，实验期间工人暴露于高温环境，WBGT 变化范围 26～37℃，平均值和方差（31.9 ± 2.4）℃。根据 RHR，工人体力负荷的平均值和方差 $20.2\% \pm 11.8\%$，表示工作比较轻松，导致这一结果的原因可能是统计时将间断休息时的心率也包含进去了。根据 RPE，主观疲劳感觉主要集中在 3（31.9% 的数据为 3），表示工人感觉一般辛苦。热感觉的值主要在 4～5 之间变化（32.8% 的数据为 4，26.4% 的数据为 5），表示工人感觉周围环境比较热。根据频率分布图，PSI_{HR} 主要在 1～2 之间变化，反映出较低的热应变；PeSI 主要在 4～6 之间变化，反映一般的感知热应变水平。

根据以上结果，高温工作环境（$WBGT = 37.9℃$），在此作业，工人的生理热应变都在较低范围内，安全作业，高温中暑风险低。原因如下：①工人身体健康，已热适应；②实验在建造业训练场进行，建造业训练场主要是对即将进入建造业工作的人员进行技术培训，培训内容虽然包括了实际工地的各项施工技术，但是由于目的主要是培训，工作强度相对低于真实工地环境；③在工作中安排了间断的休息时间（约 15min），提供了饮水设施，工人被鼓励多饮水。

为了进一步研究感知和生理应变的关系，以及它们受热环境和工作强度的影响，进行双变量相关分析（斯皮尔曼系数 Spearman's coefficient）（Chan et al.，2016）。人体热应变指数（PSI_{HR} 和 PeSI）与热环境指数（WBGT）和工作强度（RHR）具有显著正相关关系。例如，较高的感知热应变 PeSI（在 8～10 之间），此时的工作强度 RHR 主要对应辛苦（18%的数据为辛苦，8%的数据为一般，5%的数据为轻松）。WBGT 从 30℃升高至 36℃，对应较高的生理热应变指标（3～4 之间）从 5%升高到 25%。斯皮尔曼相关系数：PSI_{HR} 和 $PeSI$ 正相关，$r=0.42$；PSI_{HR} 和 WBGT 正相关，$r=0.25$；PSI_{HR} 和 RHR 正相关，$r=0.99$；$PeSI$ 和 WBGT 正相关，$r=0.42$；$PeSI$ 和 RHR 正相关，$r=0.40$。以上涉及的相关关系均有统计学意义（$P<0.05$）。

对于感知和生理热应变的关系研究，应用回归分析，$PeSI$ 作为 PSI_{HR} 的函数而变化，关系为幂函数（$R^2=0.67$，$P<0.05$）（Chan et al.，2016）。根据此关系，$PeSI$ 与 PSI_{HR} 的对应值见表 2-7 所列。根据所得感知数据 RPE 和热感觉（TS），绘制出不同热应变水平对应的 RPE 和 TS 数值，如图 2-2 所示。以上涉及的相关关系均为显著正相关 $P<0.05$。

生理和感官热应变水平（PSI_{HR} 和 $PeSI$）   表 2-7

PSI_{HR}	$PeSI$	热应变水平
0～1	0～4	无（休息）
1～2	4～6	轻微
2～3	6～7	一般
3～4	7～8	严重
4～5	8～10	非常严重

数据来源：Chan et al.，2016。

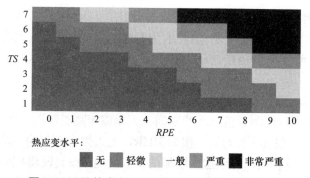

图 2-2 不同热应变水平下的 RPE 和热感觉（TS）

资料来源：Chan et al.，2016。

理想的情况下，采集人体生理数据（包括核心体温和心跳）来评价热应变。由于侵入式测量方法和成本问题，往往核心体温数据不容易取得；通过测量耳道温度估计核心体温，准确度有所降低。在此案例中，应用了感官热应变指标 PeSI，根据实验结果（PSI_{HR} 和 $PeSI$ 对应关系，PeSI 显著正相关于 WBGT 和 RHR），PeSI 能够较好地反映生理应变，可以用于早期预警指标的制定。该指标容易获取，可配合环境指标 WBGT 和心率，综合评价人体热应变，以提早采取有效措施，防止中暑。

2.3 高温环境对人体健康的危害

2.3.1 生理反应及热致疾病

高温作业，对人体的体温调节有很高的需求。作业期间产生的热量比休息时高 15～20

倍，如果没有温度调节（体温调节机制失效），则每5min核心温度就提高约1℃（Bernard，2012）。人体内部产生的代谢热量与来自外部环境的热量，需要通过身体的多种散热机制抵消，以避免大量储热，体温过高。冷却降温机制包括传导、对流、蒸发和辐射。随着环境温度升高到20℃以上，传导、对流，特别是辐射，变得越来越微不足道，散热主要是通过大量汗液蒸发；在炎热、干燥的条件下，蒸发可占98%的总散热量（Bernard，2012）。

在工作之初，由于人体内部产生代谢热，核心体温趋于上升。通过生理调节，该变化被调平，处于动态热平衡。热平衡时，人体热储蓄为0。人体热储蓄量与核心体温主要与个人体质水平和代谢率的相对水平有关。可控的（可通过生理调节到热平衡状态）热储蓄水平可以根据工作相关的核心温度（$T_{\text{core-work}}$）确定（Kerslake，1972）：

$$T_{\text{core-work}} = 36.5 + 3.0 f V_{\text{o2,max}} \tag{2-21}$$

式中，$f V_{\text{o2,max}}$ 为根据工作代谢率所得个人最大需氧量 $V_{\text{o2,max}}$。对于特定的工作需求，$T_{\text{core-work}}$ 将随着体质水平降低而升高，对于特定体质水平，$T_{\text{core-work}}$ 将随着工作需求强度升高而升高。该公式对于 $T_{\text{core-work}}$ 的预测适用于广泛的环境条件。高温环境下工作，限制了人体自身的生理调节降温，则核心温度将会上升到远高于某一工作需求对应的核心温度值 $T_{\text{core-work}}$。

血液流动从人体内部到体表，将代谢热传递到皮肤，并从体表散热到周围环境。高温作业情况，皮肤血管扩张以增加血流量将热量从核心传输到体表，并且引发人体出汗机制。连续高温作业，随着皮肤血管扩张增加血容量，中枢神经血容量减少，必须要增加心率以维持心输出量（心脏每分钟压出的血量）。

汗腺由胆碱能交感神经刺激，可分泌汗液到皮肤表面。常见的出汗率为1L/h，对于每升热量损失675W（NIOSH，1986）。大量的汗水损失降低体内含水量，从而降低体温调节效果。在出汗过程中，盐分损失量为4g/L（对于已热适应者为1g/L）。高温作业时，过度的出汗易导致脱水。

脱水（dehydration）：身体水分过度流失。症状：无早期症状（当水分流失<1.5%体重）；疲劳、无力；口干（Bernard，2012）。体征：工作能力丧失；反应时间增加。当脱水超过1.5%体重，脱水症状和迹象开始体现，并随着脱水量的增加而越来越严重；当脱水超过5%体重时，身体无法承受（Bernard，2012）。高温环境，执行间断性的重体力劳动，身体健康的人通常脱水量为2%～3%体重。儿童、老年人和残疾患者更容易受到水分流失和热储蓄的影响，这是因为他们出汗能力低下，表面积与体重比高，口渴反应减少，血管舒张反应能力不足。身体水分损失导致循环血液量降低、血压降低、出汗量减少以及血管阻力增加导致体表血流量减少，所有这些会损害身体散热。水分损失每增加1%体重，心率增加约3～5次/min。脱水导致的肌肉组织变化包括糖原降解增加、温度升高、乳酸水平增加。脱水状况如不采取干预措施，则会出现热衰竭，严重的甚至可能中暑。

工人暴露于高温环境中，进行体力劳动（尤其是重体力劳动或需要穿着厚重防护服和防护设备的工作），易引发热致疾病。对于那些未热适应、身体状况不佳、高龄、患有高血压或长期服药的工人，他们更易患热致疾病。具体来看，增加患热致疾病风险的成因包括：高温高湿、太阳直射（无遮蔽）、室内暴露于辐射源（如烤箱、锅炉）、无空气流动（即无风）、未及时补充水分、大量体力消耗、厚重个人防护服和设备、身体健康状况不佳或健康问题、服用药物史（如血压药、抗组胺药）、近期热暴露不足（未热适应）、以前患过热致疾病、高龄（65岁以上）（Howe et al.，2007）。这些风险因素中，大部分可以通过教育和提示来避免。从个人角度采取的措施包括：当感受到极度不舒适或热致疾病的初期症状时，应终止高温作业，休息恢复；水分补充，由于热调节取决于出汗和必要的水分流失，因此频繁补充水分非常必要；健康的个人生活方式和饮食习惯，足够的睡眠，运动锻炼，不酗酒和饮食均衡；对于有慢性疾病的工人，需要高温作业时应与医师沟通，遵医嘱，尤其是患有严重疾病的情况，应禁止和避免高温作业；热适应，一般预留约5天的时间让工人适应热环境，在此阶段，工作效率的期望值也应减小。

高温作业有患热疾病的风险（Hess et al.，2014）。下面介绍轻微、一般、严重至需要紧急医疗（中暑）的热致疾病情况（Howe et al.，2007）。

（1）热水肿（heat edema）：轻微的热致疾病形式。暴露于极端热环境时发生的高温性水肿，一般为下肢水肿，常发生于未热适应的人和老年人。一般无长期后遗症。外周血管舒张发生热损失，导致组织液汇集到下肢远端，造成血管静水压力升高，血管内液进入到周围软组织。通常的治疗方法包括抬高下肢，经常运动以逐渐热适应。尽量避免利尿剂治疗，以防危险性低血容量，特别是对于未热适应的患者。

（2）热皮疹（heat rash）：轻微的热致疾病形式。长时间不断出汗以及皮肤不及时的清洁，阻塞汗腺管，导致汗腺管发炎，从而限制汗液分泌，常呈现在腰部或高汗湿区域，如躯干或腹股沟。皮疹症状表现为丘疹性红疹，伴随强烈瘙痒感。皮疹虽然是良性的，但往往需要一个星期或更长的时间才能完全康复。轻度的抗炎洗剂如地奈德剂可缓解症状，缩短皮疹持续时间。

（3）热晕厥（heat syncope）：当心脏输出血量不足，血压明显下降时（姿势性低血压），易发生晕厥。通常发生在长时间站立，或从坐、躺的体位突然站起的情况，血液集中在下肢和皮肤（在此处血管舒张增大血流量），减少了头部血流。热晕厥患者在仰卧后立即恢复。症状：视野模糊、晕厥（短暂的意识丧失）。体征：昏厥行为、短暂晕倒、正常体温。治疗方法包括将患者置于仰卧位，下肢抬高。静脉注射可以改善导致晕厥的脱水情况。出现前期症状或接近晕厥时，应及时采取适当的干预措施，可预防晕厥发作。

（4）热痉挛（heat cramps）：过度热暴露条件下，导致大量出汗，造成水和电解质紊乱，可能发生肌肉痉挛。钠被认为是最重要的加剧热痉挛的因素，镁、钾、钙的影响还不清楚。痉挛经常发生在手臂、腿部、腹部、躯干或以上所有骨骼肌。通常痉挛是比较轻的，有时也会很严重，是即将发生热衰竭的警告信号；痉挛可能在工作期间或几小时后依然持续。热痉挛症状常见于热适应不良、负钠平衡和利尿剂使用的情况。治疗方法包括按摩、放松、伸展受影响的肌肉，用冰块冷却。口服补充液体和钠盐或肠道外补液，使用哪种方法主要取决于患者的状况和口服补液的可能性。

（5）热衰竭（heat exhaustion）：是最常见的热致疾病形式，当外部温度过高，脱水量大，由于心血管反应不足会导致热衰竭。通常为突发，且持续时间短，通常没有后遗症。症状：疲劳、虚弱、视野模糊、头晕或头痛。体征：高脉搏率、大量出汗、低血压、步伐不稳、脸色苍白、发冷、呕吐、核心体温上升（通常上升至37～39℃）。将冰袋放置于腋窝、腹股沟以快速降低温度。对于没有呕吐或腹泻且意识清醒的患者，可通过快速冷却和口服补充液体来降温。静脉注射0.9%的生理盐水也是一种帮助快速恢复的方法。

（6）中暑（heat stroke）：是最严重的热致疾病综合征，需要医疗急救；由于过度热应激暴露，人体温度调节失效（出汗机制失效或完全停止出汗），导致核心体温升高至对身体组织造成伤害的水平，出现影响多器官的特征性临床和病理综合征，中度至重度中枢神经系统受损。导致的原因包括低于正常水平的耐受力、缺乏热适应、过分的热应激暴露以及药物或酒精滥用。症状：寒战、躁动。体征：迷失方向、发抖、衰竭、无意识、抽搐、核心体温大于等于 40℃。如无及时医疗急救措施和冷却降温措施，中暑不会自发恢复，死亡率高达 10%。

对于以上热致疾病，早期症状的识别，应及时采取干预措施，防止进一步恶化，显得非常重要。表 2-8 列出了热致疾病的诊断标准（Howe et al.，2007）。

热致疾病诊断标准
表 2-8

热致疾病	核心温度	症状	体征
热水肿	正常	无	局部水肿（脚踝、脚、手）
热皮疹	正常	痒疹	服装覆盖区域丘疹、水疱、发炎
热晕厥	正常	眩晕、虚弱	无法控制姿势，通过仰卧能够迅速恢复
热痉挛	正常或升高，<40℃	疼痛的肌肉收缩（小腿、四头肌、腹部）	受影响的肌肉在触诊时会感到僵硬
热衰竭	37～40℃	头晕、不适、疲劳、恶心、呕吐、头痛	面色潮红，大量出汗，皮肤湿冷
中暑	>40℃	前期伴随有热疲劳症状	皮肤发热（伴随出汗或无汗），中枢神经系统CNS紊乱（混乱、共济失调、烦躁、昏迷）

资料来源：Howe et al.，2007。

对于以上热水肿、热皮疹、热晕厥和热痉挛，目前尚无证据表明这些热致疾病如未及时控制，会发展成严重的疾病。对于热衰竭，如未及时控制，会发展至中暑乃至死亡。热致疾病治疗方案的关键是将核心体温降至可接受的水平（37.5～38℃）。导致中暑的决定性因素是高体温的持续时间。人类可承受最高热值为体温 41.6～42℃持续 45min 到 8h，超过这个时间，可能造成致命的伤害，且不可逆（Bouchama et al.，1991）。更极端的情况，核心温度达到 49～50℃，所有细胞结构均会破坏，在 5min 内造成细胞坏死（Howe et al.，2007）。总体上来讲，热致疾病的治疗是从气道、呼吸和循环（ABCs）的评估开始，将患者转移到凉快的环境，坐下或仰卧休息；严重的热致疾病（中暑）需要专业的医疗急救措施（Howe et al.，2007）。

2.3.2　心理反应及行为

高温环境作业，除了影响人体生理反应，造成热致疾病，还会影响人的认知能力和行为。高温环境会引起混乱、烦躁等情绪压力，可能导致工人分散注意力或忽视安全操作程序。当前的职业热应激暴露标准的规定主要是依据医疗和生理准则。研究高温环境对于认知表现的影响也是非常有意义的，并能解决实际问题。世界卫生组织（World Health Organization，WHO）将良好的人类健康定义为包括身体、精神和社会福祉。热应激下的认知表现，反映了人的精神健康，不仅可以帮助定义工作场所热暴露极限值，而且可以提高职业环境的生活质量（Hancock et al.，2003）。

热应激与工人的不安全行为有关系。Ramsey 等人（1983）在产品制造厂和铸造厂研究发现不安全的工作行为在热舒适（WBGT 通常为 17～23℃）情况时最少，当环境 WBGT 上升到 35℃时，不安全行为显著增加。要提高工作场所的安全性，应强调评估工人的认知和心理运作能力。尤其对于那些一个失误可导致致命伤害的工作，相比生理反应，精神认知和行为能力的评估显得尤为重要。

大多数的关于热应激影响认知表现的研究是在实验室中进行，由于缺乏一个系统化的方法，并且存在大量的不同热参数设置和实验对象，导致研究者的实验报告结果无法得出一般性的结论。例如，尽管大部分研究表明高温环境下认知能力减弱，但仍有一部分研究发现在热暴露之初认知能力有些许提升。因此，识别影响因素的范围对于分析多样化的研究结果非常重要。一般来讲，工作复杂程度是非常重要的因素。相比复杂的工作，例如时刻保持警醒、追踪、多任务同时进行，简单工作任务更不容易受热应激的影响。工作人员的技能掌握熟练水平也是一项影响因素。Hancock（1986）提出：高水平操作员能够更好地承受热应激带来的影响。热暴露时间的长短也会对认知表现产生不同影响。一般来讲，长期暴露于高温环境将会导致认知绩效降低，然而短期的暴露（不多于 18 min）有可能会改善认知绩效（Poulton et al.，1965）。在生理学的研究中，热适应水平的增高对于减少高温作业对身体健康带来的影响有很大作用。然而，热适应对于改善认知能力方面的作用还有待商榷。

2.4 本章小结

高温作业可降低劳动生产率，增加患热致疾病的风险，带来安全隐患。本章详细介绍了高温环境评价方法以及高温作业风险评级依据。环境指标是最直接的评价方法，当前，环境指标——湿球黑球温度 WBGT 是普遍接受和广泛应用的。许多国际组织也都基于WBGT 指标来制定高温作业极限参考值标准。生理指标则通过测量劳动作业人员的核心体温、心率和出汗率等，从而判定当前热应激和热应变水平。理论评价方案基于人体与环境热交换模型，典型如预测热应变（PHS）模型，该模型已被国际标准化组织 ISO 采纳（ISO 7933，2004）。实证评价方法，将整个高温作业阶段划分成大量小的时间段，将每一小时间段的值加权平均来评价整个高温作业阶段的热应激风险。实际应用中应根据场地情况（如测量工具的可获得性）和职业特点（如需要穿着不透气防护服的工作）来选择合适的评价方法。通过对高温环境的评价，及时发现热应激状况，提出应对措施，以防热致疾病进一步发展，造成严重后果。

本章参考文献

[1] 《中国职业医学》编辑部. 高温作业与预防职业性中暑 [J]. 中国职业医学，2017，44（1）：120.

[2] 谭明杰主编. 公共卫生知识读本 [M]. 南宁：广西民族出版社，2004.

[3] Abu Dhabi EHS Center. Technical Guideline：Safety in the Heat（Abu Dhabi EHSMS Regulatory Framework）[EB/OL]. Abu Dhabi Environment，Health and Safety Center，UAE，2012. http://redhat-safety. com/wp－content/uploads/2015/12/CoP－11. 0－Safety－in－Heat－V2. 1－2013. pdf.

［4］ ACGIH. Heat Stress and Heat Strain：TLV® Physical Agents［G］//American Conference of Governmental Industrial Hygienists，7th ed. Cincinnati，Documentation，2009.

［5］ ACGIH. Heat Stress and Strain TLV ®［G］// Threshold Limit Values and Biological Exposure Indices for Chemical Substances and Physical Agents. ACGIH：Cincinnati，OH，2014.

［6］ AIOH. Heat Stress Standard &. Documentation Developed for Use in the Australian Environment (Developed by Ross Di Corleto，Gerry Coles and Ian Firth)［G］. The Australian Institute of Occupational Hygienists Inc. ，Tullamarine，2003.

［7］ Armstrong L E. Performing in extreme environments［M］. Human Kinetics，2000：15-70.

［8］ Belding H S，Hatch T F. Index for evaluating heat stress in terms of resulting physiological strains［J］. Heating，Piping and Air Conditioning，1955，27(8)：129-36.

［9］ Bell S. Commissioner for Mine Safety and Health：Queensland Mines Inspectorate Annual Performance Report 2011-12［R］. Queensland Mines Inspectorate，Department of Natural Resources and Mines，State of Queensland，Queensland，Australia，2012.

［10］ Bernard T E. Occupational ergonomics：theory and applications［M］. Second edition，CRC Press，2012：737-764.

［11］ Bernard T E and Kenny W L. Heart rate recovery［C］//American Industrial Conference，San Francisco，CA，1988.

［12］ Bernard T E，Luecke C L，Schwartz S K，et al. WBGT clothing adjustments for four clothing ensembles under three relative humidity levels［J］. Journal of Occupational and Environmental Hygiene，2005，2(5)：251-256.

［13］ Bernard T E，Caravello V，Schwartz S W，et al. WBGT clothing adjustment factors for four clothing ensembles and the effects of metabolic demands［J］. Journal of Occupational and Environmental Hygiene，2007，5(1)：1-5.

［14］ Bouchama A，Cafege A，Devol E B，et al. Ineffectiveness of dantrolene sodium in the treatment of heatstroke［J］. Critical Care Medicine，1991，19(2)：176-180.

［15］ Brake D J. The deep body core temperatures，physical fatigue and fluid status of thermally stressed workers and the development of thermal work limit as an index of heat stress［D］. Perth：Curtin University，2002.

［16］ Brake R，Bates G. A valid method for comparing rational and empirical heat stress indices［J］. Annals of Occupational Hygiene，2002，46(2)：165-174.

［17］ Brück K. Heat balance and the regulation of body temperature［M］// Human Physiology. Springer Berlin Heidelberg，1983：531-547.

［18］ BS EN 27243. Hot Environments-Estimation of the Heat Stress on Working Man，Based on the WBGT-Index (Wet Bulb Globe Temperature) (ISO 7243：1989)［S］. The British Standard Institution，London，1994.

［19］ CSAO. Construction Multi—Trades Health and Safety Manual［EB/OL］. Construction Safety Association of Ontario，Etobicoke. 2007. https://www. ihsa. ca/resources/health_safety_manual. aspx.

［20］ CSAO. Construction Health and Safety Manual［EB/OL］. Construction Safety Association of Ontario，Etobicoke. 2010. https://www. ihsa. ca/resources/health_safety_manual. aspx.

［21］ Chalmers S，Esterman A，Eston R，et al. Short-term heat acclimation training improves physical performance：a systematic review，and exploration of physiological adaptations and application for team-sports［J］. Sports Medicine，2014，44(7)：971-988.

［22］ Chan A P C，Yang Y. Practical on-site measurement of heat strain with the use of a perceptual strainindex[J]. International Archives of Occupational and Environmental Health,2016,89(2):299-306.

[23] Corleto R D. Heat Exposure in Mining:Three Step Assessment Protocol[C/OL]// Presentation at the Industrial Seminar Risk Management of Heat Exposure,Organized by DEEDI Mines and the Health Improvement and Awareness Committee (HIAC), Department of Natural Resources and Mines,Queensland Government, South Brisbane,2011-11-24[2012-11-11]. http://mines. industry. qld. gov. au/safety-and-health/651. htm.

[24] DuBois D,Du Bois E F. Clinical calorimetry:tenth paper a formula to estimate the approximate surface area if height and weight be known[J]. Archives of Internal Medicine,1916,17(6_2):863-871.

[25] Fuller F H,Smith P E. Evaluation of heat stress in a hot workshop by physiological measurements [J]. The American Industrial Hygiene Association Journal,1981,42(1):32-37.

[26] Garrett A T,Rehrer N J,Patterson M J. Induction and decay of short-term heat acclimation in moderately and highly trained athletes[J]. Sports Medicine,2011,41(9):757-771.

[27] Givoni B. A New Method for Evaluating Industrial Heat Exposure and Maximum Permissible Work Load[J]. Journal of Occupational and Environmental Medicine,1966,8(11):617.

[28] Givoni B. Man,climate and architecture[M]. Elsevier Science Ltd. ,1976.

[29] Greenleaf J F and Harrison M H. Water and electrolytes,in Exercise,Nurtition and Health[M]. New York:American Chemical Society,1985.

[30] Hancock P A. The effect of skill on performance under an environmental stressor[J]. Aviation,Space, and Environmental Medicine,1986,57(1):59-64.

[31] Hancock P A, Vasmatzidis I. Effects of heat stress on cognitive performance:the current state of knowledge[J]. International Journal of Hyperthermia,2003,19(3):355-372.

[32] Hess J J,Saha S,Luber G. Summertime acute heat illness in US emergency departments from 2006 through 2010:analysis of a nationally representative sample[J]. Environmental Health Perspectives, 2014,122(11):1209.

[33] Howe A S,Boden B P. Heat-related illness in athletes[J]. The American Journal of Sports Medicine, 2007,35(8):1384-1395.

[34] HSE. Heat Stress-Wet Bulb Globe Temperature Index[EB/OL]. Health and Safety Executive,UK. 2012-12-13. http://www. hse. gov. uk/temperature/heatstress/measuring/wetbulb. htm.

[35] ISO 7243, Hot Environments-Estimation of the heat stress on working,based on the WBGT-index (wet bulb globe temperature)[S]. Geneva:Internation Standards Organization,1989.

[36] ISO 7933. Hot Environments-Analytical Determination and Interpretation of Heat Stress Using Calculation of the Required Sweat Rate[S]. Geneva:International Standard Organisation 1989.

[37] ISO 7933. ED 2. Ergonomics of the Thermal Environment-Analytical Determination and Interpretation of Heat Stress Using Calculation of the Predicted Heat Strain[S],Geneva:International Organization for Standardization,2004.

[38] ISO 8996,Ergonomics of the Thermal Environment:Estimation of Metabolic Heat Production[S]. Geneva:International Standards Organization,1990.

[39] ISO 8996. ED 2,Ergonomics of the Thermal Environment—Determination of Metabolic Rate[S]. Geneva:International Organization for Standardization,2004.

[40] Kerslake D M K. The stress of hot environments[M]. Cambridge:Cambridge University Press,1972.

[41] Logan P W,Bernard T E. Heat stress and strain in an aluminum smelter[J]. American Industrial Hygiene Association Journal,1999,60(5):659-665.

［42］ Maiti R. Workload assessment in building construction related activities in India［J］. Applied Ergonomics,2008,39(6):754-765.

［43］ Malchaire J,Karpmann B,Gebhardt H,et al. The Predicted Heat Strain Index:Modifications brought to the required sweat rate index［C］. Evaluation and Control in Warm Working Conditions:Proceedings of BIOMED Conference,Barcelona,1999:45-50.

［44］ Masterton J M,Richardson F A. Humidex:a method of quantifying human discomfort due to excessive heat and humidity［M］. Canada:Ministere de l'environnement,1979.

［45］ McIntyre D A. Indoor climate［M］. Elsevier,1980.

［46］ Miller V,Bates G. Hydration of outdoor workers in north-west Australia［J］. Journal of Occupational Health and Safety Australia and New Zealand,2007,23(1):79.

［47］ Moran D S,Heled Y,Pandolf K B,et al. Integration between the environmental stress index (ESI) and the physiological strain index (PSI) as a guideline for training［R］. Defense Technical Information Center Compilation Part Notice ADP012440,2002.

［48］ NASA. Ingestible Thermometer Pill Aids Athletes in Beating the Heat［EB/OL］,2006［2012-12-31］. http://spinoff. nasa. gov/Spinoff2006/hm_1. html.

［49］ NIOSH,OSHA,USCG,and EPA,Occupational Safety and Health Guidance Manual for Hazardous Waste Site Activities［EB/OL］. DHHS(NIOSH),Washington,DC, 1985:85－115. https://www. osha. gov/Publications/complinks/OSHG－HazWaste/all－in－one. pdf.

［50］ NIOSH. Occupational Exposure to Hot Environments［EB/OL］. National Institute for Occupational Safety and Health (NIOSH),DHHS,Washington DC,USA,1986. https://www. cdc. gov/niosh/docs/2016－106/default. html.

［51］ Ontario Ministry of Labour. Heat Stress［EB/OL］. Occupational Health and Safety Branch,Ontario Ministry of Labour,Canada. 2013. https://www. labour. gov. on. ca/english/hs/.

［52］ OSHA. OSHA Technical Manual Chapter 4:Heat Stress［EB/OL］. Occupational Safety & Health Administration,United States Department of Labor,Washington,DC. ,1999. https://www. osha. gov/dts/osta/otm/otm_iii/otm_iii_4. html.

［53］ OSHS. Guidelines for the Management of Work in Extremes of Temperature［EB/OL］. Occupational Safety and Health Service,Department of Labour,Wellington,New Zealand. 1997. https://worksafe. govt. nz/topic－and－industry/temperature－at－work/.

［54］ Parsons K. Human thermal environments:the effects of hot,moderate,and cold environments on human health,comfort,and performance［M］. CRC press,2014.

［55］ Poulton E C,Kerslake D M K. Initial stimulating effect of warmth upon perceptual efficiency［J］. Aerospace Medicine,1965,36:29.

［56］ Pugh L G,Corbett J L,Johnson R H. Rectal temperatures,weight losses,and sweat rates in marathon running［J］. Journal of Applied Physiology,1967,23(3):347-352.

［57］ Ramsey J D. Abbreviated guidelines for heat stress exposure［J］. The American Industrial Hygiene Association Journal,1978,39(6):491-495.

［58］ Ramsey J D,Burford C L,Beshir M Y,et al. Effects of workplace thermal conditions on safe work behavior［J］. Journal of Safety Research,1983,14(3):105-114.

［59］ Rowlinson S,Yunyanjia A,Li B,et al. Management of climatic heat stress risk in construction:a review of practices,methodologies,and future research［J］. Accident Analysis & Prevention,2014,66:187-198.

［60］ Saskatchewan Ministry of Labour and Workplace Safety. Working Under Hot Conditions［EB/OL］.

Occupational Health and Safety Division. Saskatchewan Ministry of Labour and Workplace Safety, Regina, Canada. 2000. https://www.saskatchewan.ca/business/safety－in－the－workplace/hazards－and－prevention/safety－in－professions－and－industry/working－outdoors.

[61] Sawka M N, Wenger C B. Physiological responses to acute exercise-heat stress[R]. Army Research Institute of Environmental Medicine, Natick MA, 1988.

[62] Steadman R G. The assessment of sultriness. Part I: A temperature-humidity index based on human physiology and clothing science[J]. Journal of Applied Meteorology, 1979, 18(7): 861-873.

[63] Stribley R F, Nunneley S A. Fighter index of thermal stress: Development of interim guidance for hot-weather USAF operations[R]. School of Aerospace Medicine Brooks AFB TX, 1978.

[64] Taylor N A S. Principles and practices of heat adaptation[J]. Journal of the Human-Environment System, 2000, 4(1): 11-22.

[65] Taylor G, O'Sullivan R. Risk management of heat exposure in mining[R]. Safety Bulletin (Mines Inspectorate, Department of Employment, Economic Development and Innovation, Queensland Government, Australia), 2012.

[66] Tikuisis P, Mclellan T M, Selkirk G. Perceptual versus physiological heat strain during exercise-heatstress[J]. Medicine & Science in Sports & Exercise, 2002, 34(9): 1454-1461.

[67] Turk J, Worsley D E. A technique for the rapid acclimatisation to heat for thearmy[R]. Army Personnel Research Establishment. Ministry of Defence, Farnborough, 1974: 1-15.

[68] Vogt J J, Candas V, Libert J P, et al. Required sweat rate as an index of thermal strain in industry[J]. Studies in Environmental Science, 1981, 10: 99-110.

[69] World Health Organization (WHO), Health factors involved in working under conditions of heat stress[R]. Technic Report Series 412, Geneva, Switzerland, 2004.

第 3 章　高温下建筑施工健康安全

3.1　高温下建筑施工健康安全现状

3.1.1　高温下建筑施工影响健康安全的潜在风险

高温下建筑施工对健康安全的潜在风险具有多样性，且这些风险并非单一发挥作用，而是对工人健康安全造成交互影响（interaction）（Nunneley，1989）。我们将这些风险分为三个层次（图 3-1）：第一层次为外界环境，包括气候条件及城市热岛效应等，通常为不可逆因素；第二层为施工环境，包括工地物理环境及工作性质（如工种、劳动强度等），这类建筑施工条件使工人高温下劳作的健康安全进一步恶化；第三层为个人因素，包括工人体质、习惯与行为，这类因素与个人耐热能力（heat tolerance）息息相关。

1. 气候环境

全球变暖不仅意味着气温的上升，还提高了极端高温天气出现的频率与持续时间（Kravchenko et al.，2013），热带与亚热带地区更伴随着相对较高的空气湿度（hot and humid）。由于汗水蒸发散热（evaporation）是人体于酷热环境下的主要散热方式（Havenith，2005；Taylor，2006），相对较高的空气湿度便会削弱其汗水蒸发散热的能力。若身体无法及时散热，其核心体温便会上升到危险水平，继而引发热疾病等

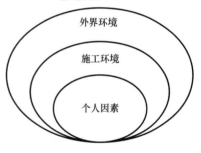

图 3-1　高温下建筑施工健康安全的潜在风险层级

危害。我国的热带与亚热带涉及约 17 个省、市、自治区。表 1-1 公布 24 个省会级城市高温排行，其中 13 个城市均位于我国热带与亚热带地区，11 个城市则位于我国温带地区。温带地区夏季气候特点为高温且干燥；干热型高温虽然有利于蒸发散热，但对流散热仍然被削弱（Marlin et al.，1996）。与干热型环境下工作对比，闷热型环境会在更大程度上干扰人的体温调节系统（Gupta et al.，1984），对有效散热不利。值得注意的是，太阳辐射热亦是造成建筑工人热负荷的一个重要组成部分（Miller et al.，2007a），尤其在高纬度带，年辐射总量较低纬度地区大。我国地理环境复杂，强太阳辐射亦出现在高原地区。长时间太阳直射不仅增加太阳辐射热，而且可能使户外工作的建筑工人增加罹患皮肤癌的风险（Gies et al.，2003）。由于风速能增加空气流通，或提高对流和蒸发散热，从而减少热负荷对户外工人的影响。在我国内陆或盆地地区，夏季风速普遍较沿海地区弱，会增加户外建筑工人的热负荷，进一步影响劳动效率。近期的研究发现我国钢筋工人若在高温下施工，其劳动生产率明显下降：湿球黑球温度（Wet Bulb Globe Temperature，WBGT）上升 1℃，有效工作时间减少 0.57%，且闲置时间上升 0.74%（Li et al.，2016）。

除了温度、相对湿度、太阳辐射及风速，空气污染亦是气候环境的一部分。当我们评估高温对工人健康安全的影响时，便需同时考量这些因素。Rainham 和 Smoyer-Tomic（2003）检验了加拿大多伦多市空气污染如何影响酷热指数与人口死亡率的关系；对数线性回归的结果显示空气污染与酷热指数存在混杂效应，但由于该城市空气污染水平较低，导致此混杂效应对死亡率的影响较小。Katsouyanni 等人（1993）发现希腊雅典气温与空气污染对人口死亡率具有协同效应，虽然空气污染的作用较小，但具有统计学意义。Piver 等人（1999）运用广义线性模型的方法发现了夏季高温与二氧化碳含量的综合效应对日本东京居民中暑个案数的影响。通过敏感性分析研究，Yi 和 Chan（2013a）发现空气污染指数对中国华南某典型高温地区建筑工人的夏季工作极限时间有较高的敏感性（详见本书5.4.5节）。

2. 施工环境

建筑施工涉及的工种众多，工作时间长，对工人的体力需求较大，易产生代谢热。就混凝土施工这一工地活动而言，就涉及多个工种，其中包括挖掘、运送石砂、混凝土石砂分离、装卸/搬运混凝土砖、废石处理，以及浇筑混凝土等工种（Maiti，2008）。钢筋工被认为是体力强度大、工时长、劳动密集型的工种之一（Chang et al.，2009）。钢筋工人主要负责搬运、切割、弯曲、组装、拆除钢筋，这些活动都会导致建筑工人频繁接触机器或电动工具、人力装卸重物，或是频繁的走动、下蹲、弯腰，使他们过度消耗体力（Maiti，2008）。Wong 等人（2014）测量该地区钢筋工人夏季于工地弯曲、捆绑钢筋时的能量消耗为每分钟2.57kcal，而其在休息时平均每分钟消耗1.07kcal；当假设钢筋工人每日工作8h，则每日耗能至少约为2260kcal。Jia 等人（2016）调查来自26个建造项目工程的216名工人因高温施工罹患热疾病的情况；研究发现有36位包括水泥、索具装配、机械操作、护木工种的工人曾身患热疾病，而他们的平均新陈代谢率为171～252W/m²，属于从事中等到重负荷的劳作[1]。有时建筑施工也包括高空、斜坡、水上作业，需要工人精神高度集中。因此，建筑施工的工作性质极易造成工人身体与心理疲劳，尤其酷热天气更会加速他们的疲劳程度。通过测量来自不同工种的建筑工人的施工环境温度、体重流失比例、体温变化及相对心血管负荷等指标，Yoopat 等人（2002）发现建筑工人的超额体力劳动负荷会显著增加他们的生理热应变。Yang 和 Chan（2017a）通过建立线性混合模型，发现建筑工人在酷热天气下的劳动负荷与他们的心理热应变成正比，即当相对心率（Relative Heart Rate，劳动负荷的评价指标之一）每增加10%，心理热应变便增加0.4个单位，且统计结果显著。

3. 建筑工人体质、习惯与行为

影响耐热能力的个人体质因素主要包括其年龄、性别、种族、身体质量指数（body mass index）、体能（physical fitness）、体脂率（percentage of body fat）、健康状况（health status）等。通过建立热应力模型，Yi 和 Chan（2014a）发现钢筋工人的年纪与其夏季施工的主观疲劳感觉成正比，与高温作业极限时间成反比（详见本书5.2节）。Li 等人（2016）发现钢筋工人年龄每增长一岁，其夏季劳动生产率便下降0.72%。在运动生理学领域，无论是干热型还是闷热型环境，性别差异一般能体现在供氧能力、体温调节及生理热应变等方面。热应激越大，这种差异可能越明显（Ashley et al.，2008）。而这种差异

---

[1] 根据国际标准 ISO 7243（1989）对工作负荷的分类，新陈代谢率65～130W/m²属于轻度负荷，130～200W/m²属于中等负荷，200～260W/m²属于重负荷。

可能由于男女体能、体重、身体表面积与体重之比（body surface area-to-mass ratio）的不同，以及女性的荷尔蒙水平与生理周期所导致（Shapiro et al.，1980）。当今社会越来越多的女性工人参与了建筑施工，然而，建筑工人的性别差异与他们耐热能力之间的关系等相关研究却非常缺乏。

身体质量指数[1]通常用来评价体型肥胖的程度，对耐热能力有显著影响：随着该指数上升，劳累型热病的风险增加（Gardner et al.，1996）。一方面，该指数越大，身体表面积与体重之比越低，人体散热能力越弱；另一方面，该指数越小，体内热量越小（Buskirk et al.，1965），即人体散热能力越强。Yi 和 Chan（2016）抽样调查了 942 名中国华南某典型高温地区建筑工人的健康情况，发现他们的身体质量指数均值为 24.3，最小值与最大值分别为 13.3 与 36.8。这说明该地区的建筑工人体重普遍轻微超重，也有少数工人过轻或过重。建筑工人的体型过重与肥胖比例分别高达 36.1% 与 6.5%，远超出整体人口的 20.8% 与 2.0%（Census and Statistics Department，2015）。这些数据暗示该地区的建筑工人耐暑热性可能较差。体能也与个人耐热性相关：体能越好，心血管机能越强，劳力型热病的风险越低（Gardner et al.，1996）。最大摄氧量（$V_{O_2 max}$）是评价体能或有氧能力的指标之一；相较温和环境，高温环境下最大摄氧量会减少（Gupta et al.，1977），从而限制了运动能力。Miller 和 Bates（2007a）邀请了澳大利亚地区 12 位年轻男性建筑工人在高温环境控制室完成递增负荷运动，估算了他们的平均最大摄氧量为 51.39mL/(kg·min)。Yoopat 等人（2002）利用极量蹬车运动实验测量了来自泰国的 21 位男性建筑工人及 20 位女性工人的最大摄氧量，均值分别约为 45.42mL/(kg·min) 与 28.04mL/(kg·min)。这篇研究暗示了男女建筑工人在体能方面的差异。体脂率即体内脂肪占体重的百分比，与最大摄氧量相关，可影响心肺功能。脂肪组织大量堆积，不易散热。脂肪层具有良好的保温性能，它的传热系数为 36%，远低于肌肉（95%）和皮肤组织（85%），因此，体脂率较高的人群的耐热性较差，或致使高温下工作效能减弱（Dehghan et al.，2013a）。Yi 和 Chan（2014a）测量了 19 位中国华南某典型高温地区男性钢筋工人的平均体脂率，约为 14.3%，最小值与最大值分别为 5% 与 32%；该研究还发现体脂率与主观疲劳感觉成反比，与高温作业极限时间成正比，即体脂率越低，体能越好，则高温工作极限时间越长。

工人自身的健康状况也是影响其耐热能力的因素之一，因为热病与其他疾病史，以及长期或近期患病与服用药物的需要都会削弱人体体温调节的能力（Maeda et al.，2006），甚至引发中暑并发症。Yi 和 Chan（2016）的研究发现将近 40% 的建筑工人的胆固醇、血压超标，常受肌肉骨骼疼痛困扰。然而，关于建筑工人的健康风险因素与他们耐热能力之间关系等相关研究却仍然缺乏。

除此之外，个人习惯与行为亦会影响其耐热能力，例如烟酒习惯、热适应程度、睡眠质量、水合作用（hydration）、衣着（Brewster et al.，1995）及自我控速（self-pacing）（Mairiaux et al.，1985）。Chan 等人（2013a）的早期研究发现部分建筑工人在酷热天气

---

[1]　身体质量指数为体重与身高之比，针对亚太地区人群，若该指数小于 18.5kg/m²，则属于体重过轻；介于 18.5～22.9kg/m² 之间，属一般体重；介于 23.0～24.9kg/m² 之间，属轻微超重；介于 25.0～29.9kg/m² 之间，属中度超重；大于 30kg/m²，属于肥胖（Kanazawa et al.，2002）。

下赤膊或穿着短裤施工，这种不恰当的穿着方式不仅使他们的皮肤直接暴露在太阳直射下，还会增加他们罹患皮肤癌的风险。有些地区（如印度），建筑工人仍赤脚工作（Maiti，2008），而建筑施工环境复杂，这严重威胁了工人的健康与安全。Yi 和 Chan（2014a）发现烟酒习惯或增加钢筋工人的主观疲劳感觉，并降低高温作业极限时间。Yang 和 Chan（2017a）通过建立混合线性模型，发现夏季建筑工人制服与工种之间对心理热应变具有相互作用（interaction effect），即钢筋、测量、模板、油漆与水暖工人穿着一套抗热工作服，其感知热应变可分别减少 5.76、6.33、6.11、1.63 个单位，且统计结果显著（详见本书6.2.1 节）。自我控速通过调节工作频率以避免超额生理热应变，是一种自我保护机制，进而致使环境热应激与生理热应变的关系不显著（Miller et al.，2011）。Bates 和 Schneider（2008）进一步发现，建筑工人若充足饮水，并保持自我控速劳作，则环境热应激对生理热应变的影响微弱。尽管建筑工人的烟酒习惯、水合作用、衣着及自我控速与个人耐热能力的研究已经展开，然而，过去的文献鲜有调查热适应程度与睡眠质量这些个人因素与建筑工人耐热能力的关系。一般认为，良好的热适应性能够提高出汗率及血浆容量，降低心率与体温，从而延缓疲倦及提高耐热能力（Ashley et al.，2008）。随着我国一带一路项目的蓬勃发展，将会有越来越多的中国工人走出国门，去往南亚、中东、非洲等地区参与建设，他们作为非本地工人应给予充分的热适应时间，避免抵达之初就让工人在烈日下长时间工作或承担过重的劳动负荷，而应逐步增加他们在高温下工作的时间。缺少充足的睡眠时间是引起中枢疲劳的原因之一，不利于辛苦劳动后的体力恢复（Bates et al.，2008）；由于睡眠时间受到影响，需要特别留意夜班工人（Kenney et al.，1990）在高温下施工的健康安全状况。考虑到个人因素的多样性与复杂性，我国需要建立一个建筑工人健康状况的数据库，定期为建筑工人提供身体检查并及时更新数据库，从而辨识最具风险的个人因素，制定高温施工的健康与安全措施。

3.1.2　高温下建筑施工引发的中暑事故与案例分析

1. 热疾病事故

美国华盛顿州在 2000—2009 年十年间，建筑业的热疾病赔偿申请案例高达 142 起，约占所有行业的 29%，成为行业之最（Washington State Department of Labor and Industries，2010）。美国职业安全与健康管理局（OSHA）将中暑明确列入工伤范围，并公开了雇员因中暑导致死亡的数据与信息，包括当事人年龄、性别、工种、伤亡原因、伤亡程度、事故发生日期与时间、受害人所属公司名称，以及赔偿金额，通过分析这些数据，不仅能够进一步识别事故发生的原因，提出建议并制定应对措施，还能起到一定警示作用。图 3-2 显示美国建筑业过去十年间总共发生 56 起中暑事故，其中有 44 起为死亡事故，占总数的 71.4%。2011 年发生的事故数量最多。美国职业安全与健康管理局（OSHA）的信息中显示该 56 起事故的当事人均为男性建筑工人。其中将近 80% 的伤亡由热衰竭（heat exhaustion）导致，另外 20% 的伤亡是因中暑引起的并发症，如心脏病、多系统器官功能衰竭、脑膜炎等。美国职业安全与健康管理局（OSHA）公开的资料中有 49 起事故初步描述了当事人的中暑症状，包括感觉不适、过热、呕吐、腹痛、痉挛、疲倦、头晕、恶心、面色苍白、手脚麻木、颤抖、神志不清、皮肤湿冷、大量出汗或停止出汗、呼吸、脉搏急促、剧烈抽搐、失去意识等。有 8 起死亡事故报道了当事人事发时的体温，约在 38.3~43℃。有 34 起事故公开了事发时间，只有 4 起发生在早上，其余均发生在 13：00—19：00 期间。有 6 起事故的当事人为初到工地的工人，没有经历过热适应过程；另有 1 起发生在天气突然转热的时候，该名当事人亦未来得及适应热环境。在这些事故中，大多数的当事人在事发当日曾被发现或主动告知身体出现不适，他们被劝告多次饮水和在阴凉处休息，这两种应对措施较为常见。

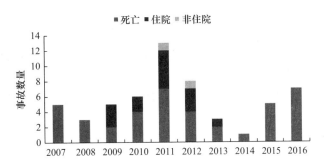

图 3-2　美国建筑业（包括房屋及公共设施建设）2007—2016 年间发生的中暑事故

资料来源：OSHA，2017

　　建立一个高温下建筑施工引发的中暑案例数据库尤为重要。我国虽然将中暑明确列入工伤范围，然而缺少相关中暑事故的数据。而在中国华南某典型高温地区，不仅未将中暑列入工伤，亦缺乏相关事故数据。为了得到更多高温下建筑工人中暑的资料，我们采用许悦和陈炳泉（2011）的研究方法，通过"WiseNews"搜索引擎，以"地盘"❶ 及"中暑"为关键字，得到 2007—2016 年间中国华南某典型高温地区所有与建筑施工中暑有关的新闻条目。图 3-3 显示，报刊在过去十年报道的中暑相关事故数量为 45 起，其中致命事故为 30 起，约占 66.7%；事故数量在 2009 年与 2011 年较多，而自 2012 年后相关数量明显减少。在这些事故中，有 42.2% 的当事人年龄介于 30~49 岁之间，37.8% 的当事人为 50岁或以上，只有 4.4% 为年轻人，年龄在 29 岁或以下，另有 15.6% 的事故未报道当事人年纪。关于事发时间，有 26.7% 的事故发生在早上及中午，而 68.9% 的事故发生在下午（另有 4.4% 的事故未报道事发时间）。当事人包括 3 名女性工人，均涉及非致命事故；另有两名劳工，怀疑因中暑晕倒造成伤亡。

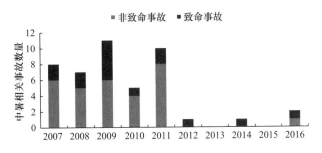

图 3-3　中国华南某典型高温地区建筑业 2007—2016 年间发生的中暑相关事故

---

❶ "地盘"即建筑工地，在该地区广泛使用。

虽然缺乏更为详细的事故调查报告，但以上数据已足够引起广泛重视：

（1）夏季午后的中暑风险可能更高；

（2）中年建筑工人可能更容易受到酷热天气威胁；

（3）热适应对建筑工人尤为重要；

（4）更早观察到中暑的症状，并采取有效的应对措施，可能有助于阻止热疾病的恶化；

（5）当中暑症状出现时，除了较为普遍的"饮水"和"在阴凉处休息"两种应对措施之外，应结合其他方式，如提供风扇、冰袋，以有效缓解当事人的热负荷，同时应请求紧急救援，由专业医护人员处理；

（6）承包商及工地管理人员应制定完善的预防中暑的措施，以防止此类事故再次发生；

（7）下一步需要通过政府机构的努力，完善中暑事故的界定与鉴定程序，公开事故信息，以警示行业中的不规范行为，保障工人在高温下施工的健康与安全。

2. 案例分析

由于高温施工引致中暑事故的资料非常稀缺，我们选取了几个由地方政府机构或报刊公开的真实案例，以分析高温下施工如何引起工伤，以及对高温施工安全管理有何启发。

1）案例一（美国某地，2004）

事故简介：

一名41岁男性焊工因中暑被送往医院后第二天死亡。该名焊工工作到下午5：00，便前往停车场取车，却晕倒在他的轿车旁边，随后被他人发现。在场工人领班人员一方面求助紧急救援，另一方面对患者进行急救。紧急救援人员量得患者的体温高达41.7℃。在送往医院后第二天死亡，当时体温高达42.2℃。验尸官判断其死亡原因为中暑。

事故调查：

当事人的雇主是一家拥有16年施工经验的建筑公司，事发地点位于一个正在进行扩建工程的工厂。每周由工人领班人员举行一次工作前的安全会议，根据需要变更工作范围。该工地范围内提供饮水给工人饮用，并在休息处提供空调设备，允许工人在工作期间感觉过热时进入空调房休息。当日气温高达32℃，相对湿度为69％。

该名当事人刚被公司聘用，第一天参与施工。一般该工地每天有9～15名工人，而事发当天仅有6人。施工由早晨7：00开始，直到下午5：00，午饭时间由12：00到12：30。当事人当时正锯开一块2m×2m的木板。他头戴安全帽，背着工具袋，手拿大锤和锯子，穿着一件厚重牛仔裤、T恤衫、长袖厚衬衫。有人观察到当事人没有吃午饭，但有喝水。

当日工作结束后，当事人准备开车回家，他的领班载他到附近停车场。约5：30，某工人发现当事人倒在地上，他发现当事人已失去意识，身体不断抽搐，甚至透过T恤看到当事人的剧烈心跳。紧急救援人员立即剪开他的衣服，检查他的生命特征，叫救护车；同时，他们试图用水和纸巾给当事人的胸口、腹部降温，用冰敷脸和额头。当事人在送往医院后第二天不治身亡。

建议与措施：

为了防止此类的事故再次发生，美国国家职业安全与健康研究所（NIOSH）提出了酷热天气施工的安全与健康措施：

（1）一般来说，中暑会出现如前文所述的一系列症状。但事故中的工人并未意识到这些症状，未及时上报给工人领班人员，以致延误救治；而管理人员（如工人领班人员）也未发现当事人的异样，这说明他们缺乏热疾病相关的知识与培训。承包商应为工地管理人员和工人提供安全训练，使他们了解高温高湿下施工引起的热疾病、中暑的症状。

（2）高温下施工补水尤为重要，为避免脱水及虚脱，承包商应提供充足饮水或带有电解质的运动饮料，且摄入的水应与流失的水分相当（可通过工作前与工作后的体重差异得知），并避免饮用含有酒精或咖啡因的饮料。

（3）该名当事人穿着的厚重工作服可能增加热负荷，因此工人应穿着轻薄、透气、干爽的工作服。

（4）当出现高温天气，承包商应根据天气酷热指数 HI（heat index，事故当日酷热指数为 40，属危险水平，图 3-4）调整工作时间，避免工人长时间暴露于太阳下施工。而中午午饭时间短短半个小时，工人休息时间明显不足，承包商应针对高温下施工安排多次休息时间。

相对湿度(%) \ 气温(℃)	27	28	29	30	31	32	33	34	35	36	37	38	39	40	41	42
40	27	28	29	30	31	32	34	35	37	39	41	43	46	48	51	54
45	27	28	29	30	32	33	35	37	39	41	43	46	49	51	54	
50	27	28	30	31	33	34	36	38	41	43	46	49	52	55		
55	28	29	30	32	34	36	38	40	43	46	49	52	55			
60	28	29	31	33	35	37	40	42	45	48	51	55				
65	28	30	32	34	36	39	41	44	48	51	55					
70	29	31	33	35	38	40	44	47	50	54						
75	29	31	34	36	39	42	46	49	53							
80	30	32	35	38	41	44	48	52								
85	30	33	36	39	43	47	51	55								
90	31	34	37	41	45	49	54									
95	32	35	39	43	47	52										
100	33	36	40	44	49	54										

图 3-4　美国国家海洋和大气管理局（NOAA）酷热指数对照表

资料来源：National Oceanic and Atmospheric Administration，2017

除上述措施之外，我们亦发现另外一个潜在风险因素：当事人是第一天到该工地上班，在没有完全适应当地热环境的情况下，完成一天的劳动。针对此类工人，承包商应安排足够的热适应时间，密切留意他们是否出现中暑症状，避免抵达之初就让他们在高温下长时间工作，而应逐步增加他们在高温下工作的时间。

2）案例二（新加坡某地，2007）

事故简介：

一名 38 岁木工在某工地工作第二天中暑。事故发生当日，该名工人正在地下室拆除木板，距地面深度大约为 4m。当日中午，他觉得有些头晕，但仍然在午饭时间过后大约下午 1：00 继续工作。到下午 3：25 左右，他被工地其他工人发现失去意识躺在被晒得滚烫的水泥地上，立即被送往医院。当时他的体温高达 43℃。尽管经过奋力抢救，他仍处于休克状态，最终不治身亡。

事故调查：

事故调查发现事发当日的平均 WBGT 为 32℃。

建议与措施：

基于此事故，新加坡职业安全健康部（Occupational Safety and Health Division）提醒施工企业应重视工人高温下施工的健康安全以及潜在风险，并建议：

（1）公司应为初到工地的建筑工人提供充分的热适应时间；

（2）工地应设置紧急救援系统，对中暑人员进行急救处理。

另外，我们还发现，

（1）根据国际标准 ISO 7243（1989），对于未经历过热适应的工人，在 WBGT 为 32℃ 的情况下，应停止工作（表 2-2）。因此，承包商应根据天气情况，适当调整工作和休息时间；

（2）应避免工人在高温下单独施工，需建立"同行制"，方便工人之间相互照应；

（3）该名当事人位于地下室，其潜在风险因素可能包括地下室空气不流通导致闷热，此类工作环境的温度可能更高，承包商应安置通风设备，加强空气流通，并密切留意工人周围的环境温度；

（4）事故中的工人虽然声称头晕，但没有意识到这可能与热疾病的症状相关，说明工人对热疾病缺乏了解，因此，承包商应提供相关安全教育与培训。

3）案例三（美国某地，2007）

事故简介：

一名 27 岁建筑工人于 6 月酷热天气下在铺设管道时中暑。事发当日一共有 4 名工人在地下铺设给水管道，该名建筑工人正在搬运、铺设、连接管道及平整沟渠。这些工人早上 8：30 开始一整日的工作。当事人在下午 3：00 左右觉得不适，工人领班人员建议他在阴凉处休息。约 15min 后，他被发现倒下并昏迷不醒，被送往医院，6 天后死于中暑并发症。

事故调查：

这名当事人刚被聘用，没有经历过热适应便于高温下施工。事发当日气温高达 40.6℃，相对湿度为 46%～56%；该工地几乎一直暴露在太阳直射下。承包商有为工人提供饮水，据报道该名当事人在事发当日约饮用了 5 瓶水。

建议与措施：

针对这个事故，美国华盛顿劳动与工业部门（Washington State Department of Labor and Industries）对承包商提出以下几点法例要求：

（1）承包商应设置防止热疾病的安全措施；

（2）承包商应对工人领班人员及工人提供高温下施工的安全与健康教育和培训，使他们充分了解中暑的成因、风险、症状及紧急应对措施；

（3）承包商应提供充足饮水，提醒雇员在一天工作中经常补充水分；

（4）承包商在工地应存有足够的急救物资、设施，对中暑或濒临中暑的雇员进行有效的急救处理；

（5）承包商应有效执行高温下施工的健康与安全措施，包括安排休息时间，充足饮水，休息时的遮阴设施等。

同时建议：

（1）承包商应根据天气条件合理安排工作和休息时间，如果遇到高温天气，可安排当日提早施工、提早完工，以避免长时间暴露在热环境中；

（2）工人应穿着合适的工作服，使用有宽边的安全帽；

（3）高温下施工的工人之间应相互关照，留意对方是否出现热疾病的症状，以采取及时的救治措施。

除此之外，由于这名当事人没有经历过热适应阶段便于高温下施工，承包商应为初到工地的建筑工人提供充分的热适应时间，提高其耐热能力。

综上所述，我们不难发现这三个案例有以下几个共同点：

（1）承包商没有为初到工地的工人提供充足的热适应时间，以致他们在耐热能力较弱的情况下长时间在高温下施工，最终导致中暑。因此，承包商应重视热适应性对工人健康安全的影响，为这类工人制定热适应进度表，避免抵达之初就让他们在高温下长时间工作，而应逐步增加他们在高温下工作的时间。

（2）工地管理人员与工人对热疾病的症状缺乏了解，可能延误了治疗。因此，承包商应对工人领班人员及工人提供高温下施工的安全与健康教育与培训，让他们充分了解中暑的成因、风险因素、症状及紧急救治措施，同时应在工地贴示高温中暑的宣传单，进行工作中暑的风险评估，观察热疾病的症状，并配备急救人员与设施。

（3）这三个事故都发生在高温高湿的工作环境中，一方面，承包商并未根据天气条件重新安排工作和休息时间，另一方面，承包商也没有在这种环境下安置通风或排风扇等设备，这增加了工人长时间暴露于恶劣环境里的风险。

4）案例四（中国某地，2011）

案例简介：

2011年夏季有工人在工作期间疑因中暑而身亡。中国华南某典型高温地区管理部门探讨了酷热天气发生的工业意外、安全监管与相关法例问题（表3-1）。

中国华南某典型高温地区酷热天气的工业意外与法例现状　　　　　表3-1

问题	现状
2009—2011年，每年涉及雇员在酷热天气警告生效期间工作的工业意外的数字、这些意外所引致的伤亡数字、意外成因，以及有关雇员的所属行业	中国华南某典型高温地区管理部门并无备存在不同天气情况下（包括酷热天气警告生效时）发生的工业意外的统计数字。然而，管理部门曾分析于2011年5月至9月接获雇主呈报的34起怀疑与中暑有关的工伤个案。这些个案包括3起死亡个案，其余个案涉及工人感到晕眩、呕吐等症状。就职业分布而言，10起个案涉及清洁工人、3起涉及工地工人、4起涉及职业司机，余下17起涉及不同职业，如保安、维修和货运等。上述怀疑中暑个案并不限于在酷热天气警告生效的日子发生

续表

问题	现状
2009—2011 年，在酷热天气警告生效时，当地劳工管理部门有否到某些或所有中暑风险高的工作（例如在户外棚架上工作，以及在大厦外墙进行清洁、维修、改建及加建工程等）地点进行巡查，并视察有关雇员是否得到足够的保障？若有，详情如何，包括是否有雇主因没有提供足够配套（例如饮用水）而被检控；若否，原因是什么	雇主在天气炎热的日子，有责任采取足够措施预防雇员工作时中暑。2009—2011 年，管理部门每年均在夏季针对户外清洁、建造、集装箱搬运等中暑风险高的行业采取特别巡查行动，视察雇主是否采取足够的措施，包括在方便的地方提供足够的饮用水、提供遮蔽处和通风设备，以及安排工人定时休息或交替工作。在 2009—2010 年，管理部门一共进行了约 33900 次特别巡查，并发出了 264 封警告信和 8 份敦促改善通知书，提出了 3 起检控。管理部门在 2011 年进一步加强巡查工作，在 4 月至 9 月期间，进行了约 28900 次特别巡查，发出了 437 封警告信和 14 份敦促改善通知书。管理部门正考虑提出 7 起检控。有关检控涉及雇主没有提供足够的饮用水及雇主没有提供预防中暑的工作系统
2009—2011 年，管理部门是否定期与需要长期在户外工作的行业的雇主商讨加强保障员工的措施？若是，详情如何；若否，原因是什么	过去三年，管理部门不时联络长期从事户外工作的行业，向承包商和雇员推广加强预防工作时中暑的措施，保障员工的职业安全及健康。在建造业方面，管理部门会同当地行业联盟及有关商会和工会，推广预防建筑工人中暑的措施，包括派发预防措施指引和风险评估核对表，以及到工地进行推广探访。在管理部门协调下，当地行业联盟于 2011 年夏季与承包商在个别工地推出试行计划，弹性调整工人的休息及用餐时段，以降低他们在炎热天气下工作时中暑的风险
除了《职业安全及健康条例》、《工厂及工业经营条例》及《酷热环境下工作预防中暑》指引外，还有什么其他法例及工作指引保障在酷热天气下工作的雇员？管理部门是否计划修订有关的法例（包括加重违规的处罚）？	《职业安全及健康条例》与《工厂及工业经营条例》规定雇主必须在合理地切实可行范围内，确保其所有雇员的安全及健康，包括考虑雇员中暑的风险及采取适当的预防措施。雇主若违反前述的一般责任规定，一经定罪可罚款和监禁。此外，有关附属规例规定工作地点的负责人必须为雇员提供足够的饮用水，若雇主违反这些规定，一经定罪最高可罚款。管理部门也出版了《酷热环境下工作预防中暑》，以协助雇主就不同工作性质及工序制定预防措施，例如供应饮用水，架设遮阴上盖，安排临时休息时段等。除了上述法例及指引外，管理部门也就建筑工地和户外清洁工作的独特情况编制了针对性的中暑风险评估核对表

资料来源：中国华南某典型高温地区管理部门，2011。

上述案例给予我们的启示包括：

（1）"中暑个案不限于在酷热天气警告生效的日子发生"，说明造成中暑事故的风险因素并不仅仅限于高温环境，工作负荷、个人健康因素等都有可能导致工人中暑。因此，在评估建筑工地热压力时，需要较为全面地监测各类风险因素。

（2）管理部门对有关涉及雇主没有提供足够的饮用水及雇主没有提供预防中暑的工作系统提出了检控，一方面彰显执法人员按照法律规定严格执法，另一方面显示部分承包商高温施工健康安全意识薄弱，未能切实履行施工安全监管的责任，缺乏完善的高温施工健康安全管理系统，更未落实各项防暑降温措施。当地劳工管理部门的相关检控或能对承包商的行为规范起到警示作用。

（3）在立法方面，并未根据高温施工健康安全进行专门立法。一般性条例与工作指引或不能起到良好的遏制作用，致使中暑个案频繁发生。另外，管理部门也未将"中暑"纳入工业意外的范畴，缺少因中暑而发生工业意外的统计数据，不利于保障工人的健康与安全。

5）案例五（中国某地，2013）

事故简介：

2013 年 6 月，中国某市某建筑工地一名中年工人死于中暑，事发当日气温高达 36℃。当地第二医院急救人员陈小姐赶到现场时，发现该名工人躺在地上已失去意识。进一步检查时，发现他的心跳已经停止，他死亡后体温仍达 38.5℃。陈小姐说几乎所有建筑工人赤膊上阵，没有人戴帽来应对炎热天气。根据《海峡都市报》报道，此次意外是当地第一起中暑相关的案例。

该省工联会干事评价这位工人的去世是一个警告，也是一个很大的教训。他认为工联会应该在保障工人健康安全，防止他们被迫暴露于高温施工环境方面发挥更大作用，他希望工联会能够帮助监管人员和工人防范热疾病的危险。

除此次事故外，据报道有工人过去几日在当地日气温达 37℃ 以上的环境下施工，并且工地没有安装任何通风设施来降温；亦有工人在高温施工时没有额外高温津贴，甚至他都不知道他享有高温津贴的权利。

建议与措施：

针对此次事件，该省住房和城乡建设厅发布了一条关于高温作业安全的通知。通知指出承包商应该为工人提供通达的遮阴处供工人休息，并提供饮水、防暑药品等，降低工人中暑的风险。通知还提到，当气温达到 40℃ 时，应停止户外作业；当气温介于 37～40℃ 之间时，最长户外工作时间不能超过 6h。

来自厦门大学的研究人员指出，并不是所有承包商都会切实执行政府规定的安全生产要求；地方政府应该严厉惩罚未遵守安全生产规章制度的承包商；工人的合法权益应该受到社会重视，通过教育宣传，使工人了解如何维护合法权益。

上述报道给我们的启示包括：

（1）工人应穿着合适的夏季工作服，戴有通风槽的安全帽，不应赤膊上阵，避免太阳直射在皮肤上引起更大危害；

（2）承包商应该严格落实防暑降温措施，包括安置通风设施，调整工作时间，提供充足饮水等；

（3）应对承包商、雇员加强高温施工健康安全的教育，提高他们对中暑风险、防暑降温措施，以及工人合法权益与安全生产规章制度的认识；

（4）执法机构应严格监管施工单位的行为，对不遵守安全生产规章制度的单位进行严厉惩处。

3.2　高温下建筑施工的健康安全措施

针对本书 3.1.1 所列举的高温下建筑施工对健康安全的潜在风险因素，美国国家职业安全与健康研究所（NIOSH，2016）将该类安全措施大致分为以下三大类：环境工程措施、行政措施及个人防护措施。环境工程措施主要用来消除或减弱外界热环境的威胁，包括安置风扇和遮阴篷等；然而，并不是任何工作地点都可以安置这类设施。行政措施主要通过管理手段，如调整工作和休息时间、提供安全培训等，以提高工人的安全意识，减少工人高温下施工的时间与频率；然而，这类措施非常依赖于管理人员的执行与工人的配合（Barnes，2011）。个人防护措施主要保护个人不受到热环境的危害，如个人防护衣、冷冻毛巾等，然而，它们的使用率相对较低。考虑到每类措施的优缺点，应结合工地实际情况综合运用各类措施，以减低工人罹患热疾病的风险。我们通过识别风险三大要素与三类主要安全措施，可制定一套高温下施工的风险评估方法，并应考虑综合运用多种预防及应急措施，以便雇主、雇员参考（表3-2）。

高温下施工的风险评估与安全措施对照表 表3-2

风险因素	控制措施
气候环境	环境工程措施
气温	环境温度监测
相对湿度	通风与遮阴设施
太阳辐射	工地休息区
空气污染	改善住宿条件
施工环境	行政措施
工种	工作和休息安排
工作地点	饮水设施与饮食安排
工作量	健康监管与身体检查
工作时长	急救人员与设施
机械设备或其他接触物	安全知识宣传与培训
	管理层承诺与监管
工人耐热性	个人防护措施
体质	夏季工作制服
热适应	个人冷却设备
习惯	改善个人习惯与行为

3.2.1 环境工程措施

1. 环境温度监测

承包商应在工人具体所在的工地进行环境温度监测，尤其是隧道、地下室等密闭空间；当工人暴露在不同的高温施工环境下时，承包商应监测这些不同的高温环境，以制定相应的预防及应对热疾病的措施。现今广泛运用的环境温度监测指标包括酷热指数 HI、热工作极限指数 TWL，以及湿球黑球温度 WBGT。WBGT 监测仪器如图 3-5 所示。美国地区主要采用 HI 来监测工作环境（NOAA，2017）。酷热指数主要参照空气温度与相对湿度或露点温度，用来表示体感温度（apparent temperature）；进一步，酷热指数被划分为4 个警示水平，分别为注意、警告、危险及极度危险，表示热疲劳、热痉挛、热衰竭或中暑有可能发生。比如，当空气温度为 30℃，相对湿度为 75%，则酷热指数约为 36℃，属于"警告"水平，表示热痉挛或热衰竭可能出现，若继续工作或引发中暑。阿联酋地区主要采用 TWL 来监测海湾地区的工作环境与安全工作量。该指数通过干球指数、湿球指数、黑球指数及风速计算得到，这些环境指数对应于身体代谢率。当 TWL 介于 140～220W/m²，属于安全工作量范围；当 TWL 介于 115～140W/m²，属于中度风险范围，应实施补水、提供通风设备等干预措施；当 TWL 小于 $115\mathrm{W/m^2}$，属于高度风险范围，应调整工作和休息时间，补水，密切留意工人的状态等。根据自然湿球温度、黑球温度及干球温度综合计算，中国华南某典型高温地区利用修正后的 WBGT 来评估暑热指数（Lee et al.，2016）。当该指数超过 30℃时，便可能带来较严重的健康影响。以上三种环境指标虽已被广泛应用，然而它们的适用条件却不尽相同。TWL 的适用前提是工人已充分补水，已充分适应热环境，以及以自我控速的方式进行劳作；WBGT 通常不适用于阴凉处或室内；HI 一般未考虑风速和云量这些环境因素。基于施工环境的复杂性，应运用不同的环境指标监测特定施工环境的酷热指数，从而准确地评估环境热压力，制定有效的预防中暑措施。

2. 通风与遮阴设施

根据中国华南某典型高温地区管理部门（2013，2017）规定，承包商应确保工作地点维持良好的通风，在工作地点提供适当的通风系统，如便携式风扇、鼓风机、喷雾机，增加工地的空气流通，降低工作环境的温度。但当空气相对湿度过高，风扇的降温效果便不理想，因而需增设便携式空气冷冻机。尽可能在施工地点安置临时上盖，如亚黑色、带网眼遮阴篷，以遮挡阳光，减少辐射热。承包商应让发热机器（如柴油空气压缩机或发电机）远离工人或使用隔热材料将热源分隔，尽量减少机器散热对工人的影响。塔式起重机、隧道挖掘机的操作员在高温下工作时，承包商应在驾驶室提供空调装置。在通风不理想的情况下，可使用排气管或其他设备将热空气排出室外。

图 3-5　高温环境下监测 WBGT
（QUESTemp°36，澳大利亚）

3. 工地休息区

承包商应在休息区提供通风良好的遮阳空间（图 3-6）、饮水、通风或冷气设施等。休息区应邻近工人工作区，方便他们在休息或用餐时使用。承包商应在夏季多次安排工人在阴凉处临时休息。休息区的数量应足够应付工地内的工人人数。

图 3-6　工地休息区提供良好遮阴设施及风扇设备

此外，由于建筑工人劳动强度大、出汗多，工地应提供备有独立隔间和屏风的淋浴间供工人冲凉，并应供应温水淋浴，避免湿热的皮肤受到冷水刺激，引起皮肤血管收缩，反而可能阻碍散热。所有的淋浴设施应每天清洗和消毒。

4. 改善饮食与住宿条件

由于我国建筑工地的工人多来自农村，而工地项目的施工时间一般为 1~3 年，为此，施工企业会在工地附近提供一些简易住房。然而，许多简易住房不仅低矮，隔热性能不良，通风效果差，而且许多工人挤在狭小的空间休息，睡眠质量会下降（刘喜房 等，2009）。因此，每个房间应设置足够的窗户以便通风，配置电风扇或空调为工人创造凉爽的休息环境，以利于他们高温下工作后的体力恢复。

3.2.2 行政措施

1. 工作和休息安排

对刚开始在酷热环境工作的工人，包括因天气突然转热或初到工地的工人，工地管理人员应为他们安排热适应时间，以增强他们的耐热性，即在抵达之初为他们安排较轻松的工作量或缩短工作时间，逐步增加他们在高温下工作的时间。有些工人可能会受健康状况影响而较难适应酷热的工作环境，在安排工作时，管理人员应考虑工人的身体状况及其医生给予的建议。美国国家职业安全与健康研究所（NIOSH，1986）建议的热适应方案为：对于已经经历过高温下施工的工人，在天气突然转热时可安排 50% 的时间于高温下工作，第二天增加到 60%，第三天增加到 80%，第四天可增加至全日；对于从未在高温下工作的新员工，应在第一天安排 20% 的时间于高温下施工，以后每天增加 20% 的施工时间。

高温环境时，可将工作重新编排于日间较清凉的时间（如清晨）或较清凉的地方（如设有遮蔽处的地方）进行。透过定时休息或安排岗位轮换，避免工人长时间在高温环境下工作。例如，根据我国《防暑降温措施管理办法》规定，当日最高气温介于 37~40℃ 时，室外施工时间不得超过 5h，并且 12~15 时不得安排室外施工。中国华南某典型高温地区管理部门（2013）建议在酷热天气下安排早上有 15min 及下午有 30min 的休息时间，以让工人降温及体力恢复。此外，为避免工人在高温环境下单独施工，应安排"两人（或以上）同行制"，方便工人之间相互照应。工人也应随身携带便携式对讲机，在紧急情况发生时，方便与工地管理人员及时取得联系。

在适当情况下，应使用机械辅助施工（如手推车、拖拉机），以尽量减少工人在高温下施工的体力消耗。高温施工下应调整工人工作配速，以减少工人的超额劳动负荷。承包商还应合理安排人手，尤其在密闭空间，应避免工人高温下单独施工。

2. 饮水设施与饮食安排

雇主应在工地提供免费且充足饮水，并应保持饮水设施的清洁和卫生。有需要时，可提供含有矿物质的饮料，让工人可以补充排汗时所失去的盐分。或定期派发凉茶、水果等清热解暑的食品。中国华南某典型高温地区管理部门（2017）建议承包商要做到每 50 名工人至少拥有 1 个饮水装置。

一些施工企业对工人饮食的投入甚微，主要表现在饭菜单一、蛋白质含量不足、新鲜蔬菜缺乏，长此以往，必然会导致工人营养不足而体力下降（刘喜房 等，2009）。对高温下施工的工人，应提供足够的合乎营养要求的工作餐，保证蛋白质、热量和维生素的供应。

3. 健康监管与身体检查

工地管理人员应特别留意并处理工人在高温下施工引致不适的报告，并告诫工人要留意身体状况，如有中暑的初期症状，应立即通知主管人员，以便采取适当的应对措施。除了自述中暑症状外，承包商也应对工人的生理热反应进行简易监测，如心率、体温，以及身体流失水分量等客观指标。心率数据能够反映高温下工作的心血管压力，也是一种较为方便、无侵入性的测量热反应的方法。传统的测量心率的方法是在胸口佩戴心率带，通过手环或远程程序（如 Polar®）可同时监测多个工人的心跳数据（图 3-7），这种测量方式已广泛运用于运动训练中，最近几年也用于监测建筑工人在高温下施工时的心率水平（如 Wong et al.，2014；Yang et al.，2017a）。现行的一些标准或指引中规定了工作中安全心率的上限，如世界卫生组织 WHO（1969）建议安全心率的上限为每分钟 110 次；美国政府工业卫生学家会议（ACGIH，2014）建议若工人的心率持续 3min 超过 180 与年龄之差，则被认为该员工承受超额热负荷。考虑到个人的差异性，可根据预计最大心率来评估工人的劳动负荷。对于健康的成年人（包括男性和女性），年龄通常用来估算最大心率（公式（3-1），Tanaka et al.，2001）。当心率超过 90％ 的预测最大心率，则被认为是高强度的运动负荷或劳动负荷（Broman-Fulks et al.，2004），此时，工地管理人员应安排工人适当休息，以避免他们承受超额负荷。

$$最大心率 ＝ 208－0.7×年龄 \tag{3-1}$$

图 3-7　监测工人心率的接收器与实时监控（Polar®，美国）

核心体温能够较为准确地反映身体热负荷，测量核心体温通常通过直肠温度（rectal temperature）或小肠温度（intestinal temperature）。前者通过温度计测量肛温得到，后者通常用可吞食的核心体温探测器（如 CorTemp®，图 3-8）测量得到。无论是用哪种方式，目前为止测量核心体温在实际工作中较难推行。取而代之的是，通过量取口腔温度、鼓膜、耳道、尿液温度来代替核心体温（ISO 9886，2004），过去的研究也常用测量耳温来评估建筑工人的热负荷（如 Chan et al.，2012a，2012b，2012c，2012d；Rowlinson

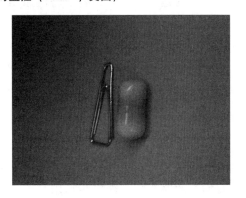

图 3-8　可吞食的核心体温探测器（CorTemp®，美国）

et al.，2013）。虽然这些方式较为方便，但其准确率容易受外界环境与测量仪器影响（Kawanami et al.，2012）。

出汗能够为核心体温"散热"，是维持正常体温调节的现象之一，但是当过多出汗而没有及时补充水分时，则有可能出现脱水的症状，增加中暑的可能。身体流失水分量可通过测量工作前后的体重计算得到。如果流失水分量超过体重的1.5%，则罹患热疾病的风险会增高（ACGIH，2014）。因此，管理人员或工人自身可根据工作前后的体重变化，进行充分补水。

承包商应为施工人员提供定期身体检查，包括热疾病史、脂肪比、血压、胆固醇、肺功能等的基本测试，患有心血管和肺部慢性疾病的人士、持久性高血压、严重的内脏器官病变、中枢神经系统有关的疾病、急性传染病后身体衰弱者，以及正在生病服药的人士，均不适宜在高温下施工。

4. 急救人员与设施

根据美国劳工部门（NIOSH，1986）的指引，若发觉工人有中暑的症状，工地管理人员应及时处理并进行现场急救。例如，将患者移到阴凉、通风的地方，开启风扇增加空气流通，用凉湿毛巾擦患者的身体，或冷敷头部、腋下及股沟等处；若患者仍然清醒，应饮用凉水、淡盐水补充水分；若患者已失去意识，应将患者置于复原卧式，以保持患者的呼吸道畅通，并尽快把患者送医院治疗。工地应储存足够的急救物资（如急救包）、设施（如体温计、心肺复苏用的自动体外心脏除颤器等）、运送伤者的设备（如担架、载人吊篮）及工地诊所；施工期间必须有一名有资质的急救人员候命。承包商应制定急救及紧急应变程序，并通过讲座和定期进行演习，向工地管理人员和工人提供适当培训。

5. 安全知识宣传与培训

工地休息区域放置白板、告示牌、安全知识宣传海报，以便举办工地座谈会、安全简报会及其他安全相关活动。承包商应向工地管理人员、工人领班人员、工人提供相关的培训，使他们了解在高温下施工的潜在风险，包括高温环境施工的潜在危险、相关的法例和法规、热疾病的症状、预防措施及急救程序等。

6. 管理层承诺与监管

承包商及其管理层应制定预防中暑的政策，确保投放足够的资源，为工人提供健康及安全的施工环境。预防中暑的政策中应制定个岗位的责任，并且严格执行各项措施，以降低工人中暑的风险。承包商应采取一套完善的工作制度来保障在酷热天气下工作的工人的健康并进行良好有效的管理。根据酷热天气报告，承包商应进行高温下施工安全的风险评估（如《预防工作时中暑的风险评估》，中国华南某典型高温地区管理部门，2017），并确定相关预防措施与应急程序，以降低风险至可接受水平。根据相关规定（中国华南某典型高温地区管理部门，2017），在高温天气下，承包商应密切留意六大风险因素：气温、湿度、太阳辐射、工作量、服饰、热适应，以做出适当安排。例如，当出现酷热天气警告时，应调整工作和休息时间，重新安排劳动量，适当提供机械援助，安置通风与遮阴设施，并建议工人应穿着透气度高、透湿性强的浅色工作服，也应佩戴有帽檐的安全帽，涂搽防晒用品，禁止在工地吸烟和饮酒。

工地管理人员应加强防暑巡查及工地现场访问，让工人自己表达他们的诉求（中国华南某典型高温地区管理部门，2012），借此听取他们的意见，从而跟进及改善现有的预防中暑措施。承包商也应定期评估现行预防中暑措施的成效，对有效的措施加强推广，对效果不明的措施进行改善。

3.2.3　个人防护措施

1. 夏季工作装备

承包商应确保所有在工地工作的工人穿上轻便、宽松、浅色的夏季工作服（中国华南某典型高温地区管理部门，2013）。工作服的布料应透气性能良好，有助于汗水的挥发，从而帮助身体散热。浅色衣物一方面可减少吸热，另一方面防紫外线功能亦较好。工作服的设计应略为宽松，以加快汗水挥发。施工现场应严禁赤膊和穿拖鞋上岗（深圳市住房和建设局，2014），以减少罹患皮肤癌的风险。此外，工人还应穿着反光衣，一方面增加可视性来提高施工安全，另一方面可阻挡太阳对皮肤的辐射；反光衣应当宽松，避免阻碍蒸发散热。承包商应还向工人提供配备通风槽的安全帽（中国华南某典型高温地区管理部门，2017），以便散热。

2. 个人冷却设备

个人冷却设备是一种较为新型的防暑降温措施，已被用于军事训练、防火演习及运动赛事中，但较少用于高温下的建筑施工中（图 3-9）。个人冷却设备种类众多，按照冷却系统的原理，可分为主动型、被动型及混合型（Pandolf，1995；Chan et al.，2015a）。主动型冷却系统由外部冷却媒介（气体或液体）及其外部供给设备组成，如空气冷却、液体循环冷却等；或由内部供给设备提供冷却源，如安装在

图 3-9　建筑工人穿着冷冻背心

服装内部的由电池驱动的小型风扇。被动型冷却系统主要利用在服装内嵌入的相变材料，如冰块、冰胶、无机水合盐、石蜡等，或将这些相变材料作为热传导的媒介（Teal et al.，1995），当它们从固体转为液体时能够吸收能量；当它们从液体变为固体时则能够释放热量。混合型冷却系统则结合两种或以上的冷却系统以达到降温的目的。个人冷却设备按照产品的形态可分为：清凉毛巾/头巾、清凉帽、清凉带、清凉垫、冷冻背心及冷冻套装。目前为止，对高温下施工中使用冷却产品及其策略的研究仍然相当缺乏。除了考虑个人冷却设备的防暑降温效果以外，其成本、后勤安排、重量、影响活动性等问题仍是阻碍其广泛使用的原因（Chan et al.，2016a，2016e，2017a）。

3. 改善个人习惯与行为

工人在高温下施工应提高警觉，留意自己和其他工人是否出现中暑相关症状，并及时向工地管理人员汇报。在高温下施工时，工人应保持自我控速的方式作业（Rowlinson et al.，2014），避免过度体力劳动。工人应适当及定时饮水，及时补充食物，以补充因流汗而失去的水分和电解质，保持体内水分、盐分充足；在饮水时应定时饮用少量水分而不是一次饮用大量水分（中国华南某典型高温地区管理部门，2013）。工人应避免饮用会令身体脱水的含酒精饮料及有利尿作用和增加水分流失的含咖啡因饮料，包括茶和咖啡。工人还应避免吸烟，因为吸烟有增加脱水的危险（中国华南某典型高温地区管理部门，2013）。

3.2.4　各地现行高温下建筑施工健康安全措施

针对高温下建筑施工的健康与安全，全国各地执行了一系列健康安全措施与工作指引，这些良好的工作实践表明高温职业健康安全已引起各地政府及业界的广泛关注，这些指引有助于不断完善防暑降温措施。但不足的是，部分措施的制定属一般性指引，即适用于所有高温行业，而未根据建筑施工的行业特点制定相关防暑降温措施；或者，防暑降温措施仅仅囊括在一般施工安全指引中，缺乏具有针对性的高温施工健康安全指引。表 3-3 列举了我国各地建造业现行高温下健康安全措施与工作指引，并对上述防暑降温措施进行了分类。

盛夏高温季节是施工高峰期和事故多发期，安全形势十分严峻。香港特别行政区和深圳市是我国高温施工健康安全规范的先行者，颁布了相关安全措施手册与工作指引，对开发商、承包商与工人的行为具有积极的指导作用，有助于落实防暑降温措施，并为其他地区建立高温施工健康安全指引树立榜样。

我国各地区政府于 2017 年夏季发布有关夏季高温天气建筑施工安全生产工作通知（本书中仅列出部分通知以作示例），说明高温施工健康安全受到极大重视。值得注意的是，在发布的通知中，行政措施备受强调，涵盖管理层承诺，合理安排工作时间，安排饮水设施及饮食卫生管理，加强安全教育培训，以及应急措施等方面。通知强调各建筑企业对高温施工健康安全的主体责任，企业必须切实履行行业监管责任，加强高温季节施工安全管理，保证施工现场安全管理体系正常运行；对安全生产主体责任不落实的企业和人员要加大处罚力度，依法暂扣或吊销安全生产许可证，并依照有关规定在招投标、资质管理等方面予以限制，切实起到震慑和警示作用。在调整工作时间方面，当日气温达到 35℃ 时，应尽量避免午后高温时期露天作业，宜采用"提早上班、推迟下班、午休延长"等措施；当日气温达 37℃ 以上、40℃ 以下时，室外露天作业时间累计不得超过 6h，且在上午 11：00 至下午 3：00 期间不得安排室外露天作业；当日气温高达 40℃ 以上时，应停止当日室外露天作业，以确保工人身体健康与生命安全，饮水和饮食的卫生管理有助于改善现场作业人员的工作、生活环境，是防暑降温工作的一部分；施工主体应为施工人员提供符合卫生标准的饮用水、凉茶和常用防暑药品等。加强安全教育培训也是一项重要的防暑降温措施；通知中要求各施工单位要认真组织开展防暑降温与中暑急救知识的宣传教育活动，同时还要加强管理人员的安全教育培训工作，提高工人、管理者的安全技术水平和安全意识，以杜绝违章作业和违法劳动纪律等现象的发生。《通知》还强调制定应急方案的重要性：各施工主体应根据夏季施工特点，制定相应的防范措施和应急处理预案，组织应急救援队伍，配备救援物资，及时妥善处理突发事件，切实提高突发事件的应急处理能力。

然而，这些通知中的防暑降温措施也并不完善，对"环境工程措施"与"个人防护措施"的应用略显不足。"提供通风与遮阴设施"能够削减热环境对工人的影响，减少人体承受的热负荷，是一项常见的防暑降温措施。夏季施工时，部分工人偏好赤膊上阵，甚至不戴安全帽，不穿安全鞋，虽然凉快，但忽视了太阳辐射对皮肤造成的危害，更带来其他安全隐患，因此，进入施工现场，必须佩戴个人防护用品，穿着合适的夏季工作服。因此，我国防暑降温措施有待进一步完善。

各地现行高温下建筑施工健康安全措施

表 3-3

措施（指引）	机构	环境工程措施类		个人防护措施					行政措施					
		环境温度监测	通风与遮阴设施	工地休息区	改善住宿条件	夏季工作制服	个人冷却设备	改善个人习惯与行为	工作和休息安排	饮水设施与饮食安排	健康监管与身体检查	急救人员与设施	安全知识宣传与培训	管理层承诺与监管
广东省深圳市														
《建筑施工特殊环境安全措施手册》2014	深圳市住房和建设局					√								√
其他城市														
《关于加强夏季高温天气建筑施工安全生产工作的通知》2017	南昌市城乡建设委员会		√	√					√	√		√	√	√
《关于做好应对高温酷暑天气加强建筑施工防暑降温工作的紧急通知》2017	宁夏回族自治区住房和城乡建设厅		√		√				√	√		√	√	√
《关于加强高温天气建筑施工安全生产工作的通知》2017	湖北省住房和城乡建设厅				√				√	√	√	√	√	√
《关于切实做好高温酷暑时期建筑施工安全生产工作的通知》2017	珠海市住房和城乡规划建设局								√	√	√	√	√	√
《关于做好 2017 年夏季高温及汛期建筑施工安全生产工作的通知》2017	泰州市建筑工程管理局				√				√	√		√	√	√
《关于做好汛期和高温天气建筑施工安全生产工作的通知》2017	高邮市建筑工程管理局								√	√		√	√	√
《关于做好汛期和高温天气建设工程施工安全生产管理工作的通知》2017	宜昌市住房和城乡建设委员会								√		√			√
《关于进一步加强建设工程施工安全生产工作的紧急通知》2017	上海市住房和城乡管理委员会								√				√	√
《关于切实做好夏季高温期间建筑施工安全生产工作的通知》2017	湖州市南浔区住房和城乡建设局	√							√	√			√	√

3.3 高温下建筑施工安全研究动态

3.3.1 文献回顾

本书通过两轮文献回顾，分别查找有关"高温作业安全（从事户外地上体力工作的非建筑工人）❶"与"高温施工安全"在过去 20 年的研究，旨在对比两类研究领域在研究方向的共同特点与差异，并着重分析"高温施工安全"的研究主题、研究方法，以及其贡献与局限性。具体的文献查找方式如下。首先，用题目/摘要/关键字查找法，所用关键字包括"建筑工人"（construction workers）或"工人"（workers/labour）与"热应力"（heat/thermal stress）、"热负荷"（heat/thermal strain）、酷热天气（hot weather）、酷热（hot/thermal）或高温（high temperature）。使用搜索引擎 GoogleScholar 数据库查找年限为 1998 年至 2017 年 7 月期间发表的文献。文献语言要求为英文，文献文体要求为杂志文章并且需是论文全文的形式。基于上述方法搜索到的文献，再采取"滚雪球式（snowballing）"查找方法，即根据文章的参考目录、作者的相关文章的搜索选项进行手动查找（Shachak et al.，2009）。文献主题需满足以下条件：研究对象必须包括从事户外地上体力工作的（建筑）工人；研究内容需涉及高温作业（施工）的风险对建筑工人的健康与安全或劳动生产率造成的影响，防暑降温措施有效性的制定与评估。

3.3.2 研究成果

经过文献搜索，在过去 20 年间，一共发表 118 篇有关"高温作业"与 61 篇有关"高温施工安全"的杂志文章，其中有 18 篇文章的研究对象既包括了建筑工人，也包括了其他行业的工人。本书将对这些文章作进一步分析。

1. 所选文献的特征

按照研究对象所在行业的分布，"高温作业安全"的研究多集中于农业或多个行业，接近 45% 的研究并未将某个行业作为研究对象，而是概括性地以探讨高温下职业工人的健康与安全问题（表3-4）。

"高温作业安全"研究　　　　　　　　　　　　表 3-4

作者	年限	国家	研究对象	主题	研究方法
Arjona 等	2016	厄瓜多尔	农业	热疾病事故	综述
Bates 等	2001	澳大利亚	林业	预防措施（行政措施）	实地调研
Bates 等	2010	澳大利亚	多个行业	热应变	实地调研
Bernard	2014	美国	未特别指明	多主题	综述
Bethel 和 Harger	2014	美国	农业	热疾病症状	实地调研
Bodin 等	2016	瑞典	农业	预防措施（环境措施）	其他
Bonafede 等	2016	意大利	未特别指明	热疾病症状	综述
Bonauto 等	2007	美国	未特别指明	热疾病症状	其他

---

❶ 不包括穿着防护服的工人。

续表

作者	年限	国家	研究对象	主题	研究方法
Brake 和 Bates	2002	澳大利亚	未特别指明	预防措施（环境措施）	理论分析
Brearley 等	2015	澳大利亚	其他	热应变	实地调研
Chan 等	2013b	中国	其他	预防措施（个人措施）	实地调研
Chan 等	2015a	中国	多个行业	预防措施（个人措施）	综述
Chan 等	2015b	中国	多个行业	预防措施（个人措施）	实地调研
Chan 等	2016a	中国	多个行业	预防措施（个人措施）	实地调研
Chan 等	2016b	中国	其他	预防措施（个人措施）	实地调研
Chan 等	2017a	中国	多个行业	预防措施（个人措施）	实地调研
Chan 和 Yi	2016	中国	未特别指明	多主题	综述
Choi 等	2008	韩国	农业	预防措施（个人措施）	实验室纯实验
Clapp 等	2002	美国	未特别指明	预防措施（行政措施）	综述
Cortez	2009	尼加拉瓜	农业	预防措施（行政措施）	实地准实验
Crowe 等	2009	美国	农业	热疾病症状	其他
Crowe 等	2015	哥斯达黎加	农业	热疾病症状	实地调研
Culp 等	2011	美国	农业	热疾病症状	综述
Dash 和 Kjellstrom	2011	印度	未特别指明	热应变	综述
Davis 等	2011	美国	林业	预防措施（个人措施）	实验室纯实验
Dehghan 等	2012a	伊朗	多个行业	预防措施（环境措施）	实地调研
Dehghan 等	2013a	伊朗	多个行业	热应变	实地准实验
Dehghan 等	2013b	伊朗	多个行业	预防措施（环境措施）	实地准实验
Fleischer 等	2013	美国	农业	热疾病症状	实地调研
Flocks 等	2013	美国	农业	热疾病症状	实地调研
Gaspar 和 Quintela	2009	葡萄牙	未特别指明	预防措施（环境措施）	实地准实验
Grandi 等	2016	意大利	未特别指明	热疾病症状	综述
Gubernot 等	2014	美国	未特别指明	热疾病事故	综述
Hajizadeh 等	2015	伊朗	其他	热应激与生产力	实地调研
Hancock 和 Vasmatzidis	1998	美国	未特别指明	热应激与生产力	理论分析
Heidari 等	2015	伊朗	农业	热应变	实地调研
Hofmann 等	2009	美国	农业	热疾病症状	实地调研
Holmér	2010	瑞典	未特别指明	热应变	理论分析
Hunt 等	2013	澳大利亚	煤炭	热疾病症状	实地调研
Hunt 等	2014	澳大利亚	煤炭	热应变	实地调研
Hyatt 等	2010	新西兰	未特别指明	热应变	综述
Inaba 和 Mirbod	2007	日本	多个行业	热疾病症状	实地调研
Jackson 和 Rosenberg	2010	美国	农业	预防措施（行政措施）	综述
Jay 和 Kenny	2010	加拿大	未特别指明	热应变	综述
Kamijo 和 Nose	2006	日本	多个行业	预防措施（行政措施）	综述
Kawanami 等	2012	日本	未特别指明	热应变	实验室准实验
Kearney 等	2016	美国	农业	热疾病症状	实地调研
Kenefick 和 Sawka	2007	美国	未特别指明	预防措施（行政措施）	综述
Kjellstrom 等	2009a	澳大利亚	未特别指明	热应激与生产力	其他

续表

作者	年限	国家	研究对象	主题	研究方法
Kjellstrom 等	2009b	澳大利亚	未特别指明	多主题	综述
Kjellstrom 和 Crowe	2011	美国	未特别指明	多主题	综述
Kjellstrom 等	2013	澳大利亚	未特别指明	热应激与生产力	其他
Kjellstrom	2016	瑞典	未特别指明	热应激与生产力	其他
Langkulsen 等	2010	泰国	未特别指明	热应激与生产力	实地调研
Lao 等	2016	澳大利亚	其他	预防措施（行政措施）	实地调研
Lin 和 Chan	2009	中国	未特别指明	热疾病症状	综述
Lu 和 Zhu	2007	中国	未特别指明	热应激与生产力	实验室准实验
Lu 等	2014	中国	未特别指明	热应变	实验室准实验
Lucas 等	2014	瑞典	未特别指明	多主题	综述
Lumingu 和 Dessureault	2000	加拿大	未特别指明	热应变	实地准实验
Lundgren 等	2013	瑞典	未特别指明	多主题	综述
Lundgren 等	2014	瑞典	未特别指明	热应激与生产力	实地调研
Luo 等	2014	澳大利亚	多个行业	热疾病症状	其他
Maeda 等	2006	日本	林业	热疾病症状	实地调研
Malchaire 等	1999	德国	未特别指明	预防措施（行政措施）	其他
Malchaire 等	2000	比利时	未特别指明	预防措施（行政措施）	综述
Malchaire 等	2002	比利时	未特别指明	热疾病症状	其他
Malchaire	2006	比利时	未特别指明	热疾病症状	其他
Malchaire 等	2016	意大利	未特别指明	多主题	综述
Marucci 等	2014	意大利	农业	热应变	实地调研
McInnes 等	2016	澳大利亚	未特别指明	多主题	综述
McNeill 和 Parsons	1999	英国	农业	预防措施（环境措施）	实地调研
Meade 等	2016	加拿大	未特别指明	预防措施（环境措施）	实验室纯实验
Miller 和 Bates	2009	澳大利亚	未特别指明	预防措施（行政措施）	综述
Miller 和 Bates	2007a	澳大利亚	多个行业	预防措施（环境措施）	其他
Miller 和 Bates	2007b	澳大利亚	未特别指明	预防措施（行政措施）	实地调研
Miller 等	2011	澳大利亚	多个行业	预防措施（个人措施）	实地调研
Mirabelli 和 Richardson	2005	美国	多个行业	热疾病症状	其他
Mirabelli 等	2010	美国	农业	热疾病症状	实地调研
Morabito 等	2006	意大利	未特别指明	热疾病事故	其他
Nag 等	2007	印度	农业	热应变	实验室纯实验
Nag 等	2013	印度	多个行业	热应变	实地调研
Nagano 等	2010	日本	未特别指明	预防措施（个人措施）	实验室纯实验
Nevarez	2013	美国	其他	热疾病事故	其他
Nilsson 和 Kjellstrom	2010	新西兰	未特别指明	多主题	综述
Parsons	1999	英国	未特别指明	多主题	综述
Parsons	2006	英国	未特别指明	多主题	综述
Parsons	2009	英国	未特别指明	多主题	综述
Parsons	2013	英国	未特别指明	多主题	综述
Quandt 等	2013	美国	农业	预防措施（行政措施）	实地调研
Sahu 等	2013	印度	农业	多主题	实地调研

续表

作者	年限	国家	研究对象	主题	研究方法
Schulte 和 Chun	2009	美国	未特别指明	多主题	综述
Sett 和 Sahu	2014	印度	其他	多主题	实地调研
Shen 和 Zhu	2015	中国	未特别指明	预防措施（行政措施）	实验室准实验
Shi 等	2013	中国	未特别指明	热应变	实验室准实验
Singh 等	2013	澳大利亚	多个行业	热疾病症状	实地调研
Spector 和 Sheffield	2014	美国	未特别指明	多主题	综述
Spector 等	2015	美国	农业	热疾病症状	实地调研
Spector 等	2014	美国	多个行业	热疾病症状	其他
Stoecklin-Marois 等	2013	美国	农业	热疾病症状	实地调研
Tanaka	2007	日本	未特别指明	多主题	综述
Tawatsupa 等	2010	泰国	多个行业	热疾病症状	实地调研
Tawatsupa 等	2012a	泰国	多个行业	热疾病症状	实地调研
Tawatsupa 等	2012b	泰国	多个行业	热疾病症状	实地调研
Tawatsupa 等	2013	泰国	多个行业	热疾病事故	实地调研
Taylor	2006	澳大利亚	未特别指明	多主题	综述
Venugopal 等	2015	印度	多个行业	热疾病症状	实地调研
Wästerlund	1998	瑞典	林业	多主题	综述
Wesseling 等	2016	瑞典	多个行业	热疾病症状	实地调研
Xiang 等	2014a	澳大利亚	多个行业	热疾病事故	其他
Xiang 等	2014b	澳大利亚	多个行业	热疾病症状	综述
Xiang 等	2014c	澳大利亚	多个行业	热疾病症状	其他
Yoopat 等	2002	泰国	多个行业	热应变	实地调研
Xiang 等	2015	澳大利亚	多个行业	热疾病事故	其他
Xiang 等	2016	澳大利亚	多个行业	热疾病症状	实地调研
Yokota 等	2008	美国	未特别指明	热应变	实验室准实验
Zander 等	2015	澳大利亚	多个行业	热应激与生产力	实地调研
Zhao 等	2009	中国	未特别指明	热应激与生产力	实验室准实验

图 3-10 与图 3-11 分别显示"高温作业安全"与"高温施工安全"这两个研究课题在时间与空间上的分布。自 2006 年后，这两个研究课题才开始得到越来越多的关注。按照第一作者所在地[1]分类，"高温作业安全"研究以美国与澳大利亚最多，而"高温施工安全"研究以中国华南某典型高温地区与澳大利亚最多。

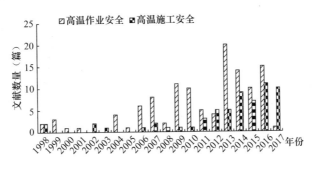

图 3-10　文献的发表时间

---

[1]　若该名作者在多个机构担任要职，则按顺序选取第一个机构的所在地。

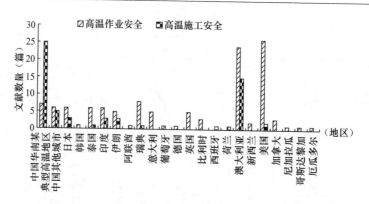

图 3-11　文献的地域性分布

　　两个课题的研究主题如图 3-12 所示。"高温作业安全研究"多以工人在高温环境下产生的热负荷与健康状况为研究对象,而"高温施工安全研究"在劳动生产率与个人防护措施方面的研究数量更为突出。图 3-13 显示"高温施工安全研究"使用的方法比"高温作业安全研究"更为广泛,如数学建模与准实验的应用更为频繁。"实地调研"方法是两个课题使用频率最高的研究方法。

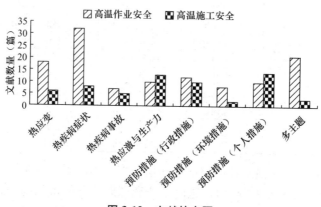

图 3-12　文献的主题

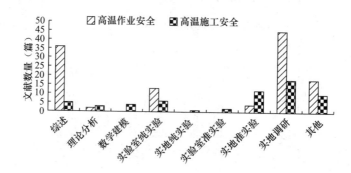

图 3-13　文献使用的研究方法分布

注:"其他"包括同时使用多种研究方法,或对"二手资料"进行统计分析。

2. 高温施工安全研究主题

高温施工安全研究主题主要包括（图 3-12）：①热应变；②热疾病症状；③热疾病事故；④热应激与生产力；⑤预防措施（行政措施）；⑥预防措施（环境措施）；⑦预防措施（个人措施）。

根据热应激产生的原因、结果及其干预措施，过去的文献主要解决它们之间的两大类关系：①高温下施工的热应激风险因素如何对工人的健康与安全/劳动生产率产生影响；②防暑降温措施如何缓解热应激风险因素对工人的健康与安全/劳动生产率产生影响。

1）热应变

量化高温下施工的建筑工人的生理或感知热应变是研究风险—影响关系的基本手段之一。多数研究采用收集热应激数据（如气温、相对湿度、工作强度等）以及热应变数据（如体温、心率、血压、主观疲劳感觉等），从而建立热应激与热应变之间的关系。这些研究惯常使用的研究方法包括通过实地准实验❶获得一手数据，从而进行关联、回归等统计分析。这些研究显示高温下从事剧烈劳动时，工人生理热应变/感知热应变处于较高水平（Yoopat et al.，2002；Morioka et al.，2006；Dehghan et al.，2012b；Montazer et al.，2013；Wong et al.，2014；Farshad et al.，2014；Chan et al.，2016）。核心体温能够有效、准确量度人体热应变，但是核心体温的采集方式具有侵入性，如吞落探测器药丸，或是测量肛温，这些方式较难被建筑工人接受，因此以往的研究使用了其他指标来评估身体热应变，如耳温（Dehghan et al.，2012b）、尿比重（Montazer et al.，2013；Farshad et al.，2014）、感知热应变指标（Chan et al.，2016）、血压（Morioka et al.，2006）、心血管负荷（Yoopat et al.，2002），或能量消耗（Wong et al.，2014）等。这些研究虽然有助于量化地区性建筑施工工人的热负荷，对制定合理的防暑降温措施具有指导意义，但还需要进一步验证热应变指标的准确性与可靠性，探索在工地研究中采集核心体温的可能性。

2）热疾病症状

高温下施工的工人健康状况，包括热疾病症状与身体健康状况等，多个研究对此进行了问卷调查，收集到建筑工人自主报告有关曾经出现热疾病症状的资料；有90%的印度建筑工人认为，长期暴露在高温环境下对他们的健康影响甚大（Venugopal et al.，2015）。Inaba 和 Mirbod（2007）调查了日本 115 位男性建筑工人与 204 位男性交通管制人员于夏季工作时出现的热疾病症状，建筑工人流鼻涕、腹泻、反应迟钝、头痛、晕眩及急躁情绪的频率亦明显高于交通管制人员。此外，中国华南某典型高温地区于 2012 年 3 月至 4 月期间，以电话问卷形式访问了 246 名工人，发现有接近 30% 的工人 2011 年夏天曾在工作期间中暑或几乎中暑，其中曾中暑的工人指出了其中暑的症状包括乏力、心跳加速、头晕、神志不清、冒冷汗、抽筋、作呕等，而轻微中暑的工人则指出他们有身体过热、口渴、呼吸急促等症状（中国华南某典型高温地区，2012）。Dutta 等（2015）通过横断面调查方法比较了来自印度地区的 219 位建筑工人于夏季和冬季的热疾病症状，研究发现 59% 的工人于夏季工作时出现中度至重度的热疾病症状，而这个数据在冬季只有 41%，值得注

---

❶　有关纯实验、准实验、实验室实验及实地实验的划分，详见本书 5.1.1 节。

意的是，女性工人与新入职人员罹患热疾病的风险更高。Lin 和 Chan（2009）从公共数据库收集了中国华南另一地区的气候、人口、劳动力及经济指标的数据，发现从事高劳动强度的建筑工人的健康状况容易受到高温的威胁。甚至，经常暴露于热环境下与建筑工人罹患尿石病的概率关系显著（Luo et al.，2014）。Xiang 等（2014b）通过文献回顾的方法回顾了过去关于高温施工对建筑工人健康的影响，暗示高温建筑施工给工人的健康带来威胁，应引起工地安全管理人员的注意，应及时采取措施以防止这些症状恶化。

3）热疾病事故

近年来针对热疾病事故的研究逐步增多。Xiang 等（2014a，2014c，2015）搜集了南澳洲工人的劳工赔偿数据，建立了广义估计方程；Xiang 等（2014a）指出较其他户外工人而言，建筑工人更容易受到热疾病的威胁：建筑业日均劳工赔偿为 7.3 个案例，是其他户外行业的 7 倍；Xiang 等（2014c）发现虽然结果显示建筑工人的劳工赔偿数量在热浪时期与非热浪时期的发生率并无显著差异，但其在热浪时期的劳工赔偿率远高于其他户外行业。Rowlinson 和 Jia（2015）以及 Jia 等（2016，2017）通过搜集工地发生的热疾病案例，分析了这些案例发生的原因，从中总结出制度因素可能影响预先对安全威胁的估计以及对已发生的安全威胁的反应能力，提出了高温施工安全管理的理论模型。Rowlinson 和 Jia（2015）以及 Jia 等（2016）认为制度因素是导致建筑工人热疾病的重要原因，它们包括职业健康与安全法例、工地文化、安全培训、风险管理、经营模式、施工形式，以及个人生理条件与心理压力等方面。因此，管理层的架构对制定有效的干预措施至关重要。Jia 等（2017）进一步发现，制度因素可能会"鼓励"工人的不良行为，如缺少睡眠与营养、饮酒习惯，从而增加工人中暑的风险。虽然这些研究有助于分析事故发生的前因后果，但收集热疾病事故的难度颇大：①依赖于当地安全条规是否有明确判定热疾病事故的准则；②依赖于当地劳工部门是否将热疾病事故纳入建造安全事故的范围内；③依赖于事故资料的公开程度。这些限制为此类研究带来重重困难，建筑工人管理部门、业界、工会及学术界需要共同协作，规范化、公开化热疾病事故资料库。当获得大量此类数据之后，学者可从流行病学的角度来分析热疾病产生的前因后果（Bernard，2014）。

4）热应激与生产力

高温下施工的劳动生产率是另一大主要议题。伴随着热应激给施工工人的健康安全带来消极影响，进一步产生疲劳导致工时延长或因热疾病致使住院，显示劳动生产率的损失。在多数过往的研究中，劳动生产率主要通过实际工作时间与性能比两大指标进行量化（Yi et al.，2013b），从而建立这些指标与热应激风险因素之间的关系。

实际工作时间包括了对耐热时间、休息时间与闲置时间进行量化。工作时间与热应激数据的采集主要通过实验室准实验或实地准实验完成。回归分析法或数学建模的方式常用于建立实际工作时间与热应激的关系。Chan 等（2012a）证实了影响工人耐热时间的十大高温下施工的风险因素，分别是：WBGT、空气污染指数、工作时长、静止心率、能量消耗、呼吸交换率、年龄、饮酒与吸烟习惯、体脂率。基于此热压力模型，Chan 等（2012b，2012c）先后通过实验室实验与实地现场实验证实了在高温条件下活动至极限后，至少需休息 15min 才能使体力恢复约六至八成。Chan 等（2012d）发现了在高温下施工时，对应不同年龄及工作量的工人，他们的工作极限时间具有差异性。通过建立热应力模型，Yi 和 Chan（2014a）发现环境热应激与建筑工人夏季施工的主观疲劳感觉成正比，与高温作业极限时间成反比。Rowlinson 和 Jia（2014）通过建立了热应变模型，指出环境热应激 WBGT 不仅限制了工作时间，也延长了体力恢复时间。Li 等（2016）发现 WBGT 每上升 1℃时，直接劳动时间将下降 0.57%，而闲置时间则上升 0.74%。

理论模型是预测产能比与热应激关系的手段之一。Hancher 和 Abd-Elkhalek（1998）建立了温湿度与施工产能比模型，用来估计在不同气温、相对湿度下施工过程的产能比。Mohamed 和 Srinavin（2002）进行了环境控制室实验，验证了新建热环境综合评价指标（predicted mean vote）——产能比模型；Srinavin 和 Mohamed（2003）进一步通过实地研究证实了此模型的可靠性与实用性。通过收集建筑工人心率、WBGT、劳动强度等数据，利用热环境综合评价指标——生产率模型估计，Chinnadurai 等（2016）发现在高温环境下，从事中等至重强度工作的印度建筑工人，其劳动生产率下降 18%～35%。Ibbs 和 Sun（2017）运用较为新颖的方法——元分析（meta analysis）技术对过去文献的数据进行标准化及计算，得到了气温、相对湿度与建筑工人产能比之间的回归模型。

少数研究对高温施工生产率的测量方法采用的是工人自我感觉的劳动生产率的损失（Venugopal et al.，2015；Chinnadurai et al.，2016）。然而这类方法难以客观量化劳动生产率。

5）预防措施（行政措施）

Yang 和 Chan（2017b）回顾了过去 37 年间发表的有关高温下建筑施工的防暑降温措施，发现有 49% 的研究致力于开发行政措施，包括优化夏季工作和休息时间、监测工人热应变等；有 29% 的研究致力于改良个人防护措施，包括夏季工作服、个人冷冻设备；有 11% 的研究对环境监测的指标进行了评估，旨在识别最优指标来评价环境热应激；其他研究则提出了多项措施的建议。Rowlinson 等（2014）回顾了六大高温下施工的风险因素，提出应该从三方面管理热压力风险：①使用环境临界系统监控环境热应激；②强制安排工作和休息时间；③工人应自主调整工作速度。

充足饮水是保障夏季施工生产安全的基本措施之一。Bates 等（2010）用尿液比重[❶]这一指标调查了 210 名建筑工人的水合状况，发现他们在日常轮班前后的水合状况介于"略微饮水充足"与"体内脱水"，这可能会增加他们罹患热疾病的风险。若工人补充足够的饮水（即日平均饮水 5.44L），并且能够自主调整工作速度，则热环境不会严重威胁工人的健康（Bates et al.，2008；Miller et al.，2011）。

夏季施工最佳工作和休息时间是保障工人健康安全、优化劳动生产率的有效策略之一。通过蒙特卡罗模拟技术与数学建模，Yi 和 Chan（2013a）模拟了工作极限时间与休息恢复率，发现在上午工作 120min、下午工作 115min 后需停止作业，进行休息；而最"经济"的休息时间分别为 15min 与 30min（详见本书 5.4 节）；基于此，Yi 和 Chan（2014b）与 Yi 和 Wang（2017）进一步优化了工作时间安排，以获取夏季施工最大劳动生产率。后者运用混合整数线性规划来优化高温下施工和休息时间安排，以创造最佳劳动生产率；其结果显示优化后的安排能够增加 10% 的劳动生产时间。Pérez-Alonso（2011）通过分析日

---

❶　尿液比重 U_{sg} 与水合状况：当 $U_{sg}\leqslant1.015$ 时，说明体内水合作用充分；当 $1.016\leqslant U_{sg}\leqslant1.020$ 时，说明略微饮水充足；当 $1.021\leqslant U_{sg}\leqslant1.025$ 时，说明体内脱水；当 $1.026\leqslant U_{sg}\leqslant1.030$ 时，说明严重脱水；当 $U_{sg}>1.030$ 时，则表示处于临床脱水状态（Bates et al.，2010）。

气温的变化，建议当 WBGT 为 32.2℃、劳动强度较小时，当 WBGT 为 31.1℃、劳动强度中等时，或当 WBGT 为 30℃、劳动强度较大时，建议每小时内工作与休息的时间比为 1：3。

Singh 等（2013）调查了高温作业下健康保护措施的推广情况，发现有些措施在施工单位的执行效果并不理想，比如，由于太热，建筑工人在夏季时不愿意穿着长袖衫来避免受到紫外线的侵害。Joubert 等（2011）对高温作业安全纲领的有效性进行了评估，总共 465 家公司，其中 285 间建筑公司执行了相关安全纲领，调查结果发现执行该计划后，热疾病的案例明显减少。

6）预防措施（个人措施）

Heus 和 Kistemaker（1998），Chan 等（2016c，2016d）及 Yi 等（2017a）证实了具有良好热湿性能的工作服能够明显减少生理热应变；而 Yang 和 Chan（2015）与 Yang 和 Chan（2017a）则先后通过实验室纯实验与实地纯实验发现该工作服能够明显减少建筑工人的感知热应变。Chan 等（2015c）比较了两套夏季工作服的穿着舒适度，指出舒适度与衣服的压力、热湿属性联系紧密，而大部分工人偏好其中一套制服，因为其能带来更凉快、干爽、舒适且不妨碍身体活动的感受（详见本书 6.2.1 节）。

Chan 等（2016a，2016e，2017a）进一步发现在施工时穿着冷冻背心带来的人体工效学问题与冷冻效果的持续性显著影响了冷冻装备的可使用性，因此，亟须为建筑工人量身定制更为有效、使用方便的冷冻设备。Chan 等（2017b）与 Yi 等（2017b）的实验室研究发现在休息时段穿着一件混合型抗热背心能够明显减少身体热应变，并能加速休息时的体力恢复，提高休息结束后的运动表现；Chan 等（2017c）进一步的实地研究结果与实验室结果一致，证实了在工作间休息时段使用抗热背心的有效性与可行性（详见本书 6.2.2 节）。

7）预防措施（环境措施）

相较于行政措施与个人防护措施，环境工程措施的研究相对较少。近年来，一些学者致力于开发智能系统来监测建筑工人的热应变（如核心体温、心率、主观疲劳感觉），以提早预测中暑的风险，从而采取有效的干预措施来保障工人的健康安全。Yabuki 等（2013）开发了"建筑工人预防中暑系统"，它由热环境预测系统、核心温度预测系统和中暑风险识别系统组成。Yi 等（2016）开发了"高温下施工预警系统"，通过收集到的气候、人口特征、工人生理、感知热应变数据建立预测模型，并将该模型写入应用程式，结合环境传感器、智能手环和智能电话的辅助，以预测工人的热应变程度及相应防暑降温措施。

3. 高温施工安全研究方法

高温施工安全研究使用的方法主要包括（图 3-14）：①文献综述；②理论分析；③数学建模；④实验室纯实验；⑤实地纯实验；⑥实验室准实验；⑦实地准实验；⑧工地调研；⑨其他研究。

1）文献综述

文献综述通过搜集大量相关资料，进行整理、分析，提炼当前的研究专题，综合性阐述研究专题的发展，并提出作者的学术见解、建议，以及对未来研究方向的指引。它可分为叙述型文献综述（narrative literature review）与系统化文献综述（systematic literature review）。Rowlinson 等（2014）通过回顾高温下施工的风险因素，介绍了若干安全管理措施及其研究进展，指出高温下施工的安全管理应根据地域特征制定符合实情的防暑降温措施，而并非千篇一律地引用国际标准。Xiang 等（2014b）以流行病学的角度回顾了高温工作环境对工人造成的健康危害，指出未来的研究需要量化此类风险对人体生理、心理或行为造成的影响。Yang 和 Chan（2017b）通过回顾防暑降温措施的研究进展，阐述了这些研究存在的方法论问题，为如何运用科学的手段制定有效的防暑降温措施提出了一个研究方法框架。系统化文献综述则能够"量化"过去文献的结果，从而进行比较、归纳。如 Ibbs 和 Sun（2017）运用元分析技术对过去文献的数据进行标准化及计算，有助于提供客观的证据，但却较少用于高温下建筑施工安全研究。

2）理论分析

扎根理论（Grounded Theory）分析旨在从实际观察和原始资料中归纳出经验概括，从而建立理论；这一方法已被广泛运用于建筑安全管理中。Rowlinson 和 Jia（2015），Jia 等（2016，2017）率先使用这一研究方法用于分析热疾病事故发生的原因，有助于完善高温下建筑施工安全研究的理论体系。

3）数学建模

在防暑降温措施的研究中，数学建模是一种较为创新的研究方法，它通过分析实际问题中的各种因素与变量及其相互关系，选用合适的数学框架，如优化、配置问题，采用合适的算法，计算出结果来解释实际问题，并分析结果的可靠性。Hancher 和 Abd-Elkhalek（1998），Yi 和 Chan（2013a），Yi 和 Chan（2014b）与 Yi 和 Wang（2017）运用这类方法建立了高温施工生产力模型，用以优化劳动生产率的同时保障工人安全。

4）实验室纯实验

实验室纯实验是在有专门设备的实验室中进行，有严格的实验设计，实验对象能够被随机地分配到实验组或控制组进行"盲测"，控制实验条件及实验误差的来源，能够明确地反映实验结果与自变量的因果关系。这类研究方法通常用来评估防暑降温措施在严格实验控制条件下的有效性。例如，通过设定环境控制室的温度与湿度，将实验对象随机分配到"使用防暑降温措施组"与"未使用防暑降温措施组"进行同一种运动模式，在此过程中记录他们的生理与感知反应，经过统计分析后，从而得知该防暑降温措施是否能够减少实验对象的热应变（Heus 等，1998；Chan 等，2016c，2017b；Yi 等，2017a，2017b）。

5）实地纯实验

由于实验室环境不能反映真实的工地环境，实地实验往往更受重视，但其实验难度更大。实地纯实验是将实验室"搬到"工地，有较为严格的实验设计，实验组别和对象的选择具有随机性。由于实验条件与实验误差在真实工地环境内较难控制，需记录它们并分析其对"实验结果—自变量"关系的影响。为评估抗热工作服对工人防暑降温的有效性，Yang 和 Chan（2017a）将 16 位建筑工人随机分配为"穿着抗热服"组及"穿着传统工作服"组，且他们在第二次轮班时被换到对方小组进行日常施工劳作；由于工地气温环境、工人工作劳动量、工作时长不能一一控制，结果分析不仅应以工作服为自变量、身体热应变为因变量，还需考量其他变量对身体热应变的影响。因此，考虑到实地纯实验的复杂性，这种研究方法较少被运用。

6）实验室准实验

准实验无须随机地分派实验对象到实验组或控制组，亦不能完全控制研究条件，但是，准实验在接近现实的条件下，尽可能运用纯实验设计的原则和要求，最大限度地操纵特定因素，进行实验处理，因而准实验的研究结果能与实际情况联系起来。为研究在高温下活动后需多长实际恢复体力，Chan 等（2012b）邀请了 14 名参加实验者在环境控制室进行增量运动直至力竭则停止运动进入休息阶段，实验结果发现参加实验者在高温下需休息约 20min，才能使体力恢复约七成。Yang 和 Chan（2015）于实验室中模拟了施工环境（包括热环境、工作模式及工作服），检验了感知热应变指标的可靠性，证明了该指标不仅与生理热应变指标紧密相关，也对穿着不同工作服的反应更为敏感。

7）实地准实验

由于实地实验的真实性与准实验的可操纵性，实地准实验已得到广泛的应用。例如，Chan 等（2012a，2012c，2012d），Yi 和 Chan（2014a），Chinnadurai 等（2016）和 Li 等（2016）运用单组实验设计以测量热应激因素与劳动生产率的关系；单组实验设计也常被用于解决热应激因素对热应变造成的影响（Yoopat et al.，2002；Dehghan et al.，2012b）；Chan 等（2017c）采用对比组实验设计评估了个人防护设备的有效性。

8）工地调研

实地调研是指研究人员亲自搜集第一手资料和情报的调查活动，主要包括客观数据的采集或访问/问卷等形式。对建筑工人进行生理数据的采集（但未进行任何实验设计），从而分析这些生理数据，是评估高温下施工工人健康状况的手段之一。比如，Bates 等（2010）收集了建筑工人的尿液比，得知他们饮水不充分。Wong 等（2014）收集了钢筋工人在高温作业时生理及感知的反应，发现钢筋捆扎工人比钢筋弯曲工人的生理负荷及耗能更大。

以建筑公司代表或工地安全负责人为对象的访谈有助于研究防暑降温措施的应用及影响（如 Joubert et al.，2011；Singh et al.，2013）。问卷调查的形式更为普遍，通过向建筑工人发放问卷，可获得大量数据和信息，有助于提高研究结果的可靠性；这种方法主要用于研究：①热环境下建筑工人的健康状况（如 Morioka et al.，2006；Inaba et al.，2007；Venugopal et al.，2015；Dutta et al.，2015）；②对防暑降温措施有效性的主观评价（如 Chan et al.，2015b，2015c，2016a，2016e，2017a）。

9）其他研究方法

少数研究采用"混合法"来实现研究目的，如 Miller 和 Bates（2007a）通过实验室与实地实验，证实热环境工作极限指数 TWL 能够辅助监测室外热环境水平以执行相应干预措施。Dutta 等（2015）使用横断面问卷调查与焦点小组访谈的方式，定性地评估了建筑工人在热应力环境下的健康状况。

Xiang 等（2014a，2014c）对二手资料进行统计分析，建立了高温热浪与工人事故发生率之间的关系，结果显示无论是否经历高温热浪时期，建筑业的事故发生率依然比其他行业高。Yabuki 等（2013），Yi 等（2016）与 Chan 等（2016d）则详细地介绍了开发防暑降温系统的过程。

3.3.3　高温施工安全研究贡献与局限性的评价

1. 研究范围

建筑工人的健康与安全问题一直受到世界各地研究学者的关注。进入 21 世纪后，随着城市化进程的加快，对建造业的需求与日俱增；同时，我们亦面临着全球变暖等极端天气及环境污染问题，建筑工人的施工环境越发恶劣；于是，高温下施工引发的健康安全问题越来越突出。这有可能成为"高温下施工健康安全"研究课题发展的契机。经过专家学者过去二十余年的研究，确定了高温下施工的风险因素，阐述了这些风险对工人健康、安全，乃至工作生产效率的影响，并制定、评估或优化了防暑降温措施。这些研究成果不仅为职业与健康安全政策制定者提供充分的科学依据，也给予业界人士明确的工作指引。然而，"高温下施工健康安全"的研究课题发展尚处于初步摸索阶段，因此，其理论体系与方法论都尚未完善，众多研究领域仍然处于"空白"状态。

关于"高温下施工健康安全"理论基础的研究还存在以下不足之处：在研究深度上，现阶段的研究大多停留在评估风险、后果或措施有效性上，对相关原理的认知十分不足，对风险因素的考量不全面，对其理论体系的研究仍十分薄弱；在研究尺度上，现阶段制定的防暑降温措施多集中在监控环境热应激、身体热应变，安排合理工作和休息时间，或开发个人防护服装，而缺乏对其他措施的考量。例如，针对热适应问题应如何安排工作和休息时间？究竟工人应摄取多少日饮水量才能避免脱水？这些防暑降温措施仍有待深入研究。

防暑降温措施的制定不再是照搬国际标准，或是一味地推行"应该"与"不应该"的措施，而是根据各地区的气候特征和施工情况来量化工人承受的热负荷，从而制定有效的防暑降温办法（Yi et al.，2013a）。这些办法不仅包括合理安排夏季工作模式以减少工人暴露在高温下的时间，也包括为工人提供个人防护服以改善人体微环境，同时还强调应加强管理层承诺与制度监管，将高温下施工纳入工地安全管理体系中。这些研究对制定适合的、有效的工地防暑降温措施具有重大意义。

2. 研究方法

以往高温下建筑施工安全研究使用的研究方法多种多样，每种方法都存在其优势与劣势，给研究课题带来诸多挑战。现阶段研究采用的研究手段（如研究工具与测量方法）仍有待完善。在研究设计中，对于抽样计划，即招募具有何种特征、多少数量的参加实验者参与该研究，普遍存在"随意性"。由于参加实验者的选取极有可能影响受试结果的准确性与普遍性，抽样计划是研究设计中一个关键步骤。但是，大部分研究既没有清晰阐明招募参加实验者的特征与数量的论据，也没有讨论抽样计划对结果的可能造成的影响，包括其统计意义和现实意义。未来的研究课题应合理规划研究设计，以避免研究结果产生误差。

如何运用科学的研究方法制定有效的防暑降温措施是本章的讨论重点之一。职业危害干预研究法是一种针对某一群从业人员暴露于特殊危险环境中，通过一个或多个干预措施来降低恶劣环境对工人的威胁。Goldenhar 等（2001）对此研究法确定了理论体系（图 3-14），这一体系强调制定有效的干预措施需经过三个研究阶段：开发阶段、实施阶段及影响阶段。开发阶段研究主要目的是发明新的或改善已存在的干预措施，并且这些干预

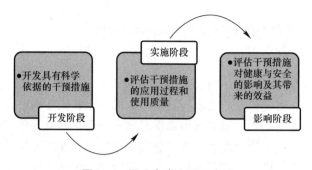

图 3-14　职业危害干预研究法

来源 Goldenhar et al.，2001。

措施是基于科学证据的；实施阶段研究是系统地记录干预措施的应用过程和使用质量；最后的影响阶段研究的目的在于评估干预措施对风险控制的效果，对安全文化的改善，及其带来的社会效益和经济效益。尽管职业伤害干预研究法已在职业流行病学广泛应用，但在建筑安全领域，尤其是高温下施工的安全管理，并未得到重视。由于缺乏这些科学的研究，业界难以制定具有科学依据的行业准则。

根据搜索到的文献，我们发现绝大多数研究仅停留在干预措施的开发阶段，仅少数文章研究了干预措施在实施阶段或影响阶段的情况（Joubert et al.，2011；Singh et al.，2013），因此防暑降温措施在实施阶段和影响阶段的研究仍然匮乏，虽然有学者已研发了一系列的防暑降温措施，但它们在业界的使用情况，包括推广、应用过程及使用性能方面的评价，却鲜有提及。比如，这些研发的防暑降温措施是否会降低工人罹患热疾病的风险，是否改善施工安全文化意识，是否带来社会效益和经济效益等方面，仍处于研究缺口。深化和加强以上方面的研究将是"高温下施工健康安全"的重点方向之一。

3.4　本章小结

本章介绍了高温下建筑施工影响工人健康安全的三大主要风险，分别是外界环境、施工环境与个人因素。这些因素交互作用，使工人的健康安全面临诸多挑战。通过分析热疾病与伤亡案例，进一步认识到这些事故严重威胁工人的生命安全，案例中涉及的承包商、工地管理人员及工人自身的一系列不规范行为引发我们深思——如何保障高温下施工工人的生命安全？首先，应制定明确的安全条规、准则来判定热疾病事故，并将热疾病事故纳入建造安全事故的范围内，规范化、公开化热疾病事故资料库。其次，应建立完善的防暑降温措施。本章回顾了各地现行的高温下建筑施工健康安全措施，共涉及三大类别的防暑降温策略：环境工程类、行政类与个人防护类。不足的是，部分措施并未全面考虑策略的各个方面；同时，部分措施的制定属一般性指引，即适用于所有高温行业，而未根据建筑施工的行业特点制定相关防暑降温措施，或者防暑降温措施仅仅囊括在一般施工安全指引中，缺乏具有针对性的高温施工健康安全指引。中国华南某典型高温地区是我国高温施工健康安全规范的先行者，颁布了较为全面的安全措施手册与工作指引，对开发商、承包商与工人的行为具有积极的指导作用，有助于落实防暑降温措施，并为其他地区建立高温施工健康安全指引树立榜样。

本章还回顾了过去 20 年有关"高温作业安全"与"高温施工安全"的文献，发现这些课题自 2006 年以后才得到越来越多的关注；"高温作业安全"研究在美国与澳大利亚最多；而"高温施工安全"研究在中国华南某典型高温地区与澳大利亚的研究最多。过去文献的研究主题大致分为两方面：①高温下施工的热应激风险因素如何对工人的健康与安全及劳动生产率产生影响；②防暑降温措施如何缓解热应激风险因素对工人的健康与安全及劳动生产率产生的影响。研究手段多种多样，有理论分析、数学建模，也有实验与工地调研等。经过专家学者过去二十余年的研究，确定了高温下施工的风险因素，阐述了这些风险对工人健康、安全，乃至工作生产效率的影响，并制定、评估或优化了防暑降温措施。这些研究成果不仅为职业与健康安全政策制定者提供充分的科学依据，也给予业界人士明确的工作指引。然而，"高温下施工健康安全"的研究课题发展尚处于初步摸索阶段，因此，其理论体系与方法论都尚未完善，众多研究领域仍然处于空白状态，研究方法尚未健全。本章对该研究课题局限性的评价或有助于指引未来的研究方向，供广大学者参考。

本章参考文献

[1]　American Conference of Governmental for Industrial Hygienists(ACGIH). Threshold limit values for chemical substances and physical agents and biological exposure indices[R]. 2014.

[2]　Arjona R H, Piñeiros J, Ayabaca M, et al. Climate change and agricultural workers'health in Ecuador: occupational exposure to UV radiation and hot environments[J]. Annali dell'Istituto Superiore di Sanita, 2016, 52(3): 368-373.

[3]　Ashley C D, Luecke C L, Schwartz S S, et al. Heat strain at the critical WBGT and the effects of gender, clothing and metabolic rate[J]. International Journal of Industrial Ergonomics, 2008, 38(7): 640-644.

[4]　Barnes L S. Administrativ econtrols[M]// Rose V E, Cohrssen B(eds). Patty's Industrial Hygiene. Wiley: 2011, 1155-1168.

[5]　Bates G P, Schneider J. Hydration status and physiological workload of UAE construction workers: A prospective longitudinal observational study[J]. Journal of Occupational Medicine and Toxicology, 2008, 3(1): 21.

[6]　Bates G P, Miller V S, Joubert D M. Hydration status of expatriate manual workers during summer in the Middle East[J]. Annals of Occupational Hygiene, 2010, 54(2): 137-143.

[7]　Bates G, Parker R, Ashby L, et al. Fluid Intake and Hydration Status of Forest Workers-A Preliminary Investigation[J]. International Journal of Forest Engineering, 2001, 12(2): 27-32.

[8]　Bernard T E. Occupational heat stress In USA: whither we go? [J]. Industrial Health, 2014, 52(1): 1-4.

[9]　Bethel J W, Harger R. Heat-related illness among Oregon farmworkers[J]. International Journal of Environmental Research and Public Health, 2014, 11(9): 9273-9285.

[10]　Bodin T, García-Trabanino R, Weiss I, et al. Intervention to reduce heat stress and improve efficiency among sugarcane workers in El Salvador: Phase 1[J]. Occupational and Environmental Medicine, 2016, 73(6): 409-416.

[11]　Bonafede M, Marinaccio A, Asta F, et al. The association between extreme weather conditions and work-related injuries and diseases: a systematic review of epidemiological studies[J]. Annali dell'Istituto Superiore di Sanita, 2016, 52(3): 357-367.

[12]　Bonauto D, Anderson R, Rauser E, et al. Occupational heat illness in Washington State, 1995-2005

[J]. American Journal of Industrial Medicine,2007,50(12):940-950.

[13] Brake D J,Bates G P. Limiting metabolic rate(thermal work limit)as an index of thermal stress[J]. Applied Occupational and Environmental Hygiene,2002,17(3):176-186.

[14] Brearley M,Harrington P,Lee D,et al. Working in hot conditions—A study of electrical utility workers in the Northern Territory of Australia[J]. Journal of Occupational and Environmental Hygiene, 2015,12(3):156-162.

[15] Brewster S J,O'connor F G,Lillegard W A. Exercise-induced heat injury:diagnosis and management [J]. Sports Medicine and Arthroscopy Review,1995,3(4):260-266.

[16] Broman-Fulks J J,Berman M E,Rabian B A,et al. Effects of aerobic exercise on anxiety sensitivity [J]. Behaviour Research and Therapy,2004,42(2):125-136.

[17] Buskirk E R,Lundegren H,Magnusson L. Heat acclimatization patterns in obese and lean individuals [J]. Annals of the New York Academy of Sciences,1965,131(1):637-653.

[18] Census and Statistics Department. Body mass index(BMI)distribution based on classification of weight status for Chinese adults in Hong Kong by sex[EB/OL]. 2015. http://www. censtatd. gov. hk/FileManager/EN/Content_1149/T07_08. xls.

[19] Chan A P C,Yi W. Heat stress and its impacts on occupational health and performance[J]. Indoor and Built Environment,2016,25(1):3-5.

[20] Chan A P,Yam M C,Chung J W,et al. Developing a heat stress model for construction workers[J]. Journal of Facilities Management,2012a,10(1):59-74.

[21] Chan A P,Wong F K,Wong D P,et al. Determining an optimal recovery time after exercising to exhaustion in a controlled climatic environment:Application to construction works[J]. Building and Environment,2012b,56:28-37.

[22] Chan A P,Yi W,Wong D P,et al. Determining an optimal recovery time for construction rebar workers after working to exhaustion in a hot and humid environment[J]. Building and environment,2012c, 58:163-171.

[23] Chan A P,Yi W,Chan D W,et al. Using the thermal work limit as an environmental determinant of heat stress for construction workers[J]. Journal of Management in Engineering,2012d,29(4):414-423.

[24] Chan A P C,Yang Y,Wong F K W,et al. Dressing behavior of construction workers in hot and humid weather[J]. Occupational Ergonomics,2013a,11(4):177-186.

[25] Chan A P C,Yang Y,Wong D P,et al. Factors affecting horticultural and cleaning workers'preference on cooling vests[J]. Building and Environment,2013b,66:181-189.

[26] Chan A P C,Song W,Yang Y. Meta-analysis of the effects of microclimate cooling systems on human performance under thermal stressful environments:potential applications to occupational workers[J]. Journal of Thermal Biology,2015a,49:16-32.

[27] Chan A P,Wong F K,Li Y,et al. Evaluation of a cooling vest in four industries in Hong Kong[J]. Journal of Civil Engineering and Architecture Research,2015b,2:677-91.

[28] Chan A P C,Yang Y,Wong F K W,et al. Wearing comfort of two construction work uniforms[J]. Construction Innovation,2015c,15(4):473-492.

[29] Chan A P C,Chan A P C,Yi W,et al. Evaluating the effectiveness and practicality of a cooling vest across four industries in Hong Kong[J]. Facilities,2016a,34(9/10):511-534.

[30] Chan A P C,Yang Y,Yam M C H,et al. Factors affecting airport apron workers'preference on cooling vests[J]. Performance Enhancement & Health,2016b,5(1):17-23.

[31] Chan A P,Yang Y,Guo Y P,et al. Evaluating the physiological and perceptual responses of wearing a newly designed construction work uniform[J]. Textile Research Journal,2016c,86(6):659-673.

[32] Chan A P,Guo Y P,Wong F K,et al. The development of anti-heat stress clothing for construction workers in hot and humid weather[J]. Ergonomics,2016d,59(4):479-495.

[33] Chan A P C,Wong F K W,Yang Y. From innovation to application of personal cooling vest[J]. Smart and Sustainable Built Environment,2016e,5(2):111-124.

[34] Chan A P,Yang Y,Song W. Evaluating the usability of a commercial cooling vest in the Hong Kong industries[J]. International Journal of Occupational Safety and Ergonomics,2017a:1-9.

[35] Chan A P C,Yang Y,Song W,et al. Hybrid cooling vest for cooling between exercise bouts in the heat:Effects and practical considerations[J]. Journal of Thermal Biology,2017b,63:1-9.

[36] Chan A P C,Zhang Y,Wang F,et al. A field study of the effectiveness and practicality of a novel hybrid personal cooling vest worn during rest in Hong Kong construction industry[J]. Journal of Thermal Biology,2017c,70(Part A):21-27.

[37] Chan A P C, Yang Y. Practical on-site measurement of heat strain with the use of a perceptual strainindex[J]. International Archives of Occupational and Environmental Health,2016,89(2):299-306.

[38] Chang F L,Sun Y M,Chuang K H,et al. Work fatigue and physiological symptoms in different occupations of high-elevation construction workers[J]. Applied Ergonomics,2009,40(4):591-596.

[39] China Daily. Death from heat stroke raises concerns for outdoor workers[EB/OL]. 2013-07-07. http://www.chinadaily.com.cn/m/fuzhou/e/2013-07/07/content_16746031.htm.

[40] Chinnadurai J,Venugopal V. Influence of occupational heat stress on labour productivity-a case study from Chennai,India[J]. International Journal of Productivity and Performance Management,2016,65(2):245-255.

[41] Choi J W,Kim M J,Lee J Y. Alleviation of heat strain by cooling different body areas during red pepper harvest work at WBGT 33℃[J]. Industrial Health,2008,46(6):620-628.

[42] Clapp A J,Bishop P A,Smith J F,et al. A review of fluid replacement for workers in hot jobs[J]. AIHA Journal,2002,63(2):190-198.

[43] Cortez O D. Heat stress assessment among workers in a Nicaraguan sugarcane farm[J]. Global Health Action,2009,2(1):2069.

[44] Crowe J,van Wendel de Joode B,Wesseling C. A pilot field evaluation on heat stress in sugarcane workers in Costa Rica:What to do next? [J]. Global Health Action,2009,2(1):2062.

[45] Crowe J,Nilsson M,Kjellstrom T,et al. Heat-Related symptoms in sugarcane harvesters[J]. American Journal of Industrial Medicine,2015,58(5):541-548.

[46] Culp K,Tonelli S,Ramey S L,et al. Preventing heat-related illness among Hispanic farmworkers[J]. AAOHN journal,2011,59(1):23-32.

[47] Dash S K,Kjellstrom T. Workplace heat stress in the context of rising temperature in India[J]. Current Science,2011:496-503.

[48] Davis G A,Edmisten E D,Thomas R E,et al. Effects of ventilated safety helmets in a hot environment[J]. International Journal of Industrial Ergonomics,2001,27(5):321-329.

[49] Dehghan H,Mortazavi S B,Jafari M J,et al. Combination of wet bulb globe temperature and heart rate in hot climatic conditions:The practical guidance for a better estimation of the heat strain[J]. International Journal of Environmental Health Engineering,2012a,1(1):18.

[50] Dehghan H,Mortazavi S B,Jafari M J,et al. Evaluation of wet bulb globe temperature index for esti-

mation of heat strain in hot/humid conditions in the Persian Gulf[J]. Journal of Research in Medical Sciences:the Official Journal of Isfahan University of Medical Sciences,2012b,17(12):1108.

[51] Dehghan H,Mortazavi S B,Jafari M J,et al. Cardiac strain between normal weight and overweight workers in hot/humid weather in the Persian Gulf[J]. International Journal of Preventive Medicine, 2013a,4(10):1147.

[52] Dehghan H,Habibi E,Khodarahmi B,et al. The relationship between observational-perceptual heat strain evaluation method and environmental/physiological indices in warm workplace[J]. Pakistan Journal of Medicine Sciences,2013b,29(1):358-362.

[53] Dutta P,Rajiva A,Andhare D,et al. Climate Study Group. Perceived heat stress and health effects on construction workers[J]. Indian journal of occupational and environmental medicine,2015,19(3):151.

[56] Farshad A,Montazer S,Monazzam M R,et al. Heat stress level among construction workers[J]. Iranian Journal of Public Health,2014,43(4):492.

[55] Fleischer N L,Tiesman H M,Sumitani J,et al. Public health impact of heat related illness among migrant farmworkers[J]. American Journal of Preventive Medicine,2013,44(3):199-206.

[56] Flocks J,Vi Thien Mac V,Runkle J,et al. Female farmworkers' perceptions of heat-related illness and pregnancy health[J]. Journal of Agromedicine,2013,18(4):350-358.

[57] Gardner J W,Kark J A,Karnei K,et al. Risk factors predicting exertional heat illness in male Marine Corps recruits[J]. Medicine and Science in Sports and Exercise,1996,28(8):939-944.

[58] Gaspar A R,Quintela D A. Physical modelling of globe and natural wet bulb temperatures to predict WBGT heat stress index in outdoor environments[J]. International Journal of Biometeorology,2009, 53(3):221-230.

[59] Gies P,Wright J. Measured solar ultraviolet radiation exposures of outdoor workers in Queensland in the building and construction industry[J]. Photochemistry and Photobiology,2003,78(4):342-348.

[60] Goldenhar L M,LaMontagne A D,Katz T,et al. The intervention research process in occupational safety and health:an overview from the National Occupational Research Agenda Intervention Effectiveness Research team[J]. Journal of Occupational and Environmental Medicine,2001,43(7):616-622.

[61] Grandi C,Borra M,Militello A,et al. Impact of climate change on occupational exposure to solar radiation[J]. Annali dell'Istituto Superiore di Sanita,2016,52(3):343-356.

[62] Gubernot D M,Anderson G B,Hunting K L. The epidemiology of occupational heat exposure in the United States:a review of the literature and assessment of research needs in a changing climate[J]. International Journal of Biometeorology,2014,58(8):1779-1788.

[63] Gupta J S,Dimri G P,Malhotra M S. Metabolic responses of Indians during sub-maximal and maximal work in dry and humid heat[J]. Ergonomics,1977,20(1):33-40.

[64] Gupta J S,Swamy Y V,Pichan G,et al. Physiological responses during continuous work in hot dry and hot humid environments in Indians[J]. International Journal of Biometeorology,1984,28(2):137-146.

[65] Hajizadeh R,Golbabaei F,Monazzam M R,et al. Productivity loss from occupational exposure to heat stress:A case study in Brick Workshops/Qom-Iran[J]. International Journal of Occupational Hygiene,2015,6(3):143-148.

[66] Hancher D E,Abd-Elkhalek H A. Effect of hot weather on construction labor productivity and costs [J]. Cost Engineering,1998,40(4):32-36.

[67] Hancock P A,Vasmatzidis I. Human occupational and performance limits under stress:the thermal environment as a prototypical example[J]. Ergonomics,1998,41(8):1169-1191.

[68] Havenith G. Temperature regulation, heat balance and climatic stress[M] // Kirch W, Bertollini R, Menne B(eds). Extreme weather events and public health responses. Berlin Springer, 2005: 69-80.

[69] Heidari H, Golbabaei F, Shamsipour A, et al. Evaluation of heat stress among farmers using environmental and biological monitoring: a study in North of Iran[J]. International Journal of Occupational Hygiene, 2015, 7(1): 1-9.

[70] Heus R, Kistemaker L. Thermal comfort of summer clothes for construction workers[C]. // Hodgdon J A, Heaney J H. Buono MJ(editors) Proceeding of 8th International Conference on Enviromental Ergonomics, San Diego, 1998: 273-276.

[71] Hofmann J N, Crowe J, Postma J, et al. Perceptions of environmental and occupational health hazards among agricultural workers in Washington State[J]. Aaohn Journal, 2009, 57(9): 359-371.

[72] Holmér I. Climate change and occupational heat stress: methods for assessment[J]. Global Health Action, 2010, 3(1): 5719.

[73] Hunt A P, Parker A W, Stewart I B. Symptoms of heat illness in surface mine workers[J]. International Archives of Occupational and Environmental Health, 2013, 86(5): 519-527.

[74] Hunt A P, Parker A W, Stewart I B. Heat strain and hydration status of surface mine blast crew workers[J]. Journal of Occupational and Environmental Medicine, 2014, 56(4): 409-414.

[75] Hyatt O M, Lemke B, Kjellstrom T. Regional maps of occupational heat exposure: past, present, and potential future[J]. Global Health Action, 2010, 3(1): 5715.

[76] Ibbs W, Sun X. Weather's effect on construction labor productivity[J]. Journal of Legal Affairs and Dispute Resolution in Engineering and Construction, 2017, 9(2): 04517002.

[77] Inaba R, Mirbod S M. Comparison of subjective symptoms and hot prevention measures in summer between traffic control workers and construction workers in Japan[J]. Industrial Health, 2007, 45(1): 91-99.

[78] ISO 7243. Hot environments-estimation of the heat stress on working man, based on the WBGT index (wet bulb globe temperature)[S]. International Standards Organization, Geneva, 1989.

[79] ISO 9886. Ergonomics-evaluation of thermal strain by physiological measurements second edition[S]. International Standards Organization, Geneva, 2004.

[80] Jackson L L, Rosenberg H R. Preventing heat-related illness among agricultural workers[J]. Journal of Agromedicine, 2010, 15(3): 200-215.

[81] Jay O, Kenny G P. Heat exposure in the Canadian workplace[J]. American Journal of Industrial Medicine, 2010, 53(8): 842-853.

[82] Jia Y A, Rowlinson S, Ciccarelli M. Climatic and psychosocial risks of heat illness incidents on construction site[J]. Applied Ergonomics, 2016, 53: 25-35.

[83] Jia A Y, Rowlinson S, Loosemore M, et al. Institutions and institutional logics in construction safety management: the case of climatic heat stress[J]. Construction Management and Economics, 2017, 35(6): 338-367.

[84] Joubert D, Thomsen J, Harrison O. Safety in the heat: A comprehensive program for prevention of heat illness among workers in Abu Dhabi, United Arab Emirates[J]. American Journal of Public Health, 2011, 101(3): 395-398.

[85] Kamijo Y, Nose H. Heat illness during working and preventive considerations from body fluid homeostasis[J]. Industrial Health, 2006, 44(3): 345-358.

[86] Katsouyanni K, Pantazopoulou A, Touloumi G, et al. Evidence for interaction between air pollution and high temperature in the causation of excess mortality[J]. Archives of Environmental Health: An

International Journal,1993,48(4):235-242.

[87] Kanazawa M,Yoshiike N,Osaka T,et al. Criteria and classification of obesity in Japan and Asia-Oceania[J]. Asia Pacific Journal of Clinical Nutrition,2002,11(supplement8):732-737.

[88] Kawanami S,Horie S,Inoue J,et al. Urine temperature as an index for the core temperature of industrial workers in hot or cold environments[J]. International Journal of Biometeorology,2012,56(6):1025-1031.

[89] Kearney G D,Hu H,Xu X,et al. Estimating the Prevalence of Heat-Related Symptoms and Sun Safety-Related Behavior among Latino Farmworkers in Eastern North Carolina[J]. Journal of Agromedicine,2016,21(1):15-23.

[90] Kenefick R W,Sawka M N. Hydration at the work site[J]. Journal of the American College of Nutrition,2007,26(supplement5):597-603.

[91] Kenney W L,Tankersley C G,Newswanger D L,et al. Age and hypohydration independently influence the peripheral vascular response to heat stress[J]. Journal of Applied Physiology,1990,68(5):1902-1908

[92] Kjellstrom T. Impact of climate conditions on occupational health and related economic losses:a new feature of global and urban health in the context of climate change[J]. Asia Pacific Journal of Public Health,2016,28(supplement2):28-37.

[93] Kjellstrom T,Crowe J. Climate change,workplace heat exposure,and occupational health and productivity in Central America[J]. International Journal of Occupational and Environmental Health,2011,17(3):270-281.

[94] Kjellstrom T,Kovats R S,Lloyd S J,et al. The direct impact of climate change on regional labor productivity[J]. Archives of Environmental & Occupational Health,2009a,64(4):217-227.

[95] Kjellstrom T,Holmer I,Lemke B. Workplace heat stress,health and productivity-an increasing challenge for low and middle-income countries during climate change[J]. Global Health Action,2009b,2(1):2047.

[96] Kjellstrom T,Lemke B,Otto M. Mapping occupational heat exposure and effects in South-East Asia:ongoing time trends 1980-2011 and future estimates to 2050[J]. Industrial Health,2013,51(1):56-67.

[97] Kravchenko J,Abernethy A P,Fawzy M,et al. Minimization of heatwave morbidity and mortality[J]. American Journal of Preventive Medicine,2013,44(3):274-282.

[98] Langkulsen U,Vichit-Vadakan N,Taptagaporn S. Health impact of climate change on occupational health and productivity in Thailand[J]. Global Health Action,2010,3(1):5607.

[99] Lao J,Hansen A,Nitschke M, et al. Working smart:an exploration of council workers' experiences and perceptions of heat in Adelaide,South Australia[J]. Safety Science,2016,82:228-235.

[100] Lee K L,Chan Y H,Lee T C,et al. The development of the Hong Kong Heat Index for enhancing the heat stress information service of the Hong Kong Observatory[J]. International Journal of Biometeorology,2016,60(7):1029-1039.

[101] Li X,Chow K H,Zhu,Y,et al. Evaluating the impacts of high-temperature outdoor working environments on construction labor productivity in China:A case study of rebar workers [J]. Building and Environment,2016,95:42-52.

[102] Lin R T,Chan C C. Effects of heat on workers' health and productivity in Taiwan[J]. Global Health Action,2009,2(1):2024.

[103] Lu S,Zhu N. Experimental research on physiological index at the heat tolerance limits in China[J].

Building and Environment,2007,42(12):4016-4021.

[104] Lu S,Peng H,Gao P. A body characteristic index to evaluate the level of risk of heat strain for a group of workers with a test[J]. International Journal of Occupational Safety and Ergonomics,2014, 20(4):647-659.

[105] Lucas R A I,Epstein Y,Kjellstrom T. Excessive occupational heat exposure:a significant ergonomic challenge and health risk for current and future workers[J]. Extreme Physiology & Medicine,2014,3 (1):14.

[106] Lumingu H M M,Dessureault P. Physiological responses to heat strain:A study on personal monitoring for young workers[J]. Journal of Thermal Biology,2009,34(6):299-305.

[107] Lundgren K,Kuklane K,Gao C,et al. Effects of heat stress on working populations when facing climate change[J]. Industrial Health,2013,51(1):3-15.

[108] Lundgren K,Kuklane K,Venugopal V. Occupational heat stress and associated productivity loss estimation using the PHS model (ISO 7933):a case study from workplaces in Chennai,India[J]. Global Health Action,2014,7(1).

[109] Luo H,Turner L R,Hurst C,et al. Exposure to ambient heat and urolithiasis among outdoor workers in Guangzhou, China[J]. Science of the Total Environment,2014,472:1130-1136.

[110] Maeda T,Kaneko S Y,Ohta M,et al. Risk factors for heatstroke among Japanese forestry workers [J]. Journal of Occupational Health,2006,48(4):223-229.

[111] Mairiaux P H,Malchaire J. Workers self-pacing in hot conditions:a case study[J]. Applied Ergonomics,1985,16(2):85-90.

[112] Maiti R. Workload assessment in building construction related activities in India[J]. Applied Ergonomics,2008,39(6):754-765.

[113] Malchaire J,Gebhardt H J,Piette A. Strategy for evaluation and prevention of risk due to work in thermal environments[J]. Annals of Occupational Hygiene,1999,43(5):367-376.

[114] Malchaire J,Kampmann B,Havenith G,et al. Criteria for estimating acceptable exposure times in hot working environments:a review[J]. International Archives of Occupational and Environmental Health,2000,73(4):215-220.

[115] Malchaire J,Kampmann B,Mehnert P,et al. Assessment of the risk of heat disorders encountered during work in hot conditions[J]. International Archives of Occupational and Environmental Health, 2002,75(3):153-162.

[116] Malchaire J B M. Occupational heat stress assessment by the Predicted Heat Strain model[J]. Industrial Health,2006,44(3):380-387.

[117] Marchetti E,Capone P,Freda D. Climate change impact on microclimate of work environment related to occupational health and productivity[J]. Annali dell'Istituto Superiore di Sanita,2016,52(3):338-342.

[118] Marlin D J,Scott C M,Schroter R C,et al. Physiological responses in nonheat acclimated horses performing treadmill exercise in cool (20C/40%RH),hot dry(30C/40%RH)and hot humid(30C/80% RH)conditions[J]. Equine Veterinary Journal,1996,28(supplement22):70-84.

[119] Marucci A,Monarca D,Cecchini M,et al. The heat stress for workers employed in a dairy farm[J]. Journal of Agricultural Engineering,2014,44(4):170-174.

[120] McInnes J A,MacFarlane E M,Sim M R,et al. Working in hot weather:a review of policies and guidelines to minimise the risk of harm to Australian workers[J]. Injury Prevention,2016,23(5).

[121] Mcneill M B,Parsons K C. Appropriateness of international heat stress standards for use in tropical

agricultural environments[J]. Ergonomics,1999,42(6):779-797.

[122] Meade R D,Poirier M P,Flouris A D,et al. Do the threshold limit values for work in hot conditions adequately protect workers? [J]. Medicine and Science in Sports and Exercise,2016,48(6):1187-1196.

[123] Miller V S,Bates G P. The thermal work limit is a simple reliable heat index for the protection of workers in thermally stressful environments[J]. Annals of Occupational Hygiene,2007a,51(6):553-561.

[124] Miller V,Bates G. Hydration of outdoor workers in north-west Australia[J]. Journal of Occupational Health and Safety Australia and New Zealand,2007b,23(1):79.

[125] Miller V S,Bates G P. Hydration,hydration,hydration[J]. Annals of Occupational Hygiene,2009,54(2):134-136.

[126] Miller V,Bates G,Schneider J D,et al. Self-pacing as a protective mechanism against the effects of heat stress[J]. Annals of Occupational Hygiene,2011,55(5):548-555.

[127] Mirabelli M C,Quandt S A,Crain R,et al. Symptoms of heat illness among Latino farm workers in North Carolina[J]. American Journal of Preventive Medicine,2010,39(5):468-471.

[128] Mirabelli M C,Richardson D B. Heat-related fatalities in North Carolina[J]. American Journal of Public Health,2005,95(4):635-637.

[129] Mohamed S,Srinavin K. Thermal environment effects on construction workers' productivity[J]. Work Study,2002,51(6):297-302.

[130] Montazer S,Farshad A A,Monazzam M R,et al. Assessment of construction workers'hydration status using urine specific gravity[J]. International Journal of Occupational Medicine and Environmental Health,2013,26(5):762.

[131] Morabito M,Cecchi L,Crisci A,et al. Relationship between work-related accidents and hot weather conditions in Tuscany(central Italy)[J]. Industrial Health,2006,44(3):458-464.

[132] Morioka I,Miyai N,Miyashita K. Hot Benvironment and health problems of outdoor workers at a construction site[J]. Industrial Health,2006,44(3):474-480.

[133] Nag P K,Dutta P,Nag A. Critical body temperature profile as indicator of heat stress vulnerability [J]. Industrial Health,2013,51(1):113-122.

[134] Nag P K,Nag A,Ashtekar S P. Thermal limits of men in moderate to heavy work in tropical farming [J]. Industrial Health,2007,45(1):107-117.

[135] Nagano C,Tsutsui T,Monji K,et al. Technique for continuously monitoring core body temperatures to prevent heat stress disorders in workers engaged in physical labor[J]. Journal of Occupational Health,2010,52(3):167-175.

[136] National Institute for Occupational Safety and Health(NIOSH,U. S.). Construction laborer dies from heat stroke at end of workday[EB/OL]. 2004[2017-08-04]. https://www. cdc. gov/niosh/face/stateface/ky/03ky053. html.

[137] National Institute for Occupational Safety and Health(NIOSH,U. S.). Working in hot environments (DHHS (NIOSH)Publication No. 86-112)[R]. 1986.

[138] National Institute for Occupational Safety and Health(NIOSH,U. S.). Criteria for a recommended standard:occupational exposure to hot environments. 2nd Edition(publication No. 2016-106)[R]. 2016.

[139] National Oceanic and Atmospheric Administration(NOAA,U. S.),National Weather Service[EB/OL],2017. http://www. wpc. ncep. noaa. gov/html/heatindex. shtml.

［140］ Nevarez J. OSHA compliance issues:OSHA heat stress fatality investigation of a Latino landscaping worker[J]. Journal of Occupational and Environmental Hygiene,2013,10(6):D67-D70.

［141］ Nilsson M,Kjellstrom T. Climate change impacts on working people:how to develop prevention policies[J]. Global Health Action,2010,3(1):5774.

［142］ Nunneley S A. Heat stress in protective clothing:interactions among physical and physiological factors[J]. Scandinavian Journal of Work,Environment and Health,1989,15(supplement1):52-57.

［143］ Occupational Safety and Health Administration(OSHA,U. S.). Heat-related accidents[EB/OL], 2017. https://www. osha. gov/pls/imis/AccidentSearch. search? acc _ keyword＝％22Heat％ 20Stroke％22andkeyword_list＝on.

［144］ Occupational Safety and Health Division(Singapore),Annual Report[EB/OL]. 2007. https://www. mom. gov. sg/～/media/mom/documents/safety-health/reports-stats/work-health-report/work-health-report-2007. pdf.

［145］ Pandolf K B. An Updated Review,Microclimate Cooling of Protective Overgarments in the Heat[R]. US Army Research Institute of Environmental Medicine,1995.

［146］ Parsons K C. International standards for the assessment of the risk of thermal strain on clothed workers in hot environments[J]. Annals of Occupational Hygiene,1999,43(5):297-308.

［147］ Parsons K. Heat stress standard ISO 7243 and its global application[J]. Industrial Health,2006,44 (3):368-379.

［148］ Parsons K. Maintaining health,comfort and productivity in heatwaves[J]. Global Health Action, 2009,2(1):2057.

［149］ Parsons K. Occupational health impacts of climate change:current and future ISO standards for the assessment of heat stress[J]. Industrial Health,2013,51(1):86-100.

［150］ Pérez-Alonso J,Callejón-Ferre Á J,Carreño-Ortega Á,et al. Approach to the evaluation of the thermal work environment in the greenhouse-construction industry of SE Spain [J]. Building and Environment,2011,46(8):1725-1734.

［151］ Piver W T,Ando M,Ye F,et al. Temperature and air pollution as risk factors for heat stroke in Tokyo,July and August 1980-1995[J]. Environmental Health Perspectives,1999,107(11):911.

［152］ Quandt S A,Wiggins M F,Chen H,et al. Heat index in migrant farmworker housing:implications for rest and recovery from work-related heat stress[J]. American Journal of Public Health,2013,103 (8):e24-e26.

［153］ Rainham D G C, Smoyer-Tomic K E. The role of air pollution in the relationship between a heat stress index and human mortality in Toronto[J]. Environmental research,2003,93(1):9-19.

［154］ Rowlinson S,Jia Y A. Application of the predicted heat strain model in development of localized, threshold-based heat stress management guidelines for the construction industry[J]. Annals of Occupational Hygiene,2013,58(3):326-339.

［155］ Rowlinson S,YunyanJia A,Li B,et al. Management of climatic heat stress risk in construction:a review of practices,methodologies,and future research[J]. Accident Analysis & Prevention,2014,66: 187-198.

［156］ Rowlinson S,Jia Y A. Construction accident causality:An institutional analysis of heat illness incidents on site[J]. Safety Science,2015,78:179-189.

［157］ Sahu S,Sett M,Kjellstrom T. Heat exposure,cardiovascular stress and work productivity in rice harvesters in India:implications for a climate change future[J]. Industrial Health,2013,51(4):424-431.

［158］ Schulte P A,Chun H K. Climate change and occupational safety and health:establishing a preliminary framework[J]. Journal of Occupational and Environmental Hygiene,2009,6(9):542-554.

[159] Sett M,Sahu S. Effects of occupational heat exposure on female brick workers in West Bengal,India [J]. Global Health Action,2014,7(1):21923.

[160] Shachak A,Reis S. The impact of electronic medical records on patient-doctor communication during consultation:a narrative literature review[J]. Journal of Evaluation in Clinical Practice,2009,15(4): 641-649.

[161] Shapiro Y,Pandolf K B,Avellini B A,et al. Physiological responses of men and women to humid and dry heat[J]. Journal of Applied Physiology,1980,49(1):1-8.

[162] Shen D,Zhu N. Influence of the temperature and relative humidity on human heat acclimatization during training in extremely hot environments[J]. Building and Environment,2015,94:1-11.

[163] Shi X,Zhu N,Zheng G. The combined effect of temperature,relative humidity and work intensity on human strain in hot and humid environments[J]. Building and Environment,2013,69:72-80.

[164] Singh S,Hanna E G,Kjellstrom T. Working in Australia's heat. Health promotion concerns for health and productivity[J]. Health Promotion International,2013,30(2):239-250.

[165] Spector J T,Sheffield P E. Re-evaluating occupational heat stress in a changing climate[J]. Annals of Occupational Hygiene,2014,58(8):936-942.

[166] Spector J T,Krenz J,Blank K N. Risk factors for heat-related illness in Washington crop workers [J]. Journal of Agromedicine,2015,20(3):349-359.

[167] Spector J T,Krenz J,Rauser E,et al. Heat-related illness in Washington State agriculture and forestry sectors[J]. American Journal of Industrial Medicine,2014,57(8):881-895.

[168] Srinavin K,Mohamed S. Thermal environment and construction workers'productivity:some evidence from Thailand[J]. Building and Environment,2003,38(2):339-345.

[169] Stoecklin-Marois M,Hennessy-Burt T,Mitchell D,et al. Heat-related illness knowledge and practices among California hired farm workers in the MICASA study[J]. Industrial Health,2013,51(1): 47-55.

[170] Tanaka M. Heat stress standard for hot work environments in Japan[J]. Industrial Health,2007,45 (1):85-90.

[171] Tanaka H,Monahan K D,Seals D R. Age-predicted maximal heart rate revisited[J]. Journal of the American College of Cardiology,2001,37(1):153-156.

[172] Tawatsupa B,Lim L L Y,Kjellstrom T,et al. The association between overall health,psychological distress,and occupational heat stress among a large national cohort of 40,913 Thai workers[J]. Global Health Action,2010,3(1):5034.

[173] Tawatsupa B,Lim L L Y,Kjellstrom T,et al. Association between occupational heat stress and kidney disease among 37 816 workers in the Thai Cohort Study(TCS)[J]. Journal of Epidemiology, 2012a,22(3):251-260.

[174] Tawatsupa B,Yiengprugsawan V,Kjellstrom T,et al. Heat stress,health and well-being:findings from a large national cohort of Thai adults[J]. BMJ Open,2012b,2(6):e001396.

[175] Tawatsupa B,Yiengprugsawan V,Kjellstrom T,et al. Association between heat stress and occupational injury among Thai workers:findings of the Thai Cohort Study[J]. Industrial Health,2013,51 (1):34-46.

[176] Taylor N A S. Challenges to temperature regulation when working in hot environments[J]. Industrial Health,2006,44(3):331-344.

[177] Teal Jr W B,Pimental N A. A Review:US Navy(NCTRF)Evaluations of microclimate cooling sys-

tems[R]. U. S. Navy Clothing and Textile Research Facility Natick,Massachusetts，1995.

[178]　Venugopal V,Chinnadurai J S,Lucas R A,et al. Occupational heat stress profiles in selected work-places in India[J]. International Journal of Environmental Research and Public Health,2015,13(1)：89.

[179]　Washington State Department of Labor and Industries. Laborer dies from heat stroke[EB/OL]. 2007. http：// www. lni. wa. gov/safety/research/face/files/heatstroke. pdf

[180]　Washington State Department of Labor and Industries. Occupational heat illness in Washington State：2000-2009(Technical Report No. 59-1-2010)[R]. 2010.

[181]　Wästerlund D S. A review of heat stress research with application to forestry[J]. Applied Ergonom-ics,1998,29(3)：179-183.

[182]　Wesseling C,Aragón A,González M,et al. Heat stress,hydration and uric acid：a cross-sectional study in workers of three occupations in a hotspot of Mesoamerican nephropathy in Nicaragua[J]. BMJ Open,2016,6(12)：1-11.

[183]　Wong D P L,Chung J W Y,Chan A P C,et al. Comparing the physiological and perceptual responses of construction workers(bar benders and bar fixers)in a hot environment[J]. Applied Ergonomics，2014, 45(6)：1705-1711.

[184]　World Health Organization(WHO),Health factors involved in working under conditions of heat stress(World Health Organization Technical Report Series No. 412)[R]. World Health Organiza-tion,Geneva,1969

[185]　Xiang J,Bi P,Pisaniello D,et al. Association between high temperature and work-related injuries in Adelaide,South Australia,2001-2010[J]. Occupational and Environmental Medicine,2014a,71(4)：246-252.

[186]　Xiang J,Peng B I,Pisaniello D,et al. Health impacts of workplace heat exposure：an epidemiological review[J]. Industrial Health,2014b,52(2)：91-101.

[187]　Xiang J,Bi P,Pisaniello D,et al. The impact of heatwaves on workers'health and safety in Adelaide，South Australia[J]. Environmental Research,2014c,133：90-95.

[188]　Xiang J,Hansen A,Pisaniello D,et al. Extreme heat and occupational heat illnesses in South Austral-ia,2001-2010[J]. Occupational and Environmental Medicine,2015,72(8)：580-586.

[189]　Xiang J,Hansen A,Pisaniello D,et al. Workers'perceptions of climate change related extreme heat exposure in South Australia：a cross-sectional survey[J]. BMC Public Health,2016,16(1)：549.

[190]　Yabuki N,Onoue T,Fukuda T,et al. A heatstroke prediction and prevention system for outdoor con-struction workers[J]. Visualization in Engineering,2013,1(1)：11.

[191]　Yang Y,Chan A P C. Perceptual strain index for heat strain assessment in an experimental study：an application to construction workers[J]. Journal of Thermal Biology,2015,48：21-27.

[192]　Yang Y,Chan A P C. Role of work uniform in alleviating perceptual strain among construction work-ers[J]. Industrial Health,2017a,55(1)：76.

[193]　Yang Y,Chan A P C. Heat stress intervention research in construction：gaps and recommendations [J]. Industrial Health,2017b,55(3)：201-209.

[194]　Yi W,Chan A P. Optimizing work-rest schedule for construction rebar workers in hot and humid en-vironment[J]. Building and Environment,2013a,61：104-113.

[195]　Yi W,Chan A P C. Critical review of labor productivity research in construction journals[J]. Journal of Management in Engineering,2013b,30(2)：214-225.

[196]　Yi W,Chan A P C. Which environmental indicator is better able to predict the effects of heat stress

on construction workers? [J]. Journal of Management in Engineering,2014a,31(4):04014063.

[197] Yi W,Chan A P C. Optimal work pattern for construction workers in hot weather:a case study in Hong Kong[J]. Journal of Computing in Civil Engineering,2014b,29(5):05014009.

[198] Yi W,Chan A. Health profile of construction workers in Hong Kong[J]. International Journal of Environmental Research and Public Health,2016,13(12):1232.

[199] Yi W,Chan A P,Wang X,et al. Development of an early-warning system for site work in hot and humid environments:A casestudy[J]. Automation in Construction,2016,62:101-113.

[200] Yi W,Wang S. Mixed-Integer Linear Programming on Work-Rest Schedule Design for Construction Sites in Hot Weather[J]. Computer-Aided Civil and Infrastructure Engineering,2017,32(5):429-439.

[201] Yi W,Chan A P C,Wong F K W,et al. Effectiveness of a newly designed construction uniform for heat strain attenuation in a hot and humid environment[J]. Applied Ergonomics,2017a,58:555-565.

[202] Yi W,Zhao Y,Chan A P C,et al. Optimal cooling intervention for construction workers in a hot and humid environment[J]. Building and Environment,2017b,118:91-100.

[203] Yokota M,Berglund L,Cheuvront S,Santee W,Latzka W,Montain S,Kolka M,Moran D. Thermoregulatory model to predict physiological status from ambient environment and heart rate[J]. Computers in Biology and Medicine,2008,38(11):1187-1193.

[204] Yoopat P,Toicharoen P,Glinsukon T,et al. Ergonomics in practice:physical workload and heat stress in Thailand[J]. International Journal of Occupational Safety and Ergonomics,2002,8(1): 83-93.

[205] Zander K K,Botzen W J W,Oppermann E,et al. Heat stress causes substantial labour productivity loss in Australia[J]. Nature Climate Change,2015,5(7):647-651.

[206] Zhao J,Zhu N,Lu S. Productivity model in hot and humid environment based on heat tolerance timeanalysis[J]. Building and Environment,2009,44(11):2202-2207.

[207] 高邮市建筑工程管理局. 关于做好高温汛期建筑施工安全生产工作的通知 [EB/OL]. 2017，http:∥www. gyjgj. gov. cn/gonggaotongzhi/2017-06-16/997. html.

[208] 湖北省住房和城乡建设厅. 关于加强高温天气建筑施工安全生产工作的通知 [EB/OL]，2017. http:∥www. hbzfhcxjst. gov. cn/Web/Article/2017/07/14/1740129662. aspx? ArticleID＝4ccad5f5-7f04-4646-a41d-64cc43fc1d96.

[209] 湖州市南浔区住房和城乡建设局. 关于切实做好夏季高温期间建筑施工安全生产工作的通知 [EB/OL]. 2017. http:∥gov. cbi360. net/a/20170719/389326. html.

[210] 刘喜房，张翠萍，任宝印. 夏季建筑施工防中暑 [J]. 职业卫生，2009 (7)：90-91.

[211] 南昌市城乡建设委员会. 关于加强夏季高温天气建筑施工安全生产工作的通知 [EB/OL]. 2017. http:∥www. ncjs. gov. cn/CMS. aspx? Aid＝39757.

[212] 宁夏回族自治区住房和城乡建设厅. 关于做好应对高温酷暑天气加强建筑施工防暑降温工作的紧急通知 [EB/OL]. 2017. http:∥jzpt. ycsjjt. com/info/1012/1361. htm.

[213] 上海市住房和城乡建设管理委员会. 关于进一步加强建设工程施工安全生产工作的紧急通知 [EB/OL]. 2017. http:∥www. shjjw. gov. cn/gb/node2/n6/n72/u1ai175922. html.

[214] 深圳市住房和建设局. 建筑施工特殊环境安全措施手册 [EB/OL]. 2014. http:∥www. szjs. gov. cn/hdjl/myzj/topic/201411/P020141114508305637190. pdf.

[215] 泰州市建筑工程管理局. 关于做好 2017 年夏季高温及汛期建筑施工安全生产工作的通知. [EB/OL]. 2017. http:∥xxgk. taizhou. gov. cn/xxgk_public/jcms_files/jcms1/web34/site/art/2017/7/17/art_2429_165840. html.

［216］　许悦，陈炳泉. 香港建造业工作者中暑情况调查研究［C］//第十九届海峡两岸及香港、澳门地区职业安全健康学术研讨会论文集. 2011：70.

［217］　宜昌市住房和城乡建设委员会. 关于做好汛期和高温天气建筑施工安全生产管理工作的通知. ［EB/OL］. 2017. http：//www. ycjs. gov. cn/content-52145-973360-1. html.

［218］　珠海市住房和城乡规划建设局. 关于切实做好高温酷暑时期建筑施工安全生产工作的通知. ［EB/OL］. 2017. http：//www. zhzgj. gov. cn/xxgk/tzgg/201707/t20170721_23617756. html.

第4章　高温下建筑施工安全管理

4.1　建筑施工安全管理

4.1.1　概论

建筑业包括了建设、改造和维修活动。例如住宅建筑、桥梁架设、道路铺装，以及楼宇维修维护工作等。安全健康问题一直以来都是建筑业所需要重视的，建筑工人在从事建设活动时，有可能受到伤害，例如从屋顶或是高空作业的机器上掉落，被重型机械撞到，触电，以及接触或吸入矽尘、石棉。建筑业的一些特性（不同于其他行业）决定了其高风险性，主要包括以下几点（Reese，2006）：

（1）工人的作业场地是动态的，随着工程进度及其他工种的进入而发生变化；

（2）一个作业场地会包含多个小的分包商同时开展不同的活动；

（3）不同工种在同一场地开展工作时，某个工种的特殊性为其他各方带来风险，例如操作重型机械带来的风险，或是油漆工粉刷时带来的有毒气体的风险；

（4）在一些小的场地，由某一工种完成所有的工作任务（其中有些任务涉及其他工种），因此，工人们作业时会对其他专业的活动可能遇到的安全健康风险不熟悉；

（5）工作平台、施工机械及脚手架通常是活动的，需要组装和修整，因此，新的风险又会出现；

（6）在一年期间内，建筑工人经常会改变作业场地及雇主，这导致了工人们对新工序和设备的不熟悉；

（7）建筑工作往往是季节性的，赶工现象严重，忽略了健康安全方面的风险；

（8）场地安全规范缺少，或是不适用，建筑业作为一个劳动密集型的行业，为职业安全与健康带来了巨大挑战。

在建筑业领域，存在安全健康风险，安全健康问题是建筑业亟待改善的问题（Reese，2006）。

（1）四大典型施工安全威胁。

建设工程中的安全事故，严重致死的，主要包括四种：

高空坠落：大多发生于屋顶或是脚手架等高地；距离地面越大，伤亡率越高；通常发生于一些特定工种。

碰撞：被一些大型施工机械撞击，例如卡车、推土机、起重机、铲运机，或是被一些未合理放置的尖锐物料撞到。

陷入或被夹击：由于基坑、沟的坍塌而陷于其中，或被夹于移动的机械间。

触电：与带电部件接触或是施工机械漏电。

（2）健康威胁。

建筑业的职业健康问题，经常是缺乏记录和不被重视的，工人健康问题往往被忽视。但随着社会、科技的进步，经济的发展，健康问题越来越受到重视，这关系到一个行业长期可持续的发展。根据报告显示，建筑业涉及健康隐患包括矽肺病、皮肤的刺激、眼病、听力障碍、中毒、肌肉劳损、中暑、精神压力、感冒等。导致它们的起因有物理（噪声、热冷气候、辐射、机械振动、重复运动和不合理的运动姿势）和化学（空气中的粉尘、有毒烟雾或气体，液体状态的胶粘剂、焦油，粉末状的例如干水泥）方面的危害。

造成事故的原因有很多，例如工人的不安全行为、不安全的工作条件，或二者皆有。工人不安全行为可能是由于心态、疲劳、压力或身体状况造成的（疲劳工作往往会降低精神上的警觉），要求工人完成超过其现有能力的工作，例如超负荷劳作，从事不安全的工作活动，或不恰当地应对不安全环境都有可能造成安全事故。典型的不安全行为导致事故的例子：检测到危险状况，但没有做出任何改变（例如使用有缺陷的设备，如梯子）；无视安全政策或程序（例如不戴手套进行手工操作，如装配模板，切割钢筋）；缺乏适当的工作培训或以不安全的方式做工；个人误判了与某一特定工作活动相关的风险并且错误地选择了不安全的方式完成工作任务。当今建筑业的一个重要问题就是劳动力老龄化，老年工人群体更易发生工伤事故。

通常可以将事故的成因分成两类：直接原因和间接原因（图 4-1）（Li et al.，2013）。直接原因指原因最终导致现场事故，例如结构坍塌和个人保护设备不足。直接原因（例如现场不安全状况）受到间接原因（例如组织不良和经济问题）的影响。

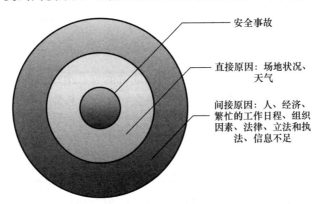

图 4-1　建筑安全事故的原因

资料来源：Li et al，2013。

1. 人的影响因素

①人为错误。工人对风险的响应及感受影响他们工作上的选择、后续行动、人为错误、判断失误和不安全行为，最终导致受伤。研究还表明，周一发生的事故更多，这可能是由于假期过后安全意识降低的原因。②与同事的关系。工人之间更好的关系更有利于施工安全，同事之间互相交流对安全有积极影响。此外，工人感受到雇主对他们健康福利的关心，则通常会有较好的安全记录。③移民。外来务工人员往往更容易发生安全事故。许多外来务工仅会说自己的方言，难以理解现场安全规则。④安全培训和教育不足。⑤工人疲劳、疲惫。⑥工人为获得激励奖金，低估某一工作任务的风险。

2. 经济影响

在建筑业，时间和成本是两个重要控制点。众所周知，安全投资越高，预计安全绩效越好，然而经济制约（承包商面临经济压力时）会限制（缩减）在安全方面的投资。一方面，在许多发展中国家，由于经济制约，依然使用传统的施工方法，例如木脚手架；而在发达国家，先进设备和技术的使用大大改善了工作条件，提高了安全状况。另一方面，在经济欠发达地区，由于事故成本低（发生安全事故仅需要赔偿较低的金额），导致施工企业不关注安全问题，忽视现场安全，未提供充分的安全培训和监督，减少采购保护工具的支出。

3. 繁忙的工作日程

许多事故的发生是由于繁忙的工作安排导致的。工作繁忙，导致雇主疏忽与雇员的沟通，缺乏必要培训，进而导致雇员紧张、疏忽、分心，无法及时沟通安全问题。

4. 组织问题

组织管理是影响项目成功的重要因素。现场的安全管理尤为重要。主要包括：①对分包上的管理，分包是建筑业的主要特征，越来越多的证据表明，分包商加大了现场职业安全健康监督和实施的难度。②公司规模方面，公司规模影响安全绩效。已有很多研究表明中小企业的事故率高于大型企业，这是由于中小企业经常面临缺乏人力资源和资金的问题、受到技术和管理的限制。③临时劳动力的管理。由于建筑业的项目依赖特性，项目管理部针对某一项目建立，往往临时招募短期劳动力，组织管理上加大了难度。④设计师和承包商之间的隔离。除了设计建造合同外，一般的工程项目中，设计和施工来自两家不同的公司，由于设计往往会影响施工方法，如未进行良好沟通，可能会对现场安全条件产生不利影响。

5. 立法和执法

安全监管不力是导致安全事故的重要原因。通常而言，组织内部的因素比外部因素重要。发生重大伤亡事故后，当地政府的安监、工会、公安、检察等部门将参与事故的调查分析处理工作，诉至法院，法院往往是最后的手段。在此之前，组织内部的安全条例规定和执行非常有意义。

6. 信息不足

管理部门缺乏安全数据和分析往往导致无法衡量安全小组工作努力的有效性。因此，需要建立施工安全数据库，例如，美国职业安全与健康管理局（OSHA）的数据库被认为是一个提高施工安全管理水平的有效工具。

7. 施工现场条件

现场条件是导致安全事故的直接原因。例如良好的场地布置利于确保工作安全。①结构坍塌。已有许多文献记录了施工过程中，由于建筑物的结构故障（或临时的支撑系统问题，例如脚手架），发生坍塌，引发安全事故。②现场缺乏保护措施。施工风险总是存在的，但安全事故是可以避免的，已有很多历史记录关于未使用个人保护设备（安全帽和防坠落安全带）而导致安全事故。③其他现场条件。包括不断变化的技术、图纸和程序，以及不同业务之间的协调和工作复杂性，都会导致事故率升高。

8. 天气

施工工作严重受到天气等不可预料因素的影响。有研究表明天气是影响施工工作面和平台状况的重要因素。例如在中国华南典型高温地区，夏季非常湿热，应在炎热的时间段内安排工人休息。此部分将在本书 5.4 节重点讨论。

4.1.2　安全管理体系

根据我国《职业健康安全管理体系 要求》（GB/T 28001—2011），以及国际上的标准 OHSAS 18001：2007（Occupational Health and Safety Management System-Requirement），ILO-OSH：2001（Guidelines on Occupational Safety and Health Management System），职业健康安全管理体系要素如图 4-2 所示。

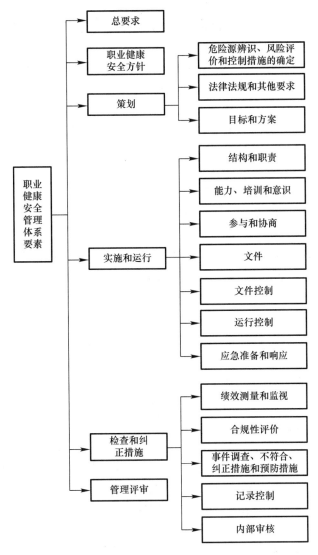

图 4-2　职业健康安全管理体系要素

资料来源：中国标准化研究院，2012。

该体系是一个整体，各要素之间存在相互作用，这也是一个 PDCA（Plan-Do-Check-Action）过程，即"策划—实施—检查—改进"。其中，"危险源辨识、风险评价和控制措施的确定""目标和方案""运行控制""绩效测量和监视",这些要素构成了管理体系的主线,其他要素围绕该主线展开。

4.1.3 安全管理研究

有关安全管理的文献研究,研究话题主要包括安全管理过程、个人和组织(小组)特性、事故研究(Zhou et al.,2015)。安全管理过程的研究涉及安全评价、安全信息、安全投资、安全知识、安全措施、安全监管、安全绩效、安全计划、安全准则、安全标准和安全培训。个人和组织(小组)特性的研究涉及工人年龄、施工安全中不同责任方角色、安全氛围、安全文化、工人种族、工种、工人群体之间的关系、工人态度、工人行为、工人能力、工人感知和心理。事故研究集中在事故原因、事故统计、事故成本、事故因果模型、侥幸事件和事故数据的质量。

事故统计和安全措施的研究一直以来都是热门话题。过去的研究中,有关事故统计主要涉及现场工人的受伤及伤亡数统计。近年来,事故统计和安全措施研究所采用的方法也越来越先进。Goh 和 Chua(2013)使用神经网络来研究安全管理要素与事故严重程度之间的关系。另外,近年来的研究着重强调了事故的主动管理(区别于以往的被动管理),例如安全计划,安全培训,安全监控,侥幸事件管理和安全知识。施工安全管理本质上是一个安全信息流的过程,包括信息收集、传播、储存、分析、预测、可视化和响应。主动安全管理使得安全信息流更加稳定有效。

制定明确和切实可行的安全计划以确保安全绩效,是已被广泛接受的安全管理研究理念。学者们提出了制定安全计划的不同方法。例如,Saurin 等人(2004,2005)从短期、中期和长期三个层次,将安全规划与控制引入到施工规划与控制中。Yi 和 Langford(2006)提出了一种可以预测项目中风险分布的安全规划方法理论,以帮助管理人员评估安全风险。Goh 和 Chua(2009,2010)就施工安全风险评估提出了一种基于案例的推理方法,旨在利用过去的风险评估和事故案例来提高新的危害识别的效率和质量。Bansal(2011)在印度的一个实际项目中将地理信息系统应用于施工安全规划。

当前,学者引入了多种创新技术来提高施工中的安全培训。Evia(2010)将计算机用于西班牙建筑工人的安全培训。虚拟现实技术被用来开发基于游戏技术的安全培训平台,以促进施工场地的安全(Guo et al.,2012)。Teizer 等(2013)提出了集成的实时定位跟踪和三维拟真数据可视化技术,以提高钢筋工的安全和生产力。另一个研究领域是使用创新技术来帮助收集和监测实时安全信息。这些技术包括差分全球定位系统(Oloufa et al.,2003)、云技术(Kim et al.,2005)、传感器(Lee et al.,2009)、遥感(Teizer et al.,2010)和射频识别(RFID)(Yang et al.,2012)。

学术界引入了有效的知识管理,来进一步提高组织绩效和长期竞争力(Alavi et al.,2001;Ruikar et al.,2007;Hallowell,2012)。安全知识管理也被确定为施工安全领域研究的要点。例如,Hadikusumo 和 Rowlinson(2004)研究了安全过程设计工具来识别施工安全危害,并且研究了安全工程师角度所需的安全措施。Ding 等(2012)利用施工图纸来开发知识库,以方便地铁项目的风险识别。

有关个人和组织因素对施工安全的研究。现场工作人员是施工事故的直接利益相关者,越来越多的研究重视探索建筑工人个人特点对施工安全的影响。最近的研究趋势表明工人不安全的行为与工作场所事故有密切联系（Lingard et al.，1998；Mohamed et al.，2009），需要主动管理工人的行为。安全问题和风险行为受到施工人员安全态度的影响（Loosemore，1998；Leung et al.，2010；Hung et al.，2011）。为了改变建筑从业人员的安全态度，Tam 等人（2003）应用了基于强化理论的态度变化模型。Conchie 等（2011）研究了信任和不信任如何影响安全领导力。Larsson 和 Torner（2008）调查了心理气候影响安全行为的机制。建筑工人认识到危害的能力影响安全绩效。Tam 等人（2003）研究了施工人员的特点与他们识别安全标志和符号能力的关系。Yi 等人（2012）提出了施工现场配色方案以减少由感知引起的相关安全事故。有些研究集中在比较不同工作组的工人，例如 Zou 和 Zhang（2009）比较了中国和澳大利亚工人的安全风险认知情况。Trajkovski 和 Loosemore（2006）研究发现安全隐患存在于英语水平低的外国移民工人中。

施工人员的组织特征研究通常涉及安全文化、安全气候，以及工人之间的关系和在施工安全中的不同角色。多数有关安全文化的定义包含了组织内所共享的信仰、价值观和态度（Yule，2003）。安全文化对施工现场的工人安全有重要的作用。安全文化（safety culture）经常与安全气候（safety climate）在研究中同时出现，隶属于组织文化/气候（organizational culture/climate），表示组织通过其政策、程序和做法，在安全健康方面所持的价值观（Zohar，2010）。有关安全文化的概念还没有统一标准，一个被广泛接受的定义源于核工业，"一个单位的安全文化是个人和集体的价值、态度、能力和行为方式的综合产物，它决定了健康和安全管理上的承诺、工作作风和精通程度"（ACSNI，1993）。安全气候通常理解为安全文化的外在表现，常用调查问卷来测量（Zohar，1980）。

施工安全受到个人和团体之间复杂的相互关系的影响。研究观察到更安全的工人（例如，具有良好安全施工记录），与其同事、工人领班和雇主之间有良好的工作关系（Hinze，1981）。许多研究强调了各责任方在施工安全管理中所发挥的作用，例如业主、设计师、总承包商、分包商和工人领班人员。Smith 和 Roth（1991）讨论了有关合同文件和过去的法院裁决对业主安全责任的影响。Hinze 和 Wiegand（1992）评估了设计师决策考虑到施工人员安全的程度。Toole（2002）强调了具体的现场安全责任应该依据设计人员、总承包商和分包商的能力进行分配，以防止施工事故。Rowlinson 等人（2003）研究了与工人领班人员有关的 27 项安全监督任务的意见。

综上，建筑施工安全管理领域的研究课题主要分为管理导向和技术导向两个研究视角。管理导向的研究视角，研究人员认为增强管理绩效可以有效保证施工安全，避免在施工现场造成伤害和伤亡，研究内容主要涉及安全气候、安全文化、工人的能力或行为、危害管理等。技术导向的研究视角，侧重于应用创新技术来确保施工现场安全；由于人的失误是不可避免的，没有人为失误的理想的安全管理系统是不存在的，因此各种创新技术被提出，作为防止安全施工事故的一道有力防线。

4.2　高温下建筑施工安全管理

4.2.1　高温下安全管理体系

通过高温下建筑施工健康安全评价体系的建立，以判断建筑企业在管理中存在的缺失，进而提出应采取的对策与措施。决策者可以根据其成熟度评价结果改进和优化管理体系，从而进行健康安全管理决策（伊文，2010）。高温下建筑施工的安全管理，有以下四点需要明确：

1. 政策条例说明

安全健康管理条例上应声明高温作业的危害，相关预防措施需要写入健康安全计划中。

《防暑降温措施管理办法》（安监总安健〔2012〕89号）中规定，当日最高气温介于37～40℃时，室外施工时间不得超过5h，并在12：00—15：00不得安排室外施工。本研究所在地的建设团组织建议在酷热天气下安排早上15min及下午30min的休息时间，让工人降温及体力恢复（建造业议会，2013）。《关于进一步加强工作场所夏季防暑降温工作的通知》（卫监督发〔2007〕186号）涉及五方面内容：提高认识，加强领导；广泛开展宣传活动；明确职责，加强监管；落实用人单位责任；做好防治高温中暑服务保障工作，要求各地用人单位在35℃以上高温天气向劳动者支付高温津贴。《高温中暑事件卫生应急预案》（卫应急发〔2007〕229号）规定以有效预防和及时处置由高温气象条件引发的中暑事件，指导和规范高温中暑事件的卫生应急工作，保障公众的身体健康和生命安全。

此外，地方有关部门也都颁发了相应的高温作业保护法规，例如《重庆市高温天气劳动保护办法》（2014年3月20日施行）、《北京市关于进一步做好工作场所夏季防暑降温工作有关问题的通知》（2007年7月17日执行）、《深圳市高温天气劳动保护暂行办法》（2005年8月12日执行）。

基于国家和地方政府部门制定的法规准则，施工方应依据实际工地和人员情况，制定高温作业的安全管理条例和计划，在实施过程中，如发现问题应及时修正和更新指导说明。

2. 责任划分

结构和职责的规定对于有效实施高温下施工安全管理很重要。处于组织高层的管理者统筹及监管高温下安全管理活动，并承担最终责任。管理者应确保为实施高温下施工安全管理体系提供资源，分派职责和责任。高级管理人员具有一定的授权责任，一线监督人员有日常责任且需要提供好的榜样，员工必须遵守指引并践行高温作业安全管理措施。

3. 应急预案和培训

应急预案是行动指南，应急培训是应急救援行动成功的前提和保证。通过培训，可以发现应急预案的不足和缺陷，并在实践中加以补充和改进；使事故涉及的人员包括应急队员、事故当事人等都能了解他们应该如何应对，事故发生如何协调各应急部门人员的工作等。2006年国务院针对安全生产事故颁布《国家安全生产事故灾难应急预案》，6.4.2条规定："有关部门组织各级应急管理机构以及专业救援队伍的相关人员进行上岗前培训和业务培训。"《关于进一步加强工作场所夏季防暑降温工作的通知》（卫监督发〔2007〕186号）第四条第一项就要求用人单位要加强高温中暑应急救援预案的演练。2007年重庆市卫生局与重庆市气象局联合发布《高温中暑卫生应急预案》，要求各级卫生部门与气象部门要根据本地的实际工作情况，加强相关培训工作。国内外学者认为应急救援培训在应急救援中有重要作用。建筑施工企业针对高温施工要开展应急救援培训，建立培训体系，制定培训方案，采用便于操作的培训技术。通过培训，不仅使高温施工人员了解安全设施、常见事故防范、应急措施基本知识，而且使应急人员、事故当事人等从容应对事故，协调各应急人员的工作，从而保证应急救援行动的顺利进行，将事故造成的损失降至最低程度。

4. 工作场所监督

身体检查和健康监测，预先和定期的身体检查来评估个人热应激应对能力。身体检查应包括综合体检和测试、全面的医疗，以及药物使用评估，对高温作业提出书面意见建议。健康安全事件的监测包括个人和工人群体，相关事件包括热疾病、安全事故、旷工以及长期疲倦症。

5. 审查和评估

定期审查高温作业安全健康措施方案，以确保其达到预定目标，并在必要时进行调整。高温下安全管理过程的各个环节都需要进行定期的系统化的评估和审查。审查安全管理绩效对于从经验中学习和不断改进非常重要。该阶段是一个在安全管理流程中非常重要的反馈阶段。审查考核设计确定高温下施工安全管理系统绩效的合适性，并确保安全管理绩效有所提高。

4.2.2　高温下个人和组织特性

1. 个人层面

工人的年龄、种族、生活习惯（吸烟饮酒习惯、睡眠时间）、疾病史、生理（例如热适应造成的生理热调节变化）和心理（例如：工作压力，由于高温环境带来的烦躁等）情况影响高温下的施工安全（Chan et al.，2012；Chan et al.，2016）。

（1）高龄工人易受到热危害；

（2）由于语言不通，外来务工的工人通常很难从培训中获得工作技能和所需的热应激防护措施；

（3）长期的喝酒习惯不利于高温下安全施工，大量饮酒降低人体抗热降温能力，如果工人在工作阶段或短暂的工作间隙饮酒，酒精通过肠胃吸收进入血液，当浓度过高时（大于 0.05%），可使人产生兴奋作用乃至失去自制能力，严重威胁施工安全；

（4）每天睡眠时间的长短对工人疲劳程度有直接影响，高温下施工，由于缺少睡眠更易疲劳，作业时分心或未遵守安全操作规范，造成安全事故；

（5）疾病及用药情况影响人体散热能力，疾病包括高血压、糖尿病、甲状腺疾病、过敏和个人热病史；

（6）已热适应（通常已在夏季炎热天气工作多日）的工人能够更好地在高温下施工作业，未热适应工人（在春季异常炎热的某一天或从常温工作场所突然转到高温工作场所）在热暴露中生理和心理产生不适，难以及时调整自己的工作步调确保安全施工；

（7）由于赶进度、财务奖励或是工作压力，工人忽视了环境热应激和个人身体能力，经常为了完成工作任务而忽视安全生产规范，易造成安全事故（Chan et al.，2012；Chan et al.，2016；Yi et al.，2016）。

2. 组织层面

组织层面，涉及高温下建筑施工安全文化和气候。已有很多学者研究了建筑业的安全文化和气候，但是高温下的施工安全文化和气候目前还尚无成熟的调查研究。尽管有学者调查的施工企业位于炎热地区（如中国华南某典型高温地区），其有关安全气候的调查问卷中未涉及高温的影响因素（Hon et al.，2013）。组织管理者制定了高温下安全生产条例和规范，关心工人夏季施工情况，提供高温作业劳动保护措施，提供高温下施工安全培训，这些都将有利于形成良好的高温施工安全气候，提高安全绩效。

4.2.3 高温事故管理

事故管理是劳动保护科学的重要组成部分，是研究事故原因、现象和发生规律的科学，从而达到减少或者防止事故的目的；它需要采用现代工程技术的方法、数理统计的方法以及行政和法律的手段。建筑施工企业针对高温事故进行管理，可从高温事故的调查与处理、高温事故的统计与分析以及高温事故的预防三方面着手（伊文，2010）。

《重庆市高温天气劳动保护办法》第二十一条规定："建立中暑事故报告制度，发生中暑事故，用人单位应当在事故发生后及时书面报告所在地安全生产监督管理、劳动和社会保障、卫生行政部门，由有关部门根据各自职责组织调查和进行原因分析，并采取防治措施。"第二十条规定："劳动者因在高温天气下工作引起中暑，经市卫生行政部门批准的职业病诊断医疗卫生机构诊断为职业病的，可向有关劳动和社会保障行政部门申请工伤认定，认定为工伤的，享受工伤保险待遇。"

4.3 案例研究

本节将引入本书作者的一项已发表的研究（Yi et al.，2016），此研究通过创新的技术（传感器、移动通信设备和定位技术）开发了一套针对高温下建筑工人劳动作业的安全预警系统。该安全预警系统属于技术导向性的安全管理研究，并且涉及前文提出的高温下安全管理体系要点，即"策划—实施—检查—改进"。管理人员引入该安全预警系统，将评价指标、等级划分和相应对策录入系统中（策划说明）；安全系统根据一线工人、工人领班人员、安全监督人员和管理人员的责任划分对应不同应用权限（责任划分）；安全预警系统监测现场一线工人高温作业的实时指标并及时报警（工作场所监督）；管理人员和安全监督人员也将收到预警信号，进行审查和评估，以便采取进一步措施。

4.3.1 研究背景

高温下施工作业，导致生理和心理不适，降低工作执行能力和劳动生产率，增加安全事故发生的概率。高温作业，工人容易产生混乱烦躁等情绪压力，可能导致注意力分散或忽视安全生产程序。

安全评估不仅是实施政策规划的手段，也为建立科学规范的企业管理系统提供了基础。该案例通过评价建筑工地热应激风险，从而建立一个安全评估和预警系统，以识别、评估、控制和管理人的行为因素。履行施工安全和事故防范活动是一个持续且动态的过程。

热应变由一系列因素导致，包括环境条件、工作需求（强度）和个人特性。Chan等人（2012，2013）早期的研究应用多元线性回归模型来预测工人的热应变，自变量为一系列环境因素、工作因素和个人因素。然而，热应激和这些因素可能是非线性关系（Malchaire，1991），而且，多种因素的组合及相互作用的影响，也都超出了多元回归模型的预测能力（Rowlinson et al.，2014），需要更先进的数据分析技术来解决这些复杂问题。人工神经网络（ANNs）是人工智能技术的一种形式，为非线性及复杂行为问题提供了解决方法（Khataee et al.，2011）。人工神经网络在生物学和医学领域多有应用，为很多复杂问题提供了解决方法，这些问题往往超出了传统统计分析的计算能力。

创新的设备和技术（例如生理状况监测仪器 PSM 和超宽带技术 UWB）可以用于实时跟踪记录施工人员的位置和生理状况以确保施工安全和生产力。本项研究旨在应用创新的设备和技术以及人工神经网络分析方法为建筑业建立一套高温下工作的安全预警系统。具体包括：①以中国华南某典型高温地区的建筑工人夏季施工为背景，开发一套预测工人在炎热潮湿环境下施工作业的热应变模型；②针对在炎热潮湿环境中的危害和风险，确定适当的预防措施，以防止和减少热暴露的有害影响。由于本项研究地区处于亚热带气候区，夏季炎热的气温通常达到 34.5℃，当地的建筑业竞争激烈（Yip et al.，2009），建筑业在该研究中作为原型来开发模型，如果成功也将有应用于其他地区的潜力。

4.3.2　安全预警系统设计

1. 预警系统中的因素

生理热应变指标包括核心温度、皮肤温度、心率和出汗导致的体重下降。此外，热应变也可以通过主观感知来进行评估，如主观疲劳感觉评定表 RPE（Borg，1998）。RPE 指标表明工作运动期间，感觉到的辛苦程度、压力和不舒适。在该研究中使用 RPE Borg CR-10，评级表从 0 到 10，表示辛苦程度从休息、极其轻松、很轻松、轻松、有点吃力、吃力、非常吃力、极其吃力到精疲力竭。研究表明，RPE 与环境因素（如温度、相对湿度、风速和太阳辐射），个人因素（如年龄、体脂率、饮酒和吸烟习惯），工作因素（如工作时间和强度）高度相关（Benowitz et al.，1982；Garrett et al.，2009；Rowlinson et al.，2014；Yoda et al.，2005）。环境因素的综合影响包括空气温度、相对湿度、风速和太阳辐射，可由湿球黑球温度（WBGT）来表示。WBGT 是迄今为止最广泛使用和被接受的热应激评价指标。

不同工种有不同的工作负荷。根据美国政府工业卫生学家会议（ACGIH）和国际标准化组织（ISO）的说明，工作负荷可分为轻度（<841kJ/h）、中等（841～1291kJ/h）和重度（1291～1681kJ/h）。Abdelhamid 和 Everett（2002）对建筑工作的实际需求进行了调查，并提供了不同工种能量消耗的参考值，见表 4-1。

不同建筑工种的工作负荷参考值		表 4-1
工作负荷	能量消耗	建筑业工种
轻度	<841kJ/h	电工
中等	841～1291kJ/h	石棉工
		瓦工
		水泥整平工
		石膏板安装工
		玻璃安装工
		工人领班人员
		钣金工
重度	1291～1681kJ/h	木工
		钢筋工
		劳工

资料来源：Yi et al.，2016。

为了预防中暑，重要的是考虑哪些工人处于危险之中，并在伤害发生之前发出预警信号。预警信号旨在提醒工作人员热应激的严重性，指出潜在的后果，并建议采取适当措施避免这种情况发生。预警功能可以使用各种颜色和形状的组成的符号来进行信息传送。伊文等人的研究中（Yi et al.，2016），热应变水平分为基本安全、谨慎、警告和严重警告，分别被标示为蓝色、绿色、橙色和红色，以引起工人的注意。

2. 系统设计概念

预警系统的目的是在炎热潮湿的工作环境下保障建筑工人的安全健康。系统包括预警施工人员热应变，并指出可能的后果，建议采取适当的措施来避免。工人的热应变水平由以上讨论到的生理和心理反应，即心率和 RPE 指数进行评估。预警系统收集四套数据：①施工现场实时 WBGT 数据；②工作时间和工作活动；③工人的个人特征（即年龄、身高、体重、饮酒习惯和吸烟习惯）；④工人的实时心率。根据以上数据，应用人工神经网络模型，来预测工人的 RPE，以实现自动化热应变评估和预警。基于人工神经网络模型计算的工人 RPE 和实时监测的心率数据，在伤害发生前，提示出不同级别的警告标志并推荐适当的措施。

该预警系统可以被看作是一个高度动态的网络操作系统，涉及整理、监视、分析和传播安全信息等一系列自动化设备（如基于 GSM 的环境传感器、智能电话、智能手环）。该系统可以通过集成智能传感器技术、位置跟踪技术和信息通信技术来实现自动化。图 4-3 显示该系统测量现场环境指标，监测工人的生理变量，并自动向一线工作人员和监督人员实时发送预警。

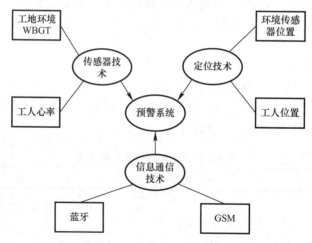

图 4-3　集成智能传感器技术、位置跟踪技术和信息通信技术的预警系统

资料来源：Yi et al.，2016。

为了激活预警系统，工人可以将其个人和工作相关信息（即年龄、身高、体重、吸烟习惯、饮酒习惯和工作性质）输入到应用软件（App）中，在他们开始日常工作时，设置计时器。一旦开始日常工作，工人佩戴的智能手环将监测采集心率数据。同时，工人携带的智能手机将确定其位置，并从相邻的环境传感器接收同步的 WBGT 数据。基于个人、工作和环境相关的数据，工人的 RPE 可以通过智能手机中的应用程序（基于人工神经网络模型）计算。一旦超过阈值，就会向相关工人发出警报。例如，警告为"红色"，建议的策略包括停止工作，到阴凉处休息，如果工人的预测 RPE 达到 9 或其心率超过最大心率（180 次/min 减去工人年龄），持续时间超过 3min，则报告发生热致疾病的症状。在长时间的劳作中，工人可能会感到一系列不适，如肌肉失调、恶心、头痛、眩晕、心跳加快和呼吸困难等，他们可以通过智能手机向其主管或安全专业人员报告。利用无线通信技术（如，3G 连接、4G 连接），监管人员可以通过与云数据库连接的计算机或智能手机立即获得工作人员的热应变水平、位置、个人信息和热致疾病情况。预警系统过程如图 4-4 所示。

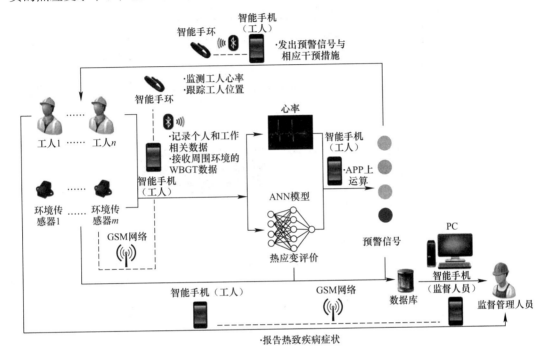

图 4-4　预警系统过程图

资料来源：Yi et al.，2016。

3. 系统构建

如图 4-5 所示，该预警系统由四层组成：①传感层；②传输层；③数据处理层；④显示和控制层。

1）传感层（感应层）

传感层是预警系统的基础，利用传感器技术测量施工现场的环境参数，监测工人的生理状况，确定工人的位置和工作时间。WBGT 可以根据湿球温度、黑球温度和干球温度三个温度计的读数计算输出。为了在施工现场的不同位置测量 WBGT，使用由多个 WB-GT 传感器组成的传感器模块、微控制器和 GSM 模块。传感器模块包含上述三种温度测量传感器，微控制器将来自传感器的模拟信号转换为数字形式，处理原始数据，将数据打包成消息，并将消息发送到 GSM 模块，并通过网络转发信息。佩戴在手腕上的智能手环可以实时监测工作人员的心率，并通过蓝牙与智能手机进行互动。通过嵌入在智能手机中的计时器和 GPS 芯片跟踪工人作业位置和持续时间。

2）传输层

传输层是连接传感层和数据处理层的重要环节。智能手环收集的生理数据可以通过蓝

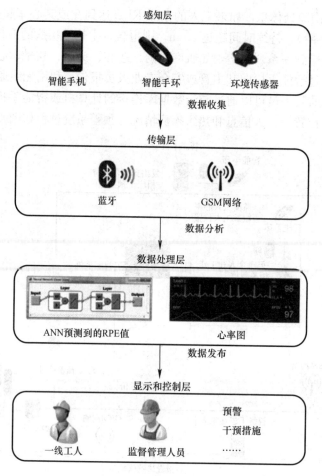

图 4-5 预警系统的构建

资料来源：Yi et al.，2016。

牙传输到用户的智能手机。从 WBGT 传感器采样到的环境数据可以通过 GSM 传输到智能手机。包括 WBGT、心率、热应激评估和热致疾病症状在内的用户智能手机中的一组数据也可以通过 GSM 传输给主管的计算机或智能手机。全球移动通信系统 GSM 是全球最受欢迎和被广泛使用的移动蜂窝通信系统（Gerstacker et al.，2011）。由于其广泛的覆盖范围，可以在系统中实现基于 GSM 的 WBGT 传感器、智能手机和 PC 之间的信息传输。

3）数据处理层

数据处理层是预警系统的核心，分析收集的数据并评估工人的热应变。该层由用于热应变评估的计算机处理算法（图 4-6）组成。通过统计计算得到施工人员的平均心率，应用人工神经网络数学模型预测施工人员的 RPE。人工神经网络是一类非线性数学模型，已被作为预测医学和生物研究中复杂现象的标准统计技术的替代方法（Patel et al.，2007）。该数据处理层可以有效和科学地预测评估热应变水平。

4）显示和控制层

显示和控制层是预警系统架构的最高层。基于热应激评估的安全警告系统可以预测工人的生理和心理状态是否达到不可忍受的程度，并立即通知一线施工人员和监督人员。因此，一线员工可以采取有效的应对措施，场地主管或工人领班人员和安全专业人员可以更多地关注处于风险中的工人。

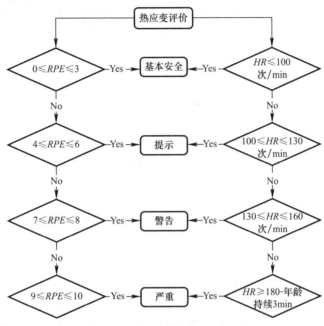

注：RPE 为主观疲劳感觉，HR 为心率。

图 4-6　热应变评估算法

资料来源：Yi et al.，2016。

4.3.3　材料和方法

为构建热应激模型，在夏季（2010 年和 2011 年 7 月至 9 月），对中国华南某典型高温地区六个施工现场进行实地调查，收集必要的数据。

1. 数据集

39 名身体健康且有工作经验的钢筋工人参加了实地研究（图 4-7）。在实地研究期间，

(a)　　　　　　　　　　　　(b)　　　　　　　　　　　　(c)

图 4-7　建筑工地实地研究

（a）建筑工人报告 RPE 分数；（b）生理参数通过遥测系统（K4b2，COSMED，Rome，意大利）实时监测；

（c）环境数据通过热应激监测仪（QUESTemp°36，Oconomowoc，美国）测量和记录

资料来源：Yi et al.，2016。

施工人员按照日常工作程序进行施工作业，并被要求每 5min 口头报告 RPE 评分。通过遥测系统（K4b2，COSMED，Rome，Italy）每 5s 连续监测并记录一系列生理参数（例如能量消耗、心率、氧气消耗）。除了生理数据的测量之外，还使用热应激监测仪（QUESTemp°36，Oconomowoc，USA）来测量和记录当前的环境数据。热应激监测仪以 1min 间隔测量主要环境数据，包括干球温度、湿球温度和黑球温度，并从中计算相应的 WBGT 指数。最后，将生理和环境数据与 RPE 一起，以每 5min 为间隔进行同步，以进一步分析。该研究中共使用 550 组环境、工作和个人资料以及相应的 RPE 作为数据集。

2. 人工神经网络（ANNs）

人工神经网络是一种人工智能技术，它将复杂的数据分析通过智能的类似于人类的知识集成到现有的应用中（Kwon，2011）。在学术和工业领域，人工神经网络是一种适应性系统，它在学习阶段基于网络内部和外部的信息处理改变其构造（Malchaire，1991）。在人工神经网络方法中，反向传播神经网络（BPNN）是最经典和普遍使用的训练算法（Örkcü et al.，2011）。BPNN 是由误差反向传播（BP）算法训练的多层前馈神经网络。BP 学习方法是基于梯度下降的优化过程，调整权重以减少系统错误。在学习阶段，以特定顺序将输入模式呈现给网络。每个训练模式逐层传播，直到计算出一个输出模式。然后将计算的输出与期望的目标输出进行比较，并确定误差值。误差逐层向后传播，并以迭代的方式校正相应的层权重。对于训练集中的每个模式，重复该过程多次，直到总输出误差收敛到最小值，或直到完成的训练迭代次数达到极限。

三层（即输入层、隐层和输出层）的 BPNN 模型，建立了 RPE 与热应变因子的关系。因此，BPNN 模型包含 7 个输入神经元（即 WBGT、工作持续时间、年龄、BMI、饮酒习惯、吸烟习惯和工作性质）和一个输出神经元（RPE）。尚无一般规律能确定隐层中的神经元数量。隐层神经元的最佳数量是通过尝试各种数量的隐藏神经元来确定的，以优化网络架构。在总和误差（sum of squares error，MSE）方面，隐藏层中 11 个神经元的特征，获得了 BPNN 模型的最佳性能。因此，7-11-1 神经元配置被确定为最佳网络架构（图 4-8）。表 4-2 列出了优化的 BPNN 的参数。该三层 BPNN 模型由 MATLAB 的神经网络工具箱进行开发，数据随机分为训练数据集（70%）、验证数据集（15%）和测试数据集（15%）三组，用于预测 RPE。

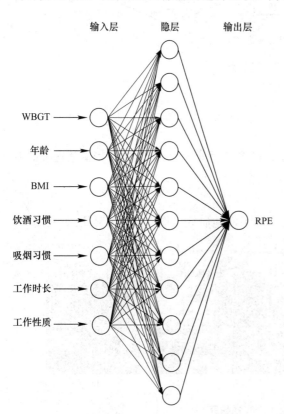

图 4-8　预测 RPE 的人工神经网络模型架构

资料来源：Yi et al.，2016。

优化的反向传播神经网络（BPNN）参数   表4-2

目标误差	0.02%
学习率	0.2
迭代次数	50000
隐层传递函数	双曲正切S形
输入层神经元数量	7
隐层神经元数量	11
输出层神经元数量	1
训练算法	Levenberg-Marquardt 反向传播

资料来源：Yi et al.，2016。

3. 绩效评估

使用相关系数（R^2）、平均绝对百分比误差（$MAPE$）和均方根偏差（$RMSE$）来评估人工神经网络预测模型的性能。较高的R^2值表示测量值和预测值之间的较大相似度，较低的$MAPE$和$RMSE$值表示更准确的预测结果。计算R^2、$MAPE$、$RMSE$值分别使用式（4-1）~（4-3）。

$$R^2 = 1 - \frac{\sum_{i=1}^{N}(t_i - s_i)^2}{\sum_{i=1}^{N}(t_i - \bar{s})^2} \tag{4-1}$$

$$MAPE = \frac{1}{N}\left(\sum_{i=1}^{N}\left|\frac{t_i - s_i}{t_i}\right|\right) \times 100 \tag{4-2}$$

$$RMSE = \sqrt{\frac{1}{N}\sum_{i=1}^{N}(t_i - s_i)^2} \tag{4-3}$$

式中，t_i是测量值（实验值），s_i是预测值，N是数据总数，$\bar{s}$是预测值的平均值。

4.3.4 结果

伊文等人的研究（Yi et al.，2016）使用了 Levenberg-Marquart 反向传播的人工神经网络模型进行数据分析。共有 384 个随机选择的样本作为训练样本，剩余的 166 个样本被平均分配用于人工神经网络验证和测试过程。所有性能测量值都证实了该模型良好的适应性和鲁棒性。如图 4-9 所示，通过人工神经网络模型的训练、验证和测试获得的数值与测量数据相同，意味着输入参数与输出参数密切相关。测量值和预测值之间的决定系数（R^2）是检查预测模型有效性的另一个重要指标。随着R^2值接近 1，预测精度提高，这表明测量结果与预测结果之间保持一致。训练、验证和测试数据集中的R^2值分别为 0.966、0.907 和 0.918。因此，该研究中获得的R^2值意味着设计的模型能够解释至少 90% 的测量数据。

人工神经网络模型在 RPE 值的预测中表现出足够的精度水平，以非常低的百分比误差确定了预测值。$MAPE$属于无量纲统计，提供了一种比较每个数据点与观测值或目标值的残差的有效方式。较小的$MAPE$值表明模型的预测性能更好。$MAPE$值被认为是决策中最重要的性能标准（Tiryaki et al.，2014）。在该研究中，训练、验证和测试数据集的$MAPE$值分别为 0.814%、1.795% 和 1.283%。$RMSE$统计量将观测值与预测值进行比较，并计算平均残差的平方根。$RMSE$值较低表示模型的良好预测性能。在该研究中，训练、验证和测试数据集的$RMSE$值分别为 0.565、1.024 和 0.857。

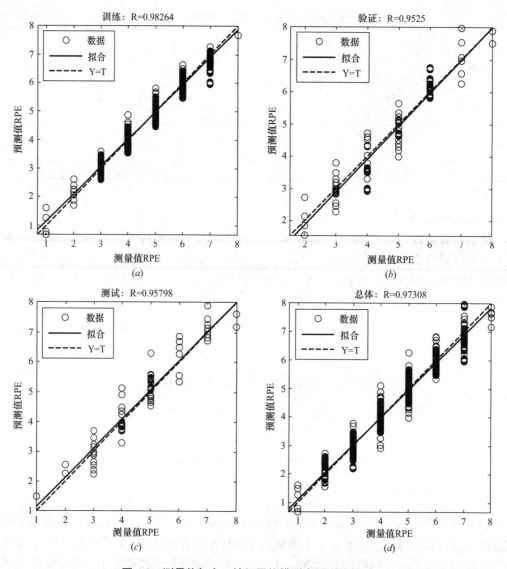

图 4-9　测量值与人工神经网络模型中预测值的关系

(a) 训练数据集；(b) 验证数据集；(c) 测试数据集；(d) 所有数据

资料来源：Yi et al.，2016。

为了验证该预警系统，夏季在中国华南某典型高温地区的施工现场进行了实验。一名 45 岁的，BMI 为 23.3，偶尔抽烟饮酒的钢筋工人被邀请参加。该系统的应用程序建立在 iPhone 平台上，在测试之前，工作者将个人信息（年龄、身高、体重、吸烟习惯和饮酒习惯）和工作性质输入系统（图 4-10）。

使用辅助 GPS（Assisted-GPS，A-GPS）来跟踪工作人员的位置：①A-GPS 是迄今为止手机上三种系统（即 A-GPS、WiFi 定位和蜂窝网络定位）中最准确的；②智能手机上的 GPS 芯片使用了美国和俄罗斯卫星系统，提高了准确性；③工地实验在户外环境中进行，天线具有清晰的天空视野；④A-GPS 的精度范围为 5～8m，这已足够准确区分环境数据的差异（Zandbergen et al.，2011）。工人被要求在三个不同的工作区进行施工作业（图 4-11）。

从轨迹数据中计算出三个簇，它们与预定义的工作区域对齐，如图 4-12 所示。图 4-13 显示不同生理和心理状态下的心率和 RPE。从图 4-13 可以看出在 100min 时发出了"橙色"警示标识，并建议在阴凉处休息，通过通风或冷却设施降温。在长时间的工作中，工人还在 95min 时通过系统报告了热疾病相关的轻度头疼、无力和疲劳。

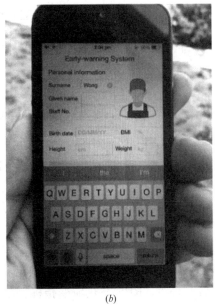

(*a*)　　　　　　　　　　　　　　　　　(*b*)

图 4-10　预警系统

（*a*）应用程序的主界面；（*b*）由工作人员手动输入的个人信息（年龄、身高、体重、吸烟习惯和饮酒习惯）和工作性质

资料来源：Yi et al.，2016。

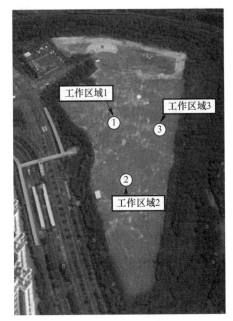
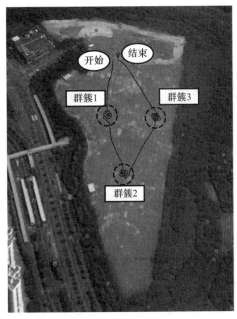

图 4-11　工人施工作业三个工作区域

资料来源：Yi et al.，2016。

图 4-12　记录到的 GPS 位置数据和轨迹信息

资料来源：Yi et al.，2016。

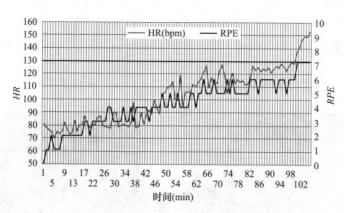

图 4-13　心率（HR）和主观疲劳感觉（RPE）随时间变化

资料来源：Yi et al.，2016。

初步结果表明，该安全预警系统在监测工人热应变水平方面的可靠性，以及适当的干预策略，以减轻热应变的有害影响。然而，在实际应用该预警系统时，仍有一些问题需要解决，如用于监测心率的智能手环发生瞬时故障时的算法验证。

4.3.5　讨论

该研究采用 RPE 作为衡量施工人员遭受的热应激风险的标尺。早前对炎热环境中运动能力的研究表明，RPE 与热应变指标（如体温、心率、出汗率）线性相关（Nielsen et al.，2001；Nybo et al.，2001），当核心温度达到约 40℃时，RPE 最大值出现（Nielsen et al.，2001；Nybo et al.，2001；Robertson，1982）。RPE 不仅仅是运动锻炼的指标，也是防止运动员继续运动和造成身体伤害的重要指标，有助于结束运动的决策（Tucker，2009）。最高的 RPE 通常伴有热疾病的症状，包括皮肤温度或核心温度升高（Nielsen et al.，2001；Nybo et al.，2001），肌肉抽搐（Baldwin et al.，2003）或脱水（Baker et al.，2007）。

在中国华南某典型高温地区，建筑行业的热应激事件一直令人担忧，已有一系列关于热应激伤亡事件的报道。不过，当地相关部门并没有有效评估建筑业热应激造成的意外及伤亡。该研究提出的预警系统可以实现实时监测，更好地评估与高温作业有关的事故和伤害。类似于一般职业伤害的形式，高温作业有关的伤害事故也可以向工人管理部门及其他有关管理部门进一步报告。伤害事故涉及者的详细资料，如年龄、性别、吸烟和饮酒习惯，事件发生时的时间、地点、环境数据 WBGT 等信息可以记录下来并报到有关部门进行适当的记录和分析。这些统计数字可以通过当地政府各部门及法定组织向市民公布。

该研究存在的局限是单一样本来源和样本量有限。在这项研究中，参加实验者主要是钢筋工，应进一步开展研究工作，以提高样本量，并将实验应用到不同的工种。该研究从不同建筑工种的实际需求来确定某一工作强度。在研究中，假设了同一工种的建筑工人将承担相同的工作量，但是，实际并不总是如此，例如，钢筋工对钢筋进行除锈、调直、连接、切断、成型的工作量要高于测量钢筋尺寸的工作量。低估或高估工作量的可能性被认为是潜在的研究局限。

4.4 本章小结

施工人员进行体力劳动时，面临着高风险的热应激危害。本章以中国华南某典型高温地区的建筑业为背景，建立了一种针对炎热潮湿气候的安全预警系统的开发方法，可以提醒员工职业热应激，并提供干预措施。这项研究填补了以往文献中有关热潮湿环境下的施工安全评估研究的缺失。该研究采用两种方法来改善施工安全管理：一种是从管理的角度，重点关注人的行为和危害管理；另一种方法侧重于如何将先进技术应用于建筑行业。该研究开发的安全预警系统包括：①及时收集信息，开展热应激风险评估；②发出准确及时的警告，提出及时的健康和安全干预措施；③向现场主管或工人领班人员发送热应变评估和热病症状信息。该研究建立的系统具有支持风险分析、警告标志和响应能力。监督人员和安全专业人员可以使用该系统作为监测方法，以保证一线工人在炎热潮湿环境中工作的健康和安全。

不同气候或行业的工人对热应激的敏感程度可能不同。目前的预警系统是基于本课题所在地的建筑企业收集的现场数据建立的。应进一步调查其他气候或其他行业，以提供整体观。这些研究结果对于提高工作绩效和保护工人的安全健康以及减少热疾病的发生具有重要意义。

本章参考文献

［1］ Abdelhamid T S, Everett J G. Physiological demands during construction work[J]. Journal of Construction Engineering and Management, 2002, 128(5): 427-437.

［2］ ACSNI(Advisory Committee for the Safety of Nuclear Installations). Human Factors Study Group Third Report: Organising for Safety[M]. Sheffield: HSE Books, 1993.

［3］ Alavi M, Leidner D E. Knowledge management and knowledge management systems: Conceptual foundations and research issues[J]. MIS Quarterly, 2001, 35(1): 107-136.

［4］ Baker L B, Dougherty K A, Chow M, et al. Progressive dehydration causes a progressive decline in basketball skill performance[J]. Medicine and Science in Sports and Exercise, 2007, 39(7): 1114-1123.

［5］ Baldwin J, Snow R J, Gibala M J, et al. Glycogen availability does not affect the TCA cycle or TAN pools during prolonged, fatiguing exercise[J]. Journal of Applied Physiology, 2003, 94(6): 2181-2187.

［6］ Bansal V K. Application of geographic information systems in construction safety planning[J]. International Journal of Project Management, 2011, 29(1): 66-77.

［7］ Benowitz N L, Jacob P, Jones R T, et al. Interindividual variability in the metabolism and cardiovascular effects of nicotine in man[J]. Journal of Pharmacology and Experimental Therapeutics, 1982, 221(2): 368-372.

［8］ Borg G. Borg's perceived exertion and pain scales[M]. Human kinetics, 1998.

［9］ Chan A P C, Yam M C H, Chung J W Y, et al. Developing a heat stress model for construction workers[J]. Journal of Facilities Management, 2012, 10(1): 59-74.

［10］ Chan A P C, Yi W, Chan D W M, et al. Using the thermal work limit as an environmental determinant of heat stress for construction workers[J]. Journal of Management in Engineering, 2013, 29(4): 414-

423.

[11] Chan A P C,Yi W. Heat stress and its impacts on occupational health and performance[J]. Indoor and Built Environment,2016,25(1):3-5.

[12] Conchie S M,Taylor P J,Charlton A. Trust and distrust in safety leadership:mirror reflections? [J]. Safety Science,2011,49(8):1208-1214.

[13] Ding L Y,Yu H L,Li H,et al. Safety risk identification system for metro construction on the basis of construction drawings[J]. Automation in Construction,2012,27:120-137.

[14] Evia C. Localizing and designing computer-based safety training solutions for Hispanic construction workers[J]. Journal of Construction Engineering and Management,2010,137(6):452-459.

[15] Garrett J W,Teizer J. Human factors analysis classification system relating to human error awareness taxonomy in construction safety[J]. Journal of Construction Engineering and Management,2009,135 (8):754-763.

[16] Gerstacker W,Schober R,Meyer R,et al. GSM/EDGE:A mobile communications system determined to stay[J], AEU-International Journal of Electronics and Communications,2011,65(8):694-700.

[17] Goh Y M,Chua D K H. Case-based reasoning for construction hazard identification:Case representation and retrieval[J]. Journal of Construction Engineering and Management,2009,135(11):1181-1189.

[18] Goh Y M,Chua D K H. Case-based reasoning approach to construction safety hazard identification: Adaptation and utilization[J]. Journal of Construction Engineering and Management,2010,136(2): 170-178.

[19] Goh Y M,Chua D. Neural network analysis of construction safety management systems:A case study in Singapore[J]. Construction Management and Economics,2013,31(5):460-470.

[20] Guo H,Li H,Chan G,et al. Using game technologies to improve the safety of construction plan toperations[J]. Accident Analysis & Prevention,2012,48:204-213.

[21] Hadikusumo B H W,Rowlinson S. Capturing safety knowledge using design-for-safety-process tool [J]. Journal of Construction Engineering and Management,2004,130(2):281-289.

[22] Hallowell M R. Safety-knowledge management in American construction organizations[J]. Journal of Management in Engineering,2012,28(2):203-211.

[23] Hinze J. Human aspects of construction safety[J]. Journal of the Construction Division,1981,107(1): 61-72.

[24] Hinze J,Wiegand F. Role of designers in construction worker safety[J]. Journal of Construction Engineering and Management,1992,118(4):677-684.

[25] Hon C K H,Chan A P C,Yam M C H. Determining safety climate factors in the repair,maintenance, minor alteration,and addition sector of Hong Kong[J]. Journal of Construction Engineering and Management,2013,139(5):519-528.

[26] Hong Kong Observatory. Daily Weather summary and radiation level[DB/DL]. 2014. http://www. weather. gov. hk/wxinfo/dailywx/dailywx. shtml.

[27] Hung Y H,Smith-Jackson T,Winchester W. Use of attitude congruence to identify safety interventions for small residential builders[J]. Construction Management and Economics,2011,29(2):113-130.

[28] Khataee A R,Kasiri M B. Artificial neural network modeling of water and wastewater treatment processes[M]. New York:Nova Science Publishers, 2011.

[29] Kim C,Haas C T,Liapi K A. Rapid,on-site spatial information acquisition and its use for infrastruc-

ture operation and maintenance[J]. Automation in Construction,2005,14(5):666-684.

[30] Kwon S J. Artificial neural networks[M]. New York:Nova Science Publishers,2011.

[31] Lee U K,Kim J H,Cho H,et al. Development of a mobile safety monitoring system for construction sites[J]. Automation in Construction,2009,18(3):258-264.

[32] Leung M,Chan Y S,Yuen K W. Impacts of stressors and stress on the injury incidents of construction workers in Hong Kong[J]. Journal of Construction Engineering and Management,2010,136(10):1093-1103.

[33] Larsson S,Pousette A,Törner M. Psychological climate and safety in the construction industry-mediated influence on safety behaviour[J]. Safety Science,2008,46(3):405-412.

[34] Li RYM,Poon SW. Construction safety [M]. Springer Science & Business Media,2013.

[35] Lingard H,Rowlinson S. Behaviour-based safety management in Hong Kong's construction industry: the results of a field study[J]. Construction Management & Economics,1998,16(4):481-488.

[36] Loosemore M. Psychology of accident prevention in the construction industry[J]. Journal of Management in Engineering,1998,14(3):50-56.

[37] Malchaire J B. Predicted sweat rate in fluctuating thermal conditions[J]. European Journal of Applied Physiology and Occupational Physiology,1991,63(3):282-287.

[38] Mohamed S,Ali T H,Tam W Y V. National culture and safe work behaviour of construction workers in Pakistan[J]. Safety Science,2009,47(1):29-35.

[39] Nielsen B,Hyldig T,Bidstrup F,et al. Brain activity and fatigue during prolonged exercise in the heat [J]. Pflügers Archiv European Journal of Physiology,2001,442(1):41-48.

[40] Nybo L,Nielsen B. Perceived exertion is associated with an altered brain activity during exercise with progressive hyperthermia[J]. Journal of Applied Physiology,2001,91(5):2017-2023.

[41] Oloufa A A,Ikeda M,Oda H. Situational awareness of construction equipment using GPS,wireless and web technologies[J]. Automation in Construction,2003,12(6):737-748.

[42] Örkcü H H,Bal H. Comparing performances of backpropagation and genetic algorithms in the data classification[J]. Expert Systems with Applications,2011,38(4):3703-3709.

[43] Patel J L,Goyal R K. Applications of artificial neural networks in medical science[J]. Current Clinical Pharmacology,2007,2(3):217-226.

[44] Reese C D. Handbook of OSHA construction safety and health[M]. 2nd edition. Taylor & Francis,2006.

[45] Robertson R J. Central signals of perceived exertion during dynamic exercise[J]. Medicine and Science in Sports and Exercise,1982,14(5):390-396.

[46] Rowlinson S,Mohamed S,Lam S W. Hong Kong construction foremen's safety responsibilities:a case study of management oversight[J]. Engineering,Construction and Architectural Management,2003,10(1):27-35.

[47] Rowlinson S,YunyanJia A,Li B,et al. Management of climatic heat stress risk in construction:a review of practices,methodologies,and future research[J]. Accident Analysis & Prevention,2014,66:187-198.

[48] Ruikar K,Anumba C J,Egbu C. Integrated use of technologies and techniques for construction knowledge management[J]. Knowledge Management Research & Practice,2007,5(4):297-311.

[49] Saurin T A,Formoso C T,Guimarães L B M. Safety and production:an integrated planning and control model[J]. Construction Management and Economics,2004,22(2):159-169.

[50] Saurin T A,Formoso C T,Cambraia F B. Analysis of a safety planning and control model from the

105

human error perspective[J]. Engineering, Construction and Architectural Management, 2005, 12(3): 283-298.

[51] Smith G R, Roth R D. Safety programs and the construction manager[J]. Journal of Construction Engineering and Management, 1991, 117(2): 360-371.

[52] Tam C M, Fung I W H, Yeung T C L, et al. Relationship between construction safety signs and symbols recognition and characteristics of construction personnel[J]. Construction Management and Economics, 2003, 21(7): 745-753.

[53] Teizer J, Allread B S, Fullerton C E, et al. Autonomous pro-active real-time construction worker and equipment operator proximity safety alert system[J]. Automation in Construction, 2010, 19(5): 630-640.

[54] Teizer J, Cheng T, Fang Y. Location tracking and data visualization technology to advance construction ironworkers' education and training in safety and productivity[J]. Automation in Construction, 2013, 35: 53-68.

[55] Tiryaki S, Aydln A. An artificial neural network model for predicting compression strength of heat treated woods and comparison with a multiple linear regression model[J]. Construction and Building Materials, 2014, 62: 102-108.

[56] Toole T M. Construction site safetyroles[J]. Journal of Construction Engineering and Management, 2002, 128(3): 203-210.

[57] Trajkovski S, Loosemore M. Safety implications of low-English proficiency among migrant construction site operatives[J]. International Journal of Project Management, 2006, 24(5): 446-452.

[58] Tucker R. The anticipatory regulation of performance: the physiological basis for pacing strategies and the development of a perception-based model for exercise performance[J]. British Journal of Sports Medicine, 2009, 43(6): 392-400.

[59] Yang H, Chew D A S, Wu W, et al. Design and implementation of an identification system in construction site safety for proactive accident prevention[J]. Accident Analysis & Prevention, 2012, 48: 193-203.

[60] Yi J, Kim Y, Kim K, et al. A suggested color scheme for reducing perception-related accidents on construction work sites[J]. Accident Analysis & Prevention, 2012, 48: 185-192.

[61] Yi K J, Langford D. Scheduling-based risk estimation and safety planning for construction projects [J]. Journal of Construction Engineering and Management, 2006, 132(6): 626-635.

[62] Yi W, Chan A P C, Wang X, et al. Development of an early-warning system for site work in hot and humid environments: A casestudy[J]. Automation in Construction, 2016, 62: 101-113.

[63] Yip B, Rowlinson S. Job burnout among construction engineers working within consulting and contracting organizations [J]. Journal of Management in Engineering, 2009, 25(3): 122-130.

[64] Yoda T, Crawshaw L I, Nakamura M, et al. Effects of alcohol on thermoregulation during mild heat exposure in humans[J]. Alcohol, 2005, 36(3): 195-200.

[65] Yule S. Senior Management Influence on Safety Performance in the UK andUS Energy Sectors[M]. Aberdeen: University of Aberdeen, 2003.

[66] Zandbergen P A, Barbeau S J. Positional accuracy of assisted GPS data from high-sensitivity GPS-enabled mobile phones[J]. The Journal of Navigation, 2011, 64(3): 381-399.

[67] Zhou Z, Goh Y M, Li Q. Overview and analysis of safety management studies in the construction industry[J]. Safety Science, 2015, 72: 337-350.

[68] Zohar D. Safety climate in industrial organizations: theoretical and applied implications[J]. Journal of

Applied Psychology,1980,65(1):96.

[69] Zohar D. Thirty years of safety climate research:Reflections and future directions[J]. Accident Analysis & Prevention,2010,42(5):1517-1522.

[70] Zou P X,Zhang G. Comparative study on the perception of construction safety risks in China and Australia[J]. Journal of Construction Engineering and Management,2009,135(7):620-627.

[71] 伊文. 高温下建筑施工健康安全管理与成熟度评价 [D]. 重庆：重庆大学，2010.

[72] 中国标准化研究院. GB/T 28001—2011 职业健康安全管理体系要求 [S]. 北京：中国标准出版社，2012.

第5章 高温下建筑施工健康安全实验研究

5.1 实验研究

实验研究最初应用于自然科学，并逐渐成为其主要的研究方法。从文艺复兴时期开始，恰恰是因为采用了实验方法，自然科学确立了理论与经验的联系，促进了自然科学的快速发展。近几十年来，社会科学研究人员越来越意识到实验方法对于学科发展的重要性，并开始努力将实验方法应用于各自的学科。

科学研究的目的是找出相关变量与作用机制之间的因果关系。找到因果关系的最直接最有效的方法是进行实验。变量是可以独立变化的变量，并引起其他变量的变化，如温度、湿度、风速、工作强度等。因变量是指受独立变量影响的变量。实验的主要目的是建立变量之间的因果关系。一般的做法是研究者事先提出一个因果关系的假设，然后通过实验进行测试。

5.1.1 实验研究的过程

实验研究是针对一定的问题，根据一定的理论或计划实践的假设，得出一定的科学结论。

实验研究包含问题提出、实验设计、实验执行、数据分析及结果报告五大阶段，是一个不断循环前进的过程（图5-1）。实验研究的每个阶段包括个人、团体、部门之间的协调配合。一项有效的实验研究需要有明确的研究目标，合理的实验设计，有序的实验步骤，准确的观察、测量、分析与报告。

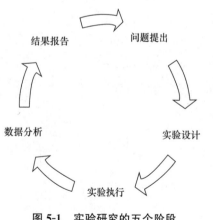

图5-1 实验研究的五个阶段

资料来源：Rabinowicz，1973。

1. 第一阶段——问题提出

实验研究的第一个阶段是确定研究问题。研究问题一般来源于理论、实践，或是前人的研究。在选择研究问题方面，应先查阅相关资料，了解前人已经做过的研究工作，使用的研究方法，取得的成果和经验，从而找寻有待研究的研究点。了解研究领域的动态，在已有研究工作水平上开展，能有效保证研究的创造性和先进性。

选择研究问题，首先要考虑其需要。但是需要的不一定能完成，还需要考虑其他条件，如必要的资料、设备、经费、时间、地点、协作等问题是否能得到解决，自己的水平、能力、经验、专长是否能够与研究相适应。为了保证研究问题的准确性，有时还需要进行一些调查和观察。根据调查和观察的结果，进一步说明研究问题的必要性和可行性。

2. 第二阶段——实验设计

研究应针对研究目的选择合适的实验设计，并设法提高实验的内在效度与外在效度，同时考虑研究者的人力、物力以及时间因素。每个研究者都希望能获得最正确、最完整的资料，而针对研究的内在效度及外在效度进行评估，就是评价研究成果的品质及整体研究设计是否合适的方法。

内在效度（internal validity）是指研究者能适当地操作自变量，使自变项能确实预测因变量的程度，即自变量与因变量之间是否真的有因果关系。为控制研究的内在效度，研究者须排除可能影响研究样本的因素，例如是否有遗传病史、经验、年龄等。外在效度（external validity）是指研究结果可推广至实验对象以外的大众群体，以及研究结果被推广的程度。研究者应用叙述研究时，须考虑研究对象的代表性及样本特性是否呈常态分布。研究样本无法代表研究者拟推论的研究结果的群体时，即会降低研究结果的推论性。参与研究的样本过于特定，如样本数量过少，研究对象不具代表性则结果不具有概括性。研究个案基本属性限制越多，将使研究结果越难做普遍性的推论，如年龄、性别、地区等。无关变异数（extraneous variable）是指许多难以控制的因素，会影响研究的因变量，进而干扰实验结果，因此在进行研究时，因尽量地控制可能的无关变异数。

3. 第三阶段——实验执行

在执行实验时，研究者必须依照指导语，告诉参加实验者如何进行实验，然后遵循严谨的科学实验计划观察、测量与记录其反应。实验的进行类似于一部戏剧的演出：实验设计方案就像戏剧的"剧本"，需要进行编写和修改；实验的过程就像戏剧中的"场景"，每一个环节的设置都至关重要；参与研究者就像戏剧中的"演员"，需要事先挑选与选定；此外还需要"道具""特殊效果"以及"排练"等协调配合。实验执行的关键环节如图 5-2 所示。

正式收集数据前，可先进行一些预测试实验。通过预测试实验，研究者能看到实验的初步结果，并能意识到有待完善的细节（如实验设计是否需要改进，设备仪器是否精准，某些指令是否清晰等），以利于正式实验的顺利进行。在实验进行前，研究者需要招募实验参加实验者，并且得到参加实验者的同意，签订参与同意书。实验的第一个"场景"是研究者向参加实验者介绍实验，包括实验的目的、性质、实验过程和参加实验者需要注意事项。随机原则是在选取样本时，应确保总体中任何一个个体都有同等的机会被抽取进入样本；在分配样本时，应确保样本中任何一个个体都有同等的机会被分入任何一个组中去（胡良平等，2004）。这就是严格意义上的随机化原则。随机原则的作用就是使样本具有极好的代表性，使各组受试对象在重要的非实验因素方面具有极好的均衡性，提高实验资料的可比性（Cook et al.，2002）。完全随机化的效果并不一

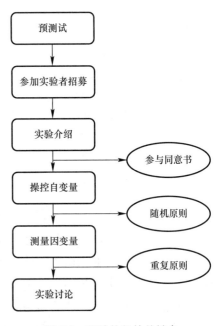

图 5-2　实验执行的关键点

资料来源：Singleton，2010。

定永远最好，关键取决于样本含量的大小。若样本含量很大，完全随机化的效果应当是比较理想的；若被随机化的样本比较小，则完全随机化产生的各组受试对象之间在很多重要的非实验因素方面可能参差不齐。此时，采取分层随机化法效果会更好一些（胡良平，2009），即先按某些重要的非实验因素（取决于他们是否对观测指标有较大影响）将受试对象分组，然后对每个小组（在所考虑的重要非实验因素上条件一致）中的受试对象进行完全随机化，使他们被均分到各实验组中去，这样才能确保各实验组中的受试对象之间在所考虑的重要非实验因素方面保持均衡一致（胡良平，2006）。

实验的第二个"场景"是对自变量的操控（Rabinowicz，1973）。实验研究者操控自变量，进而观察及记录因变量的反应，操控自变量可以视为实验性处置或措施。重复通常有三层含义，即重复取样、重复测量和重复实验。从同一个样品中多次取样，测量某定量指标的数值，称为重复取样；对接受某种处理的个体，随着时间的推移，对其进行多次观测称为重复测量（胡良平等，2004）。实验设计中所讲的重复原则指的是"重复实验"，即在相同的实验条件下，做两次或两次以上的独立实验（Srinagesh，2006）。这里的"独立"是指要用不同的个体做实验，而不是在同一个体上做多次实验（Srinagesh，2006）。整个实验设计所包括的各组内重复实验次数之和，称为样本大小或样本含量（Radder，2003）。

实验的最后一个"场景"是研究员与实验参加者的沟通环节，研究者可以向实验者简单总结一下本次实验，实验参加者也可向研究者反映对实验的建议，以及参与本次实验的感受。

4. 第四阶段——数据分析

实验数据是对实验事实的客观记录，并不是探究的结论，探究的结论是在实验数据的基础上通过分析与论证得出的具有普遍意义的规律（胡良平，2012）。而实验数据的分析和处理，是对实验测量的一个数学研究过程，旨在建立自变量与因变量的关系，从而找出自变量与因变量的关系或规律。研究者通常采用概率论和数理统计的知识处理数据。假设检验（Hypothesis Testing）是实验中通过样本推断总体的主要手段。常用的假设检验方法有 u 检验法、t 检验法、χ^2 检验法（卡方检验）、F 检验法、秩和检验等。自变量与因变量之间的关系可以通过数学公式或图形来表示。

5. 第五阶段——结果报告

研究报告是对实验工作的总结及文字陈述，也是实验研究的重要环节。撰写研究报告旨在于有理有据总结研究工作，通过对实验课题、内容、方法的科学表述，阐明研究的价值和结论，并向同行提供验证材料。研究成果的报告通常在相关专业杂志发表。研究者应按照撰写研究报告的原则与格式，撰写论文或研究报告。

5.1.2 建筑工程管理的实验研究

与常用的调查法相比，实验研究法能够人为操控实验变量，控制某些外界干扰因素。因此，实验法具有非实验法所不具备的优势。

建筑工程管理作为一门应用科学，具有探索建筑工程科学知识和解决建筑工程实践问题的双重使命。建筑工程管理领域的学者在积极推进基础设施项目建设、构建健康、安全、高效、和谐的建筑业起着重要作用。然而，学术界的研究时常与实际建筑工程的需求脱节。其中的一个原因是，大部分建筑工程管理的研究通常是采用访谈法、问卷调查法。

这些方法着眼于对现状的反映，缺乏对学科领域内在、本质的探索，不能有效解决、改善建筑工程的实际问题。本节将通过高温下建筑施工健康安全管理的研究，介绍研究实验法在建筑工程管理的应用。该实验研究对降低炎热天气下中暑事故的发生，保护劳动者健康及其相关权益有着重要意义。

中国华南某典型高温地区夏季炎热潮湿，建筑施工多为露天户外作业，受温度、气候条件影响大，严重威胁着建筑工人的健康安全。根据相关资料统计，夏季是建筑工地伤亡事故的高发期，建筑工人易出现不同程度的中暑症状。在该地区，28％的工地工人出现不同程度的中暑症状。该地区管理部门与行业各界对此予以高度重视，颁布了一系列关于夏季工作的注意事项与基本措施（当地建造业议会，2013；当地卫生管理部门，2008；当地劳务人员管理部门，2010），其中包括合理安排工作时间、轮换作业，采取通风隔热等措施。

然而，上述推行的基本措施缺乏基于科学实验的研究和临床参数的定量分析。为了进一步细化及完善现行防暑措施，保障劳动者的健康安全，此研究通过科学实验方法，提出防止户外工作工人中暑的健康安全建议。此项研究的主要目标包括以下几个方面：

（1）确定建筑工人在不同高温高湿环境下的工作极限时间；

（2）确定建筑工人在高温下长时间工作后的最佳休息时间；

（3）优化建筑工人在炎热天气下工作的工作休息时间安排。

钢筋绑扎不仅多为露天户外作业，而且体能消耗大、手工操作多，被普遍认为是炎热天气下工作中最艰难的行业之一。此研究虽以钢筋工为研究对象，但研究方法可推广应用到其他行业中。

5.2　高温下建筑施工极限时间

5.2.1　研究问题

热环境导致人体大量出汗、增加心脏负荷和人体对环境应激的耐力降低。美国职业安全与健康管理局（OSHA）推荐了不同劳动负荷下，不同劳动/休息时间，即对于一个健康的标准工人，在不同湿球黑球温度（WBGT）条件下每小时允许工作的时间上限。采用WBGT评价热应力的缺点是未考虑人的因素，如人的年龄、脂肪率、吸烟习惯、饮酒习惯等。如果忽略人的身体体质、活动水平及着装，通过WBGT来预测环境的热应力可能造成较大的误差。因此建立一个模型综合考虑人的个人体质、环境、工作等因素的模型是必要的。本节将通过实验法建立高温作业模型，并确定工人在高温环境下的工作极限时间。

5.2.2　数据采集

2010 年 7 月至 9 月，研究团队在中国华南某典型高温地区四个工地进行了实地实验。本实验选取在健康有一定工作经验的建筑工人为实验样本，年龄范围为 20～55 岁，要求参加实验者参与前一周没有患流感，且无糖尿病、高血压、心血管疾病、神经系统问题及定期服药史。参加实验者为 10 名男性钢筋工。参加实验者纯属自愿，并可以随时退出实验。实验之前，研究团队对参加实验者的年龄、吸烟习惯、饮酒习惯等个人基本信息和身体指标进行询问。参加实验者的吸烟、饮酒习惯分成"无""偶尔""经常"三个等级，如表 5-1 及表 5-2 所示。参加实验者的体重、体脂率用美国 Biospace 公司 Inbody230 采集。Inbody230 可以测人身体组成，提供体重、肌肉重、体脂肪重、身体总水重及除脂体重的测量值及其正常值范围。此外，参加实验者的静息心率和血压分别用芬兰 Polar 公司的心率带和日本欧姆公司的 HEM-712C 血压仪测量。表 5-3 显示了 10 名参加实验者的个人信息和身体指标。

吸烟习惯量表   表 5-1

1. 过去六个月是否吸烟？
No☐   Yes☐

无吸烟习惯	过去六个月都没吸烟
偶尔吸烟	有抽烟的习惯，每周不多于 35 支烟
经常吸烟	有抽烟的习惯，每周不少于 35 支烟

饮酒习惯量表   表 5-2

2. 过去六个月是否饮酒？
No☐   Yes☐

1 标准单位量的酒

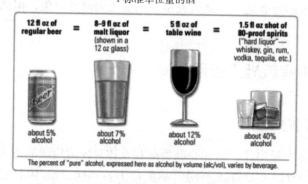

无饮酒习惯	过去六个月都没饮酒
偶尔饮酒	有饮酒的习惯，每天不多于 4 单位标准量的酒或每周不多于 14 单位标准量的酒
经常饮酒	有饮酒的习惯，每天多于 4 单位标准量的酒或每周多于 14 单位标准量的酒

2010 年现场实验参加实验者的个人信息（样本量＝10）   表 5-3

项目	平均值±标准差	范围
年龄（岁）	39.0±12.5	20～55
身高（cm）	169.2±6.5	160～180
体重（kg）	60.3±6.2	53.8～74
体脂率（%）	12.3±6.3	3～23
静息心率（次/min）	82.7±11.9	63～102
舒张压（mmHg）	80.0±10.0	58～99
收缩压（mmHg）	127.8±10.8	98～145

　　实验中，参加实验者与平时工作内容相同，进行钢筋绑扎。为了测量建筑工地的环境状况，研究采用一个美国 3M QUEST QT-36 热指数仪，测量温度、湿度、风速等工作地点的气象数据（3M™ QUESTemp™，2015）。该热指数监测仪响应迅速，能精准地评估有潜在热应力危害环境的区域热应力，考虑环境温度、湿度、风速及来自太阳、熔炉、锅炉等设备的辐射热，并可自动计算室内/室外 WBGT 值、干球/湿球/黑球温度值、相对湿度、热指数及湿度指数（3M™ QUESTemp™）。

　　为了测量建筑工人在高温下工作的生理变化，研究采用一种新型气体代谢测量设备，由意大利 Cosmed 公司生产的心肺功能测试仪（K4b2）。K4b2 是一种便携式、利用先进遥感技术对参加实验者呼出的气体进行实时监测的设备（孙锐等，2005）。首先，它实时测量一定时间内参加实验者的呼气量，并同时测量现场空气中氧气和二氧化碳的浓度、气温和气压，计算标准状态下的呼气量，用呼出气与空气中氧气和二氧化碳的浓度乘以呼气量（标准状态），求出氧气的消耗量和二氧化碳的产生量，进而计算呼吸商，也可以同时收集参加实验者的尿量测定该时期的尿氮排出量，计算出非蛋白质呼吸商（孙锐等，2005）。查出氧气或二氧化碳的热当量，再乘以氧气消耗量或二氧化碳的产生量，可获知单位时间的能量消耗量（孙锐等，2005）。K4b2 强调运动时心肺功能的相互作用和气体交换作用，综合反映心与肺在一定负荷下的通气量、摄氧量和二氧化碳排出量等代谢、通气指标及心电图变化（孙锐等，2005）。图 5-3 显示了工地调查中使用的仪器与设备。

图 5-3　工地调查中使用的仪器与设备

（从左至右：InBody 230，COSMED K4b2，QUESTemp°36）

　　除了测量建筑工人的心率、能量消耗、呼吸强度外，研究使用主观疲劳感觉评定表（表 5-4）来评估建筑工人在高温环境下工作的劳累程度。主观疲劳感觉评定表是由瑞典生理学家 Gunnar Borg 所发展出来的心理生理量表。这种量表是透过知觉上的努力程度判断，整合肌肉骨骼系统、呼吸循环系统与中枢神经系统的身体活动讯息，建立每个人身体活动状况的知觉感受（Borg，1998）。RPE 量表不仅与使用在运动测验，作为调节运动强度的指标参考工具外，更可以利用于病患的诊断和复健，将症状疼痛以运动自觉强度的方式量化呈现出来。RPE 量表相较于其他客观生理反应来评估运动强度，可以方便迅速得到运动中身体的感觉，是最具实时性和经济性的工具。

　　研究采用 Borg CR10 量表（表 5-4）。此表呈现非线性的自觉强度上升比例，运动自觉强度由"0"（没有感觉，nothing at all）至"10"（非常非常强，very very strong）。其中"3"代表适度自觉强度（moderate），"7"以上的自觉强度就已代表非常强（very strong）。尽管仅以心理与生理感受来判定运动的强度，研究证明采用主观疲劳感觉评定表在实际运用时有其简单方便且具特殊代表性的价值存在，因此适合度量建筑工人的劳动强度。

Borg CR10 主观疲劳感觉评定表 表 5-4

级别	感受	内容界定
0	无感觉	丝毫不会感觉疲惫，呼吸平缓。像是在休息时的感觉
1	很弱	丝毫不会感觉疲惫，呼吸平缓。像是在阅读时的感觉
2	弱	稍微疲惫或无疲惫感，呼吸平缓，运动时很少会体验到这种感觉。像是换穿衣服时的感觉
3	温和	稍微疲惫且轻微地察觉到自身的呼吸，但气息缓慢而自然，于运动过程初期会有此感觉。像是走到厨房打开冰箱的感觉
4	稍强	感到轻微疲惫，呼吸变为加快但平顺。暖身的初期会有此感觉。像是户外缓慢行走时产生的感觉
5	强	感到轻微而疲惫且察觉到自身的呼吸，比第 4 级急促些许，在暖身结束时会有此感觉。像是在商场购物时可能出现的感觉
6		感到普通疲惫，呼吸急促可以察觉到。此暖身到运动阶段的期间，与学习如何达到第 7 级和第 8 级前段部分，可能皆有此感觉。像是急忙赶去某个地方的感觉
7	很强	感到疲惫，但可以确定自己可以维持到运动结束，呼吸急促且明显感觉到，可以进行对话，但你可能宁愿不要说话，是维持运动训练的底线。像是进行激烈运动时的感觉
8		感到极度疲惫，自身认为大概可以维持这样的步调直到运动结束，但无法百分百确定。呼吸非常急促，但是可以进行对话，但非常吃力。此阶段仅适用于已能自在地达到第 7 级，并准备好做更激烈的训练。此阶段亦会产生迅速的效果，但必须学习如何维持。对一般人而言，并不容易做到，像是做非常剧烈的运动的感觉
9	非常强	体验到极度的疲惫，自身通常会认为无法持续到运动结束。呼吸非常吃力而且无法与人交谈，在试图达到第 8 级的片刻会有此感觉
10	极度强烈	第 10 级会体验到彻底的精疲力竭，此级别无法持久，就算持久了对自身也没什么好处

　　K4b2 体能代谢仪对建筑工人的生理数据进行实时测量监控，可以测到每 5 秒钟的耗氧量、呼吸量、呼吸交换率、代谢量、能量消耗、心率等其他一系列生理参数。在不影响参与工人正常工作的情况下，参与工人要求每隔 5min 报告一次 RPE 值，以衡量其自感劳累等级。与此同时，3M QUEST QT-36 热指数仪测量建筑工地每分钟的环境指数。所采集的生理数据和环境指数随后进行处理并同步分析。表 5-5 显示了同步数据的部分样本。

同步处理后的环境指数和生理数据 表 5-5

时刻	风速 WS (m/s)	黑球温度 GT (℃)	湿球温度 WBT (℃)	干球温度 DBT (℃)	相对湿度 RH (%)	呼吸频率 BF (次/min)	呼吸气量 MV (L/min)	耗氧量 OC [ml/min·kg]	呼吸交换率 RER	心率 HR (次/min)	能量消耗 EE (kcal/min)	代谢量 METS (W/m²)
9：21	1.20	33.13	26.57	29.82	74.00	26.42	25.91	14.51	0.84	106.00	4.21	4.15
9：26	1.00	32.35	26.29	29.97	73.00	28.84	29.16	15.30	0.86	105.80	4.46	4.37
9：31	1.30	31.40	26.09	29.84	72.00	26.74	26.55	12.41	0.92	106.00	3.67	3.55
9：36	0.30	30.93	25.91	29.76	71.00	25.76	26.97	12.73	0.92	102.67	3.77	3.64
9：41	1.60	31.02	26.06	29.77	73.00	28.47	28.55	14.68	0.89	102.00	4.30	4.19
9：46	1.20	30.84	26.08	29.79	72.00	27.49	30.44	15.12	0.88	104.20	4.43	4.32

续表

时刻	风速 WS (m/s)	黑球温度 GT (℃)	湿球温度 WBT (℃)	干球温度 DBT (℃)	相对湿度 RH (%)	呼吸频率 BF (次/min)	呼吸气量 MV (L/min)	耗氧量 OC[ml/ (min·kg)]	呼吸交换率 RER	心率 HR (次/min)	能量消耗 EE (kcal/min)	代谢量 METS (W/m²)
9:51	2.10	30.92	26.00	29.68	72.00	27.89	22.16	10.22	0.89	92.80	3.00	2.92
9:56	1.20	31.14	25.99	29.76	73.00	27.31	29.23	15.67	0.84	106.40	4.55	4.48
10:01	0.90	30.93	26.06	29.68	73.00	27.33	27.54	12.05	1.00	107.20	3.61	3.44
10:06	1.90	31.07	26.06	29.76	72.00	28.66	31.08	18.20	0.81	112.67	5.24	5.20
10:11	0.60	33.99	26.39	30.12	69.00	24.11	13.99	6.00	0.81	96.00	1.73	1.71
10:16	0.70	33.61	26.32	30.33	66.00	24.98	18.57	5.96	1.37	97.75	1.85	1.70

5.2.3 数据分析

1. 因素分析

因素分析的主要目的在于以较少的维度来表现原先的资料结构，而又能保存原资料结构所提供的大部分资讯（张红坡等，2012）。因素分析法希望能够降低变数的数目，转换为新的彼此独立不相关的新因素。研究采用探索性因素分析建筑工人在高温作业下的生理影响的主要因素。在进行因素分析之前，利用 KMO 及 Bartlett 球形检验来判断资料是否适合进行因素分析。KMO 是取样适当性衡量量数（Kaiser-Meyer-Olkin），KMO 值越大，表示变数间的共同因素越多，越适合进行因素分析（Kaiser，1974）。根据 Kaiser 的观点，若 KMO>0.8 表示很好（meritorious），KMO>0.7 表示中等（middling），KMO>0.6 表示普通（mediocre），若 KMO<0.5 表示不能接受（Kaisr，1974）。此外，Baetlett 球形检验则是用来判定是否有多变量常态分配，也可用来检定是否适合进行因素分析（Snede-cor et al.，1989）。可以衡量测量钢筋工的生理反应的指标共有 6 个，因此利用因素分析萃取较精简的共同因素。该研究利用因素分析方法中的主成分分析方法进行因素萃取，并以 Varimax 法进行因素转轴。

2. 多元线性回归

研究根据运用多元回归法，分析因变量与自变量之间的关系，建立了高温作业模型。回归分析法是定量预测方法之一。它依据事物内部因素变化的因果关系来预测事物未来的发展趋势（林震岩，2007）。由于它依据的是事物内部的发展规律，因此这种方法比较精确。多元回归分析预测法，是指通过对两个或两个以上的自变数与一个因变数的相关分析，建立预测模型进行预测的方法（Kutner et al.，2004）。当自变数与因变数之间存在线性关系时，称为多元线性回归分析（Kutner et al.，2004）。设 Y 为因变量，X_1，X_2，…，X_k 为自变量，并且自变量与因变量之间为线性关系时，则多元线性回归模型为：

$$Y_i = \beta_0 + \beta_1 X_{1i} + \beta_2 X_{2i} + \cdots + \beta_k X_{ki} + \varepsilon_i \qquad i = 1, 2, \cdots N \qquad (5-1)$$

式中，β_0 为常数项，β_1，β_2，…，β_k 为回归系数，β_1 为 X_2，X_3，…，X_k 固定时，X_1 每增加一个单位对 Y 的效应，即 X_1 对 Y 的偏回归系数；同理 β_2 为 X_1，X_3，…，X_k 固定时，X_2 每增加一个单位对 Y 的效应，即 X_2 对 Y 的偏回归系数。

多元线性回归分析步骤包括：①用各变量的数据建立回归方程；②对总的方程进行假设检验；③当总的方程有显著性意义时，应对每个自变量的偏回归系数再进行假设检验，若某个自变量的偏回归系数无显著性，则应把该变量剔除，重新建立不包含该变量的多元回归方程（Neter et al.，1996）。对新建立的多元线性回归方程及偏回归系数按上述程序进行检验，直到余下的偏回归系数都具有统计意义为止。最后得到最优方程。确定系数 R^2 代表在 y 的总变异中，由 x 变量组建立的线性回归方程所能解释的比例，在 $0 \sim 1$ 之间，越大越优。但是 R^2 会随自变量的增加而增大。因此在评价多元线性回归方程时可以通过校正确定系数（adjusted R^2）。校正确定系数 adjusted R^2 不会随无意义的自变量增加而增大，是衡量方程优劣的常用指标，且越大越优。

3. 模型检验

模型检验是查看已建立的模型是否符合实际情况。研究在 2011 年夏季对 19 名建筑工人进行了实地实验，共收集到了 411 组数据。研究将此 411 组数据代入模型方程，通过预测值和实际值的比较，对高温作业模型的有效性进行检验。模型检验根据 MAPE 率和 Theil's U 系数来判断：

$$MAPE_j = \frac{1}{T_j} \sum_{t=1}^{T_j} \frac{|e_{tj}|}{RPE_{tj}^a} \times 100 \tag{5-2}$$

$$U_j = \sqrt{\frac{\frac{1}{T_j} \sum_{t=1}^{T_j} (e_{tj})^2}{\frac{1}{T_j} \sum_{t=1}^{T_j} (RPE_{tj}^a)^2}} \tag{5-3}$$

式中，e_{tj} 是某个建筑工人 j 在 t 时刻的自觉劳累指数 RPE 的误差值，即实际值与预测值的差；RPE_{tj}^a 是某个建筑工人 j 在 t 时刻的自觉劳累指数 RPE 的真实值；T_j 是某个建筑工人 j 的实验测量次数。

5.2.4 研究结果

1. 环境指数

研究对中国华南某典型高温地区夏季建筑工地的环境进行监控和测量，包括干球温度、黑球温度、湿球温度、湿度、风速、酷热指数（heat index）、湿球黑球温度（wet bulb globe temperature，WBGT）、热工作极限（TWL）、具体见表 5-6 所列。

中国华南某典型高温地区夏季建筑工地环境指数　　　表 5-6

项目	平均值±标准差	范围
干球温度（℃）	28.5±2.0	25.3～34.0
黑球温度（℃）	38.7±2.2	2.8～56.1
湿球温度（℃）	30.7±6.2	26.2～7.2
湿度（%）	65.6±14.3	38.0～95.0
风速（m/s）	1.1±0.7	0.1～3.0
酷热指数（℃）	34.6±6.3	27.5～43.4
湿球黑球温度（℃）	30.6±2.2	27.1～36.4
热工作极限（℃）	159.0±48.9	50.0～291.0

资料来源：Chan et al.，2012a。

2. 生理指数

研究对建筑工人在高温环境的生理反应进行监控和测量，包括耗氧量、呼吸量、呼吸交换率、代谢量、心率、能量消耗、具体见表 5-7 所列。

建筑工人在高温环境下工作的生理反应　　　　　　　　　　　　表 5-7

项目	平均值±标准差	范围
耗氧量 mL/(min·kg)	13.5±4.9	3.17~30.8
呼吸量 （L/min）	28.5±8.6	10.1~74.5
呼吸交换率	1.0±0.2	0.58~1.83
心率 （次/min）	115.1±18.1	74.0~162.6
代谢量 （W/m²）	3.8±1.4	0.9~8.8
能量消耗 （kcal/min）	4.1±1.4	1.0~9.5

资料来源：Chan et al.，2012a。

3. 高温作业模型

图 5-4 显示了建立高温模型的主要阶段。研究在 2010 年夏季通过现场实验收集了建筑工人在高温下作业的生理反应和夏季建筑工地的环境指标。因素分析识别了建筑工人在高温下工作的生理反应的主要因素。多元线性回归分析建立了"高温作业模型"。此模型通过用 2011 年夏季的数据进行验证。研究用 MAPE 和 Theil 不等系数来评价模型的预测效果。

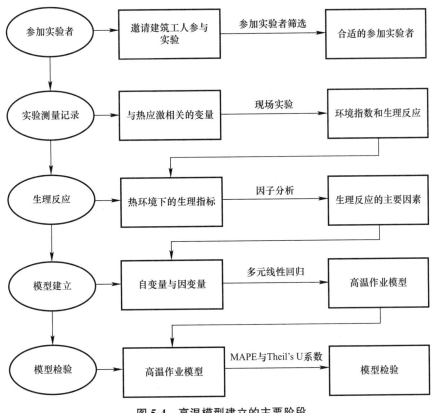

图 5-4　高温模型建立的主要阶段

资料来源：Chan et al.，2013。

建筑工人在高温下工作的生理反应的 KMO 取样适当性量数系数是 0.8，而且 Bartlett 球形检验统计量的 P 值小于显著水准 1‰，表示该资料的抽样为适当且适合进行因素分析。研究通过主成分分析法进行因素萃取，并以 Varimax 法进行因素转轴，因素分析结果见表 5-8 所列。

建筑工人在高温下工作的生理因素之萃取　　　　　　　　表 5-8

生理指标	因子载荷	解释变异量百分比	解释变异量累积百分比
因素一：体力消耗			
能量消耗（kcal/min）	0.98		
代谢量（W/m²）	0.97		
耗氧量 [mL/(min·kg)]	0.97		
呼吸量（L/min）	0.35		
心率（次/min）	0.28		
呼吸交换率	−0.26	64.21	64.21
因素二：呼吸强度			
能量消耗（kcal/min）	−0.00		
代谢量（W/m²）	−0.10		
耗氧量 [mL/(min·kg)]	−0.10		
呼吸量（L/min）	0.80		
心率（次/min）	0.56		
呼吸交换率	0.93	17.99	82.19

资料来源：Chan et al.，2013。

因素分析共萃取了 2 个特征值大于 1 的共同因素，特征值分别为 3.97、1.29，解释变异量分别为 64.21％、17.99％，累积的解释变异量达 82.19％，可以代表原始资料。由旋转后的因素负荷量将 2 个因素命名为"体力消耗"和"呼吸强度"。

研究根据 281 组气象数据和生理数据，运用多元回归法，分析因变量（主观体力感觉程度）与自变量（年龄、工作时间、湿球黑球温度、空气污染指数、吸烟习惯、饮酒习惯、体脂率、静息心率、能量消耗、呼吸强度以及工作种类）之间的关系，建立了高温作业模型。研究用三种不同的酷热指数建立三个数学模型，如式 5-4～式 5-6 所示。三个数学模型的拟合优度检验显示 R^2 修正值分别为 0.78、0.79 及 0.79（$P < 0.05$），表明三个模型拟合优度效果良好。研究结果显示，影响"暑热压力"有十大主要因素。其中饮酒习惯、年龄和工作时间长度为影响钢筋工工作状态的重要指标。其他因素包括空气污染指数、体脂率、吸烟习惯、湿球黑球温度、呼吸强度、静息心率与能量消耗等。

模型一：酷热指数（Heat Index）为热环境评价指标

$$RPE = -7.27 + 0.11HI + 1.26T + 0.08A - 0.05PBF + 2.23ADH + 0.38SH$$
$$+ 0.17EC + 0.17RE + 0.09API \, (\text{Adj. } R^2 = 0.78) \tag{5-4}$$

模型二：湿球黑球温度（WBGT）为热环境评价指标

$$RPE = -5.43 + 0.11WBGT + 1.40T + 0.06A - 0.07PBF + 2.28ADH + 0.50SH$$
$$+ 0.14EC + 0.16RE - 0.01RHR + 0.10API \, (\text{Adj. } R^2 = 0.79) \tag{5-5}$$

模型三：热工作极限指数（TWL）为热环境评价指标

$$RPE = -1.13 - 0.01TWL + 1.30T + 0.07A - 0.06PBF + 2.30ADH + 0.44SH$$

$$+0.15EC+0.16RE-0.02RHR+0.10API \quad (\text{Adj. R}^2 = 0.79) \qquad (5\text{-}6)$$

式中，HI 表示酷热指数（℃）；$WBGT$ 表示湿球黑球温度（℃）；TWL 表示热工作极限；T 表示工作时间（h）；API 表示空气污染指数；A 表示年龄；PBF 表示体脂率（%）；RHR 表示静息心率（次/min）；ADH 表示饮酒习惯（"0"表示无饮酒习惯，"1"表示偶尔饮酒，"2"表示经常饮酒）；SH 表示吸烟习惯（"0"表示无吸烟习惯，"1"表示偶尔吸烟，"2"表示经常吸烟）；EC 表示能量消耗；RE 表示呼吸强度。

研究将次年 411 组数据代入模型方程，通过预测值和实际值的比较，对高温作业模型的有效性进行检验。模型检验根据 $MAPE$ 和 $Theil's\ U$ 来判断，见表 5-9 所列。经预测值和实际值的比较，误差在有效误差范围内，表明三个模型均具有较高的预测能力。其中 WBGT 高温作业模型的 $MAPE$ 和 $Theil's\ U$ 最低，说明 WBGT 高温作业模型最能有效地预测钢筋工在高温高湿环境下的工作状态。

模型检验样本

表 5-9

实验参加实验者	HI 高温作业模型		WBGT 高温作业模型		TWL 高温作业模型	
	MAPE（%）	Theil's U	MAPE（%）	Theil's U	MAPE（%）	Theil's U
1	12.7	0.1409	9.4	0.0983	9.7	0.0874
2	7.5	0.0801	7.3	0.0732	7.3	0.0761
3	6.3	0.0768	6.5	0.0862	6.9	0.0663
4	11.4	0.1011	8.3	0.0571	9.2	0.0572
5	13.1	0.1679	8.3	0.0846	10.2	0.0626
6	7.2	0.0773	8.1	0.0622	7.4	0.0481
7	9.4	0.1068	6.4	0.0426	6.1	0.0482
8	8.2	0.0892	5.4	0.0354	7.2	0.0482
9	15.3	0.1023	10.8	0.0793	11.3	0.0734
10	4.6	0.0329	4.8	0.0239	5.1	0.0383
11	7.2	0.473	5.3	0.0462	5.9	0.0398
12	7.3	0.0782	3.2	0.0121	4.8	0.0212
13	10.3	0.1029	7.8	0.0879	8.2	0.0783
14	4.9	0.0263	2.8	0.0168	3.2	0.0187
15	8.9	0.0485	5.6	0.0392	5.1	0.0382
16	9.2	0.0627	7.3	0.0461	8.0	0.0623
17	7.5	0.0428	8.2	0.0768	8.2	0.0687
18	6.2	0.0529	5.3	0.0431	6.0	0.0528
19	9.4	0.0822	3.4	0.0221	4.2	0.0582
平均值	**8.8**	**0.102**	**6.5**	**0.054**	**7.1**	**0.055**

资料来源：Yi et al.，2014a。

4. 高温作业极限时间

高温作业模型不仅可以反映钢筋工的工作状态，还可以进一步应用于确定钢筋工的工作极限时间。考虑到自觉劳累指数 7 代表非常疲惫，几乎达到维持运动训练的底线。因此，研究设定 PRE 7 为保障工人安全健康作业的极限值。根据高温作业模型，即可推导出工作极限时间模型（式 5-7、式 5-8、式 5-9）。影响"工作极限时间"有九大主要因素。其中饮酒习惯和年龄为影响钢筋工工作状态的重要指标。其他因素包括空气污染指数、体脂率、吸烟习惯、环境温度指数、呼吸强度、静息心率与能量消耗等。如工作极限时间即在炎热天气下，工人在某些条件下可保持健康安全状态下持续工作的时间。例如一名 45 岁钢筋工，平时偶有吸烟、饮酒，他在湿球黑球温度为 30℃，空气污染指数 30 的环境下持续工作的极限时间为 72min。表 5-10 显示了在空气污染指数为 30，各年龄层在不同湿球黑球温度下进行中等强度工作的极限时间。

$$HTT = [7 + 7.27 - 0.11HI - 0.09API - 0.08A + 0.05PBF - 2.23ADH - 0.38SH \\ - 0.17EC - 0.17RE]/1.26 \times 60 \tag{5-7}$$

$$HTT = [7 + 5.43 - 0.11WBGT - 0.10API - 0.06A + 0.07PBF - 2.28ADH - 0.50SH \\ - 0.14EC - 0.16RE + 0.01RHR]/1.4 \times 60 \tag{5-8}$$

$$HTT = [7 + 1.13 - 0.01TWL - 0.10API \quad 0.07A + 0.06PBF - 2.30ADH - 0.44SH \\ - 0.15EC - 0.16RE + 0.02RH]/1.3 \times 60 \tag{5-9}$$

式中，HTT 表示工作极限时间（h）；HI 表示酷热指数（℃）；$WBGT$ 表示湿球黑球温度（℃）；TWL 表示热工作极限；T 表示工作时间（h）；API 表示空气污染指数；A 表示年龄；PBF 表示体脂率（%）；RHR 表示静息心率（次/min）；ADH 表示饮酒习惯（"0"表示无饮酒习惯，"1"表示偶尔饮酒，"2"表示经常饮酒）；SH 表示吸烟习惯（"0"表示无吸烟习惯，"1"表示偶尔吸烟，"2"表示经常吸烟）；EC 表示能量消耗；RE 表示呼吸强度。

建筑工人热环境下的工作极限时间 表 5-10

温度（℃）	湿度（%）	酷热指数 HI（℃）	湿球黑球温度 $WBGT$（℃）	热工作极限 TWL（W/m²）	年龄				干预措施
					25	35	45	55	
25	90	27	24	≥220	152	126	101	75	无限制
26	90	29	25		147	122	96	70	
27	90	30	26		143	117	91	66	
28	75	31	27		138	112	87	61	
29	75	33	28	140～220	133	108	82	56	热适应
30	75	36	29		129	103	77	51	
31	75	39	30		124	98	72	47	
31	90	42	31		119	93	68	42	
32	90	45	32	115～140	114	89	63	37	Buffer
33	75	47	33		110	84	58	33	
34	75	50	34		105	79	54	28	
35	75	53	35	≤115	100	75	49	23	必须停止
35	90	57	36		96	70	44	18	
36	90	59	37		91	65	39	14	

注：空气污染指数为 30，人体脂肪比率是 12.3%，静息心率是 78，饮酒习惯是偶尔饮酒，吸烟习惯是偶尔吸烟，工作强度中等，风速是 0.5m/s。

资料来源：Yi et al.，2014a。

5.3　高温下建筑施工休息时间

5.3.1　研究问题

研究的第一阶段通过现场实验对环境与生理指标的测量与分析，推算出了建筑工人在高温环境下工作的极限时间，即一个建筑工人连续在高温下工作保持其良好工作状态的最长持续时间。为了保障工人的健康和安全，应在工人达到其工作极限前给予休息让其进行恢复体能，否则易造成意外伤亡事故的发生。充分的休息时间有助于缓解人的疲劳和生产率的提高，不足的休息时间会引起认知和行为障碍。关于休息的现有研究大多阐释了休息有利于体能的恢复，提高工作效率，但是工人需要多久时间可以恢复体能？多久的休息时间是最佳的？因此研究在第二阶段将通过实验室实验和现场实验，研究体能恢复与休息时间的量化关系，建立体能恢复模型，推算工人在高温环境下的最佳休息时间。

5.3.2　数据采集

1. 实验室实验

为了模拟中国华南某典型高温地区"酷热天气"的气象条件，实验在当地理工大学纺织及制衣研究所的气候模拟实验室进行。气候室（3m 长、2.5m 宽、2.2m 高）的顶部与侧壁安置了各种类型的供应空气的入口，底部安置了各种类型的供应空气的出口，以形成不同形式的气流。热源是由两个热泵单元空调器和一个备用电加热器提供。湿度源是由电极加湿器固定在空气供应系统。该室的密封由保温材料绝缘。为了保持实际预先确定的温度和湿度在稳定状态下，电加热器和电极加湿器将得到规范。气候实验室的环境设置为温度 30℃和湿度 75%（湿球黑球温度大约为 30℃）来模拟当地建筑工地在夏季高温高湿的工作环境。

本实验邀请大学生参与此实验，参加实验者的年龄在 23～25 岁之间，无疾病史。参加实验者数量为男性 10 名，女性 4 名。实验前参加者需要了解此实验的过程，以及在热环境中工作的风险及可能造成的影响，参加实验者了解之后，如愿意参加实验，将签署一份参与同意书，并接受相应培训。参加实验者在实验前 24h 内不能服用酒精、咖啡、药物等。他们要求穿着统一的短袖上衣、长裤、袜子，服装的热阻大约是 0.6clo。实验之前，研究团队对参加实验者的年龄、吸烟习惯、饮酒习惯、体重、体脂率、静息心率、血压等个人基本信息和身体指标进行询问与采集。表 5-11 显示了 14 名参加实验者的个人信息和身体指标。

气候模拟实验中参加实验者的个人信息和身体指标（样本量＝14）　　表 5-11

项目	男性	女性	所有参加实验者
样本量	10	4	14
年龄（岁）	23.0±9.9	21.5±1.3	22.3±9.3
身高（cm）	170.8±6.6	160.5±4.1	168.5±9.8
体重（kg）	64.7±5.6	55.0±3.8	62.5±7.1
吸烟习惯 *	0.2±0.4	0.0±0.0	0.1±0.3
饮酒习惯 *	1.2±1.0	0.9±0.7	1.0±1.0
睡眠时间（h）	7.3±0.6	7.1±0.7	7.2±0.7

＊：吸烟及饮酒习惯是通过"0"（完全无吸烟饮酒习惯）至"5"（每日摄入 20 支或以上的烟，每日摄入不少于 1000mL 啤酒/400mL 红酒/200mL 白酒）来衡量。

图 5-5　气候实验室实验过程
资料来源：Chan et al，2012a。

实验前，参加实验者在温度约为 23℃的环境中静坐休息 20min，测得参加实验者在舒适环境下各项生理指数。然后，参加实验者进入气候实验室，在温度为 30℃，湿度为 75％的热环境中静坐休息 20min，其身体慢慢适应热环境，并测得参加实验者在此热环境下的各项生理指数。由于绑扎钢筋是一项手臂活动的工作，实验要求参加实验者在热环境中进行上臂运动。上臂运动的强度与频率是根据钢筋工实际工作强度换算的。2010 年 6 月至 9 月进行的现场实验中，研究者收集了钢筋工每 5 秒的体能消耗（Energy Expenditure）。通过对钢筋工体能消耗数据的分析，计算得钢筋工的平均体能消耗是（5.8± 2.1）kcal/min，经换算约为（402.7±146.7）W。因此，实验要求参加实验者按照每分钟 70 转的频率进行上臂运动（Angio 2000，Lode BV，荷兰）直至极限。为了保证参加实验者按照此节奏运动，实验使用了节拍器进行辅助，以及实验员在帮监督。当参加实验者运动至其极限，即主观不能再运动，或其心率超过其最大限度（180—年龄），或其耳温超过 38.5℃。参加实验者要求在气候实验室内进行休息，直至生理热应力值恢复至实验前正常水平或更低（图 5-5）。图 5-6 展示了气候模拟实验。

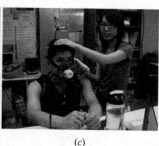

（a）　　　　　　　　　（b）　　　　　　　　　（c）

图 5-6　气候模拟实验
（a）气候模拟实验室；（b）参加实验者进行上臂运动；（c）注册护士每隔 5min 测量参加实验者耳道温度

生理热应力指标（Physiological Strain Index，PSI）作为衡量体能恢复的准绳。PSI 将热应力强度范围划分成由 0 到 10（Gotshall et al.，2001；Moran et al.，1998，2002）。PSI 是基于人体的心率值和体温值计算，能够实时反映热应力强度，分析热环境中人的生理状态。PSI 的计算见式（5-10）。参加实验者进行钢筋工作至极限后休息直至生理热应力值恢复实验前正常水平。

$$PSI = 5 \times (T_i - T_0)/(39.5 - T_0) + 5 \times (HR_i - HR_0)/(180 - HR_0) \quad (5\text{-}10)$$

式中，T_i 和 HR_i 分别代表热环境中某时刻测得的人体体温值和心率值；T_0 和 HR_0 分别代表热环境初始阶段人体静息状态的体温值和心率值。

注册护士全程监控参加实验者进行实验，以保证安全。实验中，参加实验者的生理指数通过体能代谢测量仪（K4b2，COSMED，意大利）测量，体能代谢测量仪可每 5 秒钟记录参加实验者的各种生理数据（如心率、耗氧量、呼吸强度等）。同时研究者每 5min 向参加实验者询问其主观疲劳感觉（RPE），同时注册护士使用红外耳道体温计（Genius TM 2，COVIDIEN，美国）测量参加实验者体温。此款体温计可将所测得耳温可换算成人体核心体温。考虑到工人实际工作可以喝水，参加实验者允许喝水，饮水量将记录。实验总共收集到 359 组生理数据。

2. 现场实验

气候模拟实验探索了体能恢复时间的计算方法。为了进一步确定建筑工人在炎热天气工作的最佳休息时间，研究团队开展了第二轮实地调查。2011 年 7 月至 8 月，研究团队在筲箕湾道 295 号项目、鸿图道 20-24 号项目 2 个工地进行了 14 天的实地实验。19 名身体健康，年龄介于 20～55 岁的钢筋工参与了建筑工地实验，均身体健康，无疾病史。参加实验者纯属自愿，并可以随时退出实验。实验之前，研究团队对参加实验者的年龄、吸烟习惯、饮酒习惯、体重、体脂率、静息心率、血压等个人信息和身体指标进行了询问与采集。表 5-12 显示了 10 名参加实验者的个人信息和身体指标。

2011 年第二轮工地调查参加实验者的生理状况（样本量＝19）　　　表 5-12

项目	平均值±标准差	范围
年龄（岁）	45.0±8.3	20～55
身高（cm）	169.2±5.6	160～180
体重（kg）	65.0±7.2	53.8～74
身体脂肪比（%）	17.3±6.1	3～23
静息心率（次/min）	71.1±5.7	63～102
舒张压（mmHg）	74.2±8.7	58～99
收缩压（mmHg）	118.2±7.3	98～145

实验前，建筑工人在温度约为 23℃ 的环境中静坐休息 20min，测得参加实验者在舒适环境下各项生理指数。然后参加实验者进入工作场地，在工地现场静坐休息 20min，以逐渐适应炎热和潮湿的环境，并测到工人最小的生理热应力值（PSI_{min}）作为确定工人工作至极限后体能恢复时间的准绳。实验中，参加实验者进行绑扎钢筋工作至极限后，在遮光处休息直至参加实验者的生理热应力值恢复实验前在工地的正常水平。实验流程如图 5-7 所示。工作期间，工人佩戴体能代谢测量仪（K4b2，COSMED，意大利）测量其各项生理指数。在不妨碍参加实验者的正常操作中，研究团队每 5min 向实验参加实验者询问主观体力感觉（RPE），参加实验者体温通过红外耳道体温计（Genius TM 2，COVIDIEN，美国）测量（图 5-8）。与此同时，气象测量仪（QUESTemp°36，澳大利亚）测量记录工作地点的气象数据（图 5-9）。实验过程中，参加实

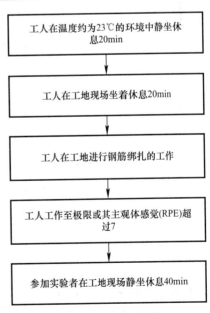

图 5-7　现场实验过程

资料来源：Chan el at.，2012c.

验者允许喝水，以防止其脱水，所喝水的量将记录。现场实验总共收集 411 组气象数据和生理数据。

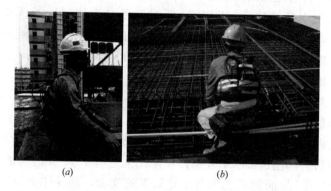

(a)　　　　　　　　　　　　(b)

图 5-8　2011 年第二轮工地实地调研的实验流程（从左自右：参加实验者实验前于工地休息，参加实验者进行钢筋工作）

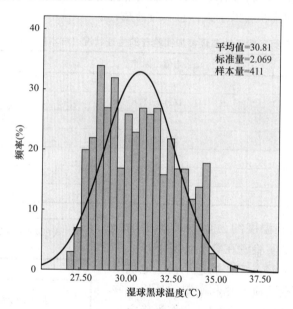

图 5-9　建筑工地夏季湿球黑球温度（WBGT）分布

资料来源：Chan et al.，2012c。

5.3.3　数据分析

研究对气候实验室和现场实验测得的生理指标进行描述性分析、t 检验以及单因素方差分析（ANOVA）。体能恢复率被定义为实验参加实验者在休息过程的生理热应力值与其在运动前或工作前生理热应力值最小值的百分比：

$$体能恢复率（\%）= PSI_{min}/PSI_i \tag{5-11}$$

式中，PSI_i 是实验参加实验者在休息过程中每 5min 间隔测量的生理热应力值，PSI_{min} 是实验参加实验者在运动前或工作前生理热应力值的最小值。

研究通过对因变量（生理热应力恢复率）与自变量（休息时间）进行分析与拟合，建立拟合性最好的体能恢复曲线或直线，从而建立体能恢复模型，推算出最佳体能恢复时间。所有的统计分析，在 95％的水平统计学意义（$P<0.05$）进行。这些分析使用统计软件 SPSS 17.0 进行。

5.3.4　研究结果

1. 气候实验室

参加实验者在热环境下核心体温变化如图 5-10 所示。当参加实验者进入温度为 30℃、湿度为 75％的热环境，核心温度会升高。在上臂运动期间的前 30min，参加实验者的核心温度迅速增加，且增幅加大。在运动 30min 后，大部分参加实验者的核心温度开始下降，并且逐渐保持在一个稳定的状态。当参加实验者到达其工作极限时，他们的核心体温接近 38.3℃。性别群体在人体核心温度有（$P<0.05$）有显著差异（见表 5-11）。在休息和运动期间的过程中，男性的平均核心温度比女性低，在运动期间低 0.2℃，在休息期间低 0.3℃。

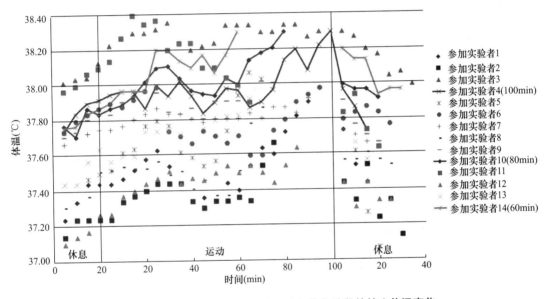

图 5-10　参加实验者在气候室运动与休息阶段的核心体温变化

资料来源：Chan et al.，2012b。

参加实验者在热环境下心率的变化如图 5-11 所示。在气候实验室休息的前 5min，参加实验者的心率略有增加，然后保持稳定。当参加实验者开始运动，其心率随着运动强度的增加逐渐增加。当参加实验者到达其运动极限时，其心率接近 130 次/min，较在热环境静止休息时平均增加 30 次/min。研究还发现饮酒习惯对心率有显著差异（$P<0.05$）。在运动期间，非饮酒的参加实验者比偶尔饮酒的参加实验者低 12 次/min，比习惯性饮酒的参加实验者低 18 次/min；在休息期间，非饮酒的参加实验者较运动时下降 14 次/min，偶尔饮酒的参加实验者较运动时下降 17 次/min，比习惯性饮酒的参加实验者低 20 次/min。

参加实验者的耗氧量变化如图 5-12 所示。参加实验者在室内温度为 23℃、相对湿度为 65％的环境下休息时的耗氧量是 80～150mL/min。当参加实验者进入温度为 30℃、相对湿度为 75％的环境中，他们的耗氧量提高到 100～450mL/min。当参加实验者到达其工作极限时，参加实验者的耗氧量达到最高，约为 650mL/min。当休息期间，参加实验者的耗氧量在前 5min 急剧下降，然后缓慢下降，逐渐接近参加实验者刚进入热环境休息的水平。

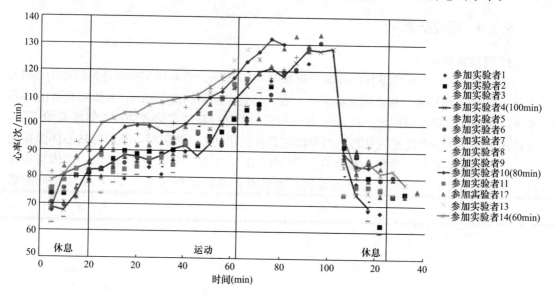

图 5-11　参加实验者在气候室运动与休息阶段的心率变化
资料来源：Chan et al.，2012b。

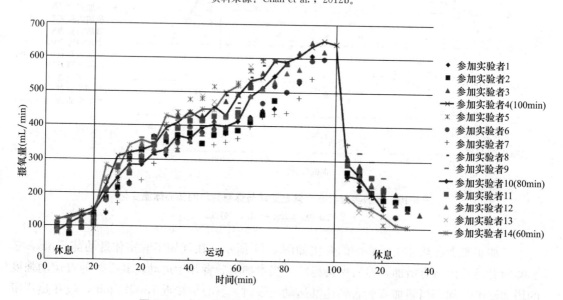

图 5-12　参加实验者在气候室运动与休息阶段的摄氧量
资料来源：Chan et al.，2012b。

参加实验者的呼吸交换率（RER）变化如图 5-13 所示。参加实验者运动时的呼吸交换率在 0.9～1.1 之间波动，休息时在 0.75～0.90 之间波动。

参加实验者在刚进入温度为 23℃、相对湿度为 65% 的环境下休息时的主观体力感觉为 2.0±0.1，代表"轻松"；当参加实验者进入温度为 30℃、相对湿度为 75% 的环境运动中，其主观疲劳感觉（RPE）逐渐递增，在极限时可达 7.2±0.8，代表"非常辛苦"。

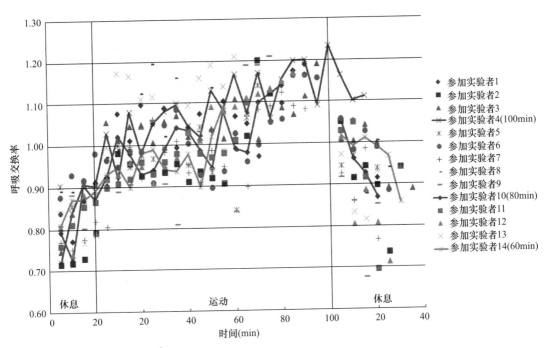

图 5-13　参加实验者在气候室运动与休息阶段的呼吸交换率

资料来源：Chan et al.，2012b。

表 5-13 总结了 14 名参加实验者的体能恢复率。由此可以看出，70％的建筑工人在 40min 内完全恢复。研究对参加实验者体能恢复率的平均值做进一步模拟与分析。参加实验者平均体能恢复率和相应恢复时间的关系如图 5-14 所示。

参加实验者体能恢复率　　　　　　　　表 5-13

参与者	体能恢复率（％）							
	5min	10min	15min	20min	25min	30min	35min	40min
1	21	28	32	100	100	100	100	100
2	29	31	39	52	85	94	100	100
3	64	71	73	73	79	79	89	90
4	50	81	100	100	100	100	100	100
5	15	15	16	50	50	60	70	81
6	67	70	78	100	100	100	100	100
7	57	59	76	86	100	100	100	100
8	64	68	100	100	100	100	100	100
9	45	45	45	49	52	85	75	80
10	28	38	52	100	100	100	100	100
11	42	42	46	49	56	71	71	75
12	51	53	55	55	56	62	74	70
13	56	64	64	71	85	100	100	100
14	26	34	37	41	44	62	74	76
平均值	43	50	58	73	79	87	89	91

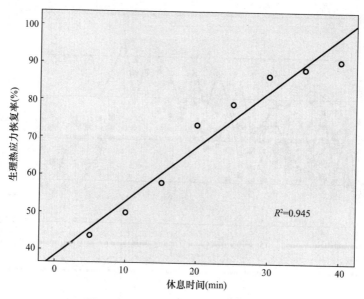

图 5-14　参加实验者体能恢复率拟合

资料来源：Chan et al.，2012b。

通过数据模拟，研究发现线性回归能反映生理热应力恢复率与相应恢复时间的关系（R^2 为 0.945）。体能恢复模型如式（5-12）所示。

$$R = 1.46T + 38.5 \tag{5-12}$$

式中，R 表示生理热应力恢复率（%），T 表示恢复时间（min）。

参加实验者在温度为 30℃、湿度 75% 的环境下运动至极限后休息的体能恢复曲线如图 5-15 所示。研究发现，实验参加实验者平均可在 5min 内体能恢复到最初状态的 46%，10min 升至 53%，15min 升至 60%，20min 升至 68%，25min 升至 75%，30min 升至 82%，35min 升至 90%，40min 升至 97%，休息时间越长，体能恢复的效果越好。

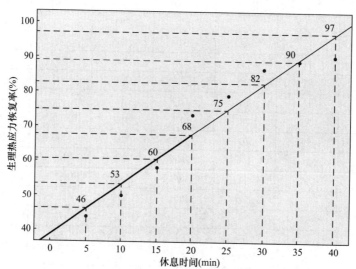

图 5-15　参加实验者体能恢复率估计

资料来源：Chan et al.，2012b。

2. 现场实验

建筑工人在高温环境下工作核心体温变化如图 5-16 所示。当建筑工人进入炎热和潮湿的环境，他们的核心体温会升高。在前 35min 的运动期间，核心温度迅速增加，增幅加大。35min 后，大部分建筑工人的核心温度开始降低，并且逐渐保持在一个稳定的状态。当参加实验者到达其工作极限时，他们的核心体温接近 38.4℃。身体脂肪比在人体核心温度有（$P<0.05$）显著差异。在休息和运动期间的过程中，低脂肪比率（8%～14%）工人的平均核心温度比较高脂肪比率（15%～27%）低 0.3℃。

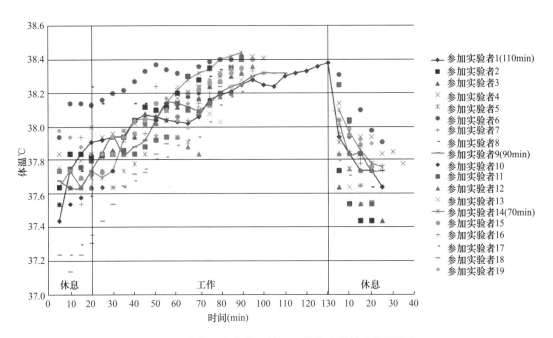

图 5-16   建筑工人在热环境下工作休息的核心体温变化

资料来源：Chan et al.，2012c。

建筑工人在高温环境下工作的心率变化如图 5-17 所示。在休息的前 5min，建筑工人的心率略有减少，然后保持稳定。在工作阶段，建筑工人的心率逐渐增加。当建筑工人到达其工作极限时，参加实验者的心率接近 140 次/min，平均增加 40 次/min。饮酒习惯对心率有显著差异（$P<0.05$）。在运动期间，非饮酒的建筑工人比偶尔饮酒的建筑工人低 12 次/min，比习惯性饮酒的建筑工人低 19 次/min；在休息期间，非饮酒的建筑工人较运动时下降 17 次/min，偶尔饮酒的建筑工人较运动时下降 25 次/min，比习惯性饮酒的建筑工人低 27 次/min。

建筑工人在热环境下工作休息的摄氧量如图 5-18 所示。建筑工人在工地现场休息的摄氧量是 2～6ML/(min·kg)。当建筑工人到达其工作极限时，建筑工人的摄氧量达到最高，约为 5～17ML/(min·kg)。当休息期间，建筑工人的摄氧量在前 5min 急剧下降，然后缓慢下降，逐渐接近刚进入工地的水平。

建筑工人的呼吸交换率（RER）如图 5-19 所示。建筑工人在工作时的呼吸交换率在 0.9～1.3 之间波动，休息时在 0.6～0.9 之间波动。

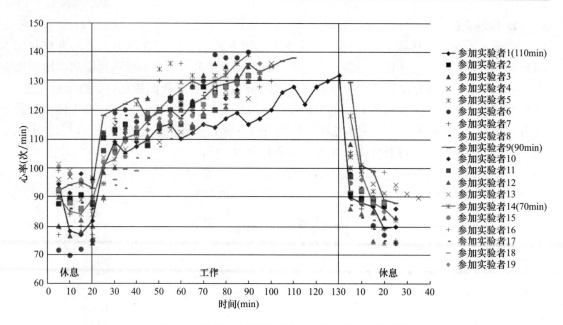

图 5-17 建筑工人在热环境下工作休息的心率变化

资料来源：Chan et al.，2012c。

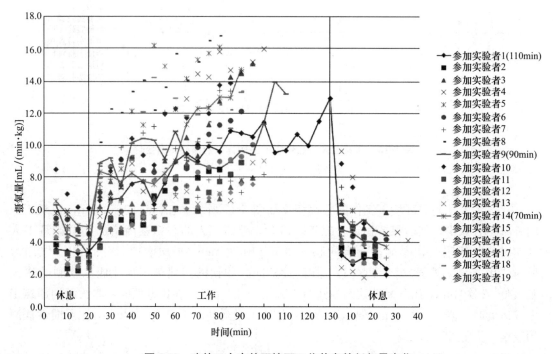

图 5-18 建筑工人在热环境下工作休息的耗氧量变化

资料来源：Chan et al.，2012c。

建筑工人在刚进入工地高温环境下休息时的主观体力感觉（RPE）为 1.9 ± 0.7，代表"轻松"；当建筑工人开始工作时，其主观体力感觉（RPE）逐渐递增，在极限时可达 6.8 ± 0.9，代表"非常辛苦"。

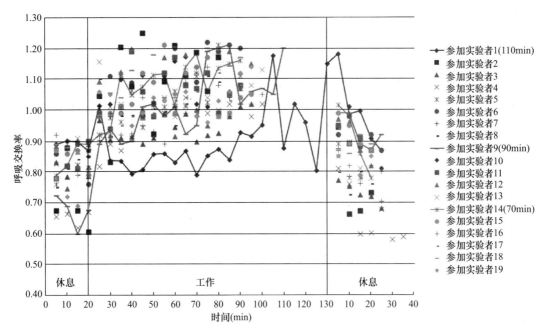

图 5-19　建筑工人在热环境下工作休息的呼吸交换率

资料来源：Chan et al.，2012c。

表 5-14 总结了 19 名建筑工人体能恢复率。由此可以看出，94％的建筑工人在 40min 内完全恢复。研究对建筑工人体能恢复率的平均值做进一步模拟与分析。建筑工人平均体能恢复率和相应恢复时间的关系，如图 5-20 所示。

建筑工人体能恢复率

表 5-14

编号 \ 时间	体能恢复率（％）							
	5min	10min	15min	20min	25min	30min	35min	40min
1	73.9	66.5	72.4	77.8	77.0	78.8	80.5	82.3
2	85.4	95.5	89.0	86.1	87.9	87.5	87.1	86.6
3	69.5	76.0	99.1	95.5	86.4	100.0	100.0	100.0
4	60.8	67.6	71.8	75.0	86.5	92.3	100.0	100.0
5	81.0	82.8	100.0	100.0	100.0	100.0	100.0	100.0
6	29.9	41.2	60.9	100.0	100.0	100.0	100.0	100.0
7	32.5	25.1	50.7	78.8	87.9	100.0	100.0	100.0
8	33.2	41.8	66.7	89.2	100.0	100.0	100.0	100.0
9	58.5	56.9	64.2	67.3	70.1	73.5	76.8	80.2
10	73.2	74.9	89.4	85.5	93.6	98.8	100.0	100.0
11	88.2	100.0	100.0	100.0	100.0	100.0	100.0	100.0
12	55.2	52.9	57.9	59.7	61.0	62.9	64.7	66.6
13	44.1	52.4	57.8	54.8	69.7	80.1	90.5	100.0
14	55.7	60.7	65.7	70.7	75.7	80.7	85.7	90.7
15	85.0	100.0	100.0	100.0	100.0	100.0	100.0	100.0
16	42.0	66.7	73.4	71.5	74.6	86.6	93.6	100.0
17	69.3	100.0	100.0	100.0	100.0	100.0	100.0	100.0
18	37.4	57.0	76.2	95.7	100.0	100.0	100.0	100.0
19	36.5	68.8	100.0	100.0	100.0	100.0	100.0	100.0
平均值	58.5	67.7	78.7	84.6	87.9	91.6	93.6	95.1

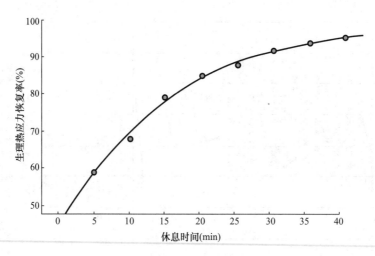

图5-20 建筑工人体能恢复拟合

资料来源：Chan et al.，2012c。

通过数据模拟，研究发现立方曲线能反映生理热应力恢复率与相应恢复时间的关系（R^2为0.997）。体能恢复模型如式（5-13）所示。

$$R = 0.001T^3 - 0.069T^2 + 3.174T + 43.764 \tag{5-13}$$

式中，R表示生理热应力恢复率（%），T表示恢复时间（min）

建筑工人在高温环境下（WBGT＝30.81±2.07℃）工作至极限后休息的体能恢复曲线如图5-21所示。研究发现，建筑工人平均可在5min内体能恢复到最初状态的58%，10min升至68%，15min升至78%，20min升至84%，25min升至88%，30min升至92%，35min升至93%，40min升至94%，休息时间越长，体能恢复的效果越好。研究系统地搜集了实验数据，进行科学定量分析，让利益相关者，包括政府劳务管理部门、私人开发商、承包商、工会代表在内，共同协商户外工作工人的休息时间的频率与长度。

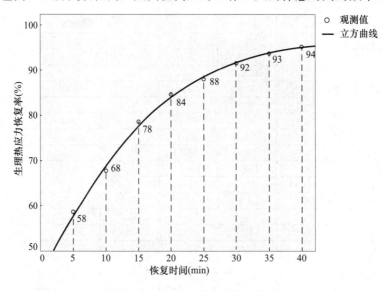

图5-21 建筑工人体能恢复估计

资料来源：Chan et al.，2012c。

5.4 高温下建筑施工作息安排

5.4.1 研究问题

通过实验室实验和现场实验，研究在第一阶段和第二阶段分别确定了建筑工人在高温环境下的工作极限时间和最佳休息时间。那么，建筑业在夏季的最佳作息安排如何？显然，休息时间越长，体能恢复的效果越好，能降低安全事故的发生。然而，休息时间的增加将导致工人生产时间（作业时间）的缩短，从而影响生产率。因此，建立合理的作息安排时间旨在平衡建筑业生产时间与建筑工人健康安全两者之间的关系，即在保障建筑工人安全生产的前提下提升建筑业的生产时间。一套完善的作息时间安排包括工作的时间、休息的时间与频率，以及开始休息的时刻。第三阶段的研究以"持续工作至生理极限后进行体能恢复休息"的作息机制为准则，运用蒙特卡洛模拟技术，确定建筑工人的作业时间、休息时间及开始休息的时刻。

5.4.2 作息安排机制

建立炎热天气下建筑工地作息时间安排步骤如图 5-22 所示，具体如下：

步骤 1：钢筋工人进行绑扎钢筋工作。

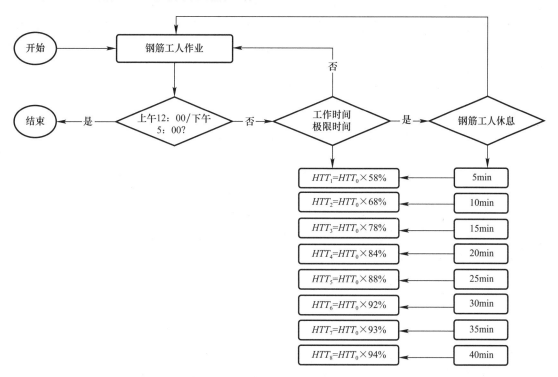

注：HTT_i（$i=1, 2, 3, 4, 5, 6, 7, 8$）表示钢筋工人休息后作业的极限时间

图 5-22 工作休息安排流程图

资料来源：伊文等，2013。

133

步骤 2：确认是否已到达上午 12：00 或下午 5：00。若时刻已到达 12：00 或下午 5：00，进入步骤 5，即停止作业；若时刻未到达 12：00 或下午 5：00，进入步骤 3。

步骤 3：核查钢筋工人的作业时间是否超过其所能负荷的工作极限时间，具体计算如式（5-5）所示。若钢筋工人的作业时间尚未到工作极限时间，回到步骤 2；若钢筋工人的作业时间已到达工作极限时间，进入步骤 4。

步骤 4：给予钢筋工人休息时间（如：5min、10min、15min、20min、25min、30min、35min、40min）。不同的休息时间使工人得到不同程度的体能恢复，影响工人再次进行绑扎钢筋工作的工作极限时间。休息的时间越长，工人体能恢复得越好。因此，工人休息后再进行绑扎钢筋工作的工作极限时间与生理热应力恢复率成正比。

步骤 5：钢筋工人停止绑扎钢筋工作。

5.4.3 工作时间安排

蒙特卡洛模拟又称统计模拟法、随机抽样技术，是一种以概率和统计理论方法为基础的计算方法，是使用随机数来解决复杂系统的方法（康崇禄，2017）。此方法已在工程学、经济学、医学、计算机学等学科得到广泛应用。其模拟过程是根据各随机变量的概率分布，用统计方法估计模型的数字特征，从而得到实际问题的数值解。随着模拟次数的增多，其预计精度也逐渐提高。由于需要大量反复的计算，一般均用电脑计算机来完成（刘存成 等，2014）。水晶球软件（Crystal Ball™）可以在不确定性模型变量上定义概率分布，通过模拟，在定义的可能范围内产生随机的数值。

水晶球软件（对拟合数据的分布）。基于政府部门统计资料，以及研究团队在工地搜集的环境与生理数据，水晶球对"工作极限时间模型"的九个自变量（湿球黑球温度、空气污染指数、年龄、体脂率、静息心率、饮酒习惯、吸烟习惯、能量消耗、呼吸强度）进行 10000 次计算，拟合后的环境与生理数据分布如图 5-23 所示，其描述性统计见表 5-15。

影响工作极限时间变量的描述性统计　　　　　　　　　　　　表 5-15

参数	平均值±标准差	范围
湿球黑球温度（℃）（上午 8：00—12：00）	28.9±1.3	26.1～32.6
湿球黑球温度（℃）（下午 1：00—5：00）	32.1±2.1	27.9～36.9
空气污染指数	35.1±15.2	10～90
年龄	45.8±6.8	18～65
体脂率（%）	14.3±3.7	5～32
静息心率（次/min）	77.8±8.4	57～99
饮酒习惯	1.0±0.7	0～2
吸烟习惯	0.8±0±0.7	0～2
能量消耗	2.5±0.5	0～4
呼吸强度	1.9±0.4	0～4

资料来源：伊文等，2013。

显然，不同工人的工作极限时间是不同的。从统一工作休息安排的角度出发，此研究选择工作极限时间的众数（即频数最多的值）作为工人统一的休息时间。考虑到极端值对结果的偏差影响，我们将不在95％置信区间的工作极限时间（图5-23、图5-24中浅色部分）排除。基于9个自变量的概率分布，水晶球软件模拟出炎热天气下建筑工地工作极限时间为（2.01±1.09）h（上午8：00—12：00）（图5-24）与（1.92±1.05）h（下午1：00—5：00）（图5-25）。根据模拟后的工作极限时间表明在上午工作120min、下午工作120min后需停止作业，进行休息。

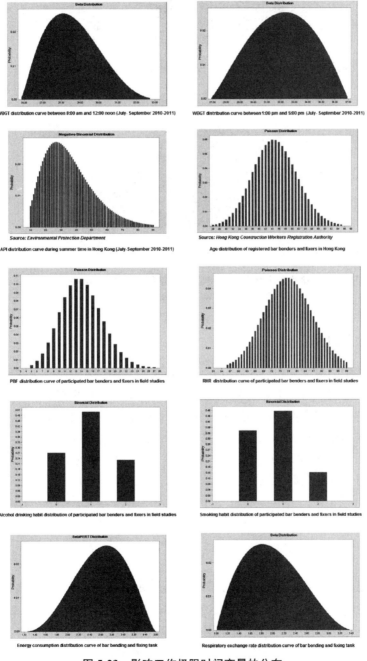

图5-23　影响工作极限时间变量的分布

资料来源：Yi et al.，2013。

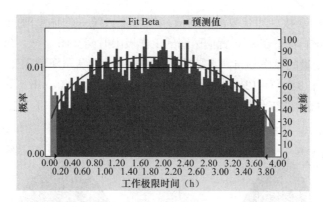

图 5-24　建筑工人夏季工作极限时间分布（上午 8：00—12：00）

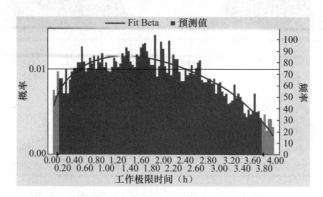

图 5-25　建筑工人夏季工作极限时间分布（下午 1：00—下午 5：00）

资料来源：伊文等，2013。

5.4.4　休息时间安排

水晶球软件中的情境分析（Scenario Analysis）可将模拟工作极限时间 10000 组环境和生理参数一一呈现。每一组环境和生理参数代表建筑工人在炎热天气下作业可能出现的情况。根据"持续工作至生理极限后进行体能恢复休息"的作息机制，研究先从微观的角度，以建筑工人作业的情况为对象，计算了每种情况在不同的休息时间（5min、10min、15min、20min、25min、30min、35min、40min）下所能达到的生产时间（作业时间）。每一个情境的休息次数和全部情境下的平均休息次数如式（5-14）、式（5-15）所示。

$$4 = \sum_{j=0}^{N_{ir}} HTT_{ij} + \frac{R_i}{60} \times n_{ir} + \frac{T_{ir}}{T_{iw}} \tag{5-14}$$

$$N_r = \frac{1}{m} \sum_{i=0}^{m} n_{ir} \tag{5-15}$$

式中，HTT_{i0} 是在第 i 个情境下，钢筋工人第一次到达工作极限的工作时间（h）；HTT_{ij} 是在第 i 个情境下，钢筋工人第 j 次到达工作极限的工作时间（h）；n_{ir} 是在第 i 个情境下，钢筋工人的休息次数；T_{iw} 是在第 i 个情境下，钢筋工人工作到中午 12：00 或下午 5：30 的最后一个工作时间（h）；T_{ir} 是在第 i 个情境下，钢筋工人工作到中午 12：00 或下午 5：30 的最后一个休息时间（h）；R_i 是钢筋工人每次允许的休息时间（即 5min、10min、

15min、20min、25min、30min、35min、40min）；N_r 是 m 种情境下，平均休息次数（上午 8：00—12：00，或者下午 1：00—5：00）。

研究再从宏观的角度，以建筑业为对象，统计分析了各种休息时间下的平均生产时间（表 5-16 和表 5-17 所示）。生产时间定义为工人在进行绑扎钢筋工作的时间。每一个情境的生产时间和全部情境下的生产时间如式（5-16）、（5-17）所示。表 5-16 和表 5-17 总结了不同休息时间下的平均生产时间，结果发现在上午进行一次 15min 的休息可得到 3.65h 的生产时间，在下午进行一次 20min 的休息可得到 3.82h 的生产时间。

$$WP_i = \sum_{j=0}^{n_{ir}} HTT_{ij} + T_{iw} \tag{5-16}$$

$$P = \frac{1}{m} \sum_{i=1}^{m} WP_i \tag{5-17}$$

式中，WP_i 是建筑工人的生产时间（h）；P 建筑工人的生产时间（h）；HTT_{ij} 是在第 i 个情境下，钢筋工人第 j 次到达工作极限的生产时间（h）；n_{ir} 是在第 i 个情境下，钢筋工人的休息次数；T_{iw} 在第 i 个情境下，钢筋工人工作到中午 12：00 或下午 5：30 的最后一个生产时间（h）；m 为各种情境（工地环境情况和工人生理状态）。

上午 8：00—12：00 各休息安排所对应的生产时间　　　　　　　表 5-16

休息时间	5min	10min	15min	20min	25min	30min	35min	40min
生产时间（h）	3.55	3.59	3.65	3.62	3.52	3.43	3.35	3.31
休息次数	4	2	1	1	1	1	1	1

资料来源：伊文等，2013。

下午 1：00—5：00 各休息安排所对应的生产时间　　　　　　　表 5-17

休息时间	5min	10min	15min	20min	25min	30min	35min	40min
生产时间（h）	3.45	3.48	3.52	3.54	3.49	3.40	3.32	3.27
休息次数	5	2	1	1	1	1	1	1

资料来源：伊文等，2013。

5.4.5　敏感性因素

研究使用水晶球软件进行敏感性分析，旨在从环境、生理、工作强度、年龄等因素中找出对工作极限时间有重要影响的因素，并分析、测算其对工作极限时间的敏感性程度。研究发现饮酒习惯、空气污染指数以及年龄对工作极限时间有着较大的影响（图 5-26）。

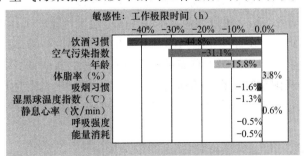

图 5-26　工作极限时间的敏感性分析旋风图

资料来源：伊文等，2013。

因此，研究建议：①工人工作当日不要饮用酒精或咖啡因类饮品；②对建筑工地扬尘以及施工机械造成的黑烟予以防治与控制；③建筑商注入并培养年轻劳动力；④炎热天气下，不安排年长者（年龄高于 60 岁）在露天户外工作。

5.4.6　合理作息时间安排

合理优化炎热天气下建筑工地作息时间安排具有重大学术意义和实践价值。根据中国华南某典型高温地区建筑业现行惯例，建筑工人仅在下午 3：15 有约半小时的休息时间。建议在夏季采用优化后的作息时间安排，不仅有助于提升建筑业的生产效率，同时保障建筑工人的安全与健康。优化后炎热天气下建筑工地作息时间安排为：上午 10：00 后休息 15min（湿球黑球温度平均为 28.9℃）；下午 3：00 后休息 30min（湿球黑球温度平均为 32.1℃）（图 5-27）。此研究不仅建立了一套合理优化作息时间安排的科学方法，并进一步细化及完善了现行的防暑降温措施。

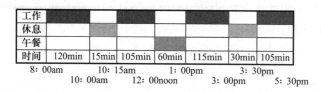

工作							
休息							
午餐							
时间	120min	15min	105min	60min	115min	30min	105min

8：00am　　　　　10：15am　　　　1：00pm　　　　3：30pm
　　　　10：00am　　　12：00noon　　　3：00pm　　　5：30pm

图 5-27　优化的炎热天气下建筑工地作息时间安排

资料来源：伊文等，2013。

5.5　本章小结

炎热的工作环境导致中暑症状及事故的频发，严重威胁着工人的健康安全。建筑施工多为露天户外作业，受温度、气候条件影响大，而劳动强度高加大了夏季施工的危险性。为了解决上述问题，研究首次从人体运动生理及热环境学的角度、通过科学实验研究建筑业的高温作业管理：①确定建筑工人在不同高温环境下的工作极限时间；②确定建筑工人在高温下长时间工作后，体能恢复所需要的最佳休息时间；③优化了高温天气下建筑工人的作息时间安排，优化后的作息时间安排不仅有助于提升建筑业的生产效率，同时保障建筑工人的安全与健康。

建筑工程管理学科由于其自身环境较为复杂，研究结果由于受到外界因素失效的现象。实验可以是一种科学研究方法，可以影响学术界并改进建筑行业的工作实践。但是，通过实验进行建筑工程管理研究，设计一个适当的实验有时任务艰巨。为了强化建筑工程管理实验研究，研究工作者们应当根据汲取现有的具有学科特色的实验研究方法，结合建筑工程管理学科的现状，以我国建筑工程环境作为实验条件，探讨出具有建筑工程管理管理学科特色的实验研究方法，为实验研究法在我国建筑工程管理学科的应用提供有利依据。

本章参考文献

[1]　Borg G. Borg's perceived exertion and pain scales[M]. Human kinetics，1998.

［2］　Chan A P C，Yam M C H，Chung J W Y et al. Developing a heat stress model for construction workers ［J］. Journal of Facilities Management，2012a，10（1）：59-74.

［3］　Chan A P C，Wong F K W，Wong D P，et al. Determining an optimal recovery time after exercising to exhaustion in a controlled climatic environment：Application to construction works［J］. Building and Environment，2012b，56：28-37.

［4］　Chan A P C，Yi W，Wong D P，et al. Determining an optimal recovery time for construction rebar workers after working to exhaustion in a hot and humid environment［J］. Building and Environment，2012c，58：163-171.

［5］　Chan A P C，Yi W，Chan D W M，et al. Using the thermal work limit as an environmental determinant of heat stress for construction workers［J］. Journal of Management in Engineering，2013，29（4）：414-423.

［6］　Cook T D，Campbell D T，Shadish W. Experimental and quasi-experimental designs for generalized causal inference［M］. Boston：Houghton Mifflin，2002.

［7］　Gotshall R，Dahl D，Marcus N. Evaluation of a physiological strain index for use during intermittent exercise in the heat［J］. Evaluation，2001，4（3）：2-9.

［8］　Kaiser M O. Kaiser-Meyer-Olkin measure for identity correlation matrix［J］. Journal of the Royal Statistical Society，1974，52.

［9］　Kutner M H，Nachtsheim C，Neter J. Applied linear regression models［M］. McGraw-Hill/Irwin，2004.

［10］　Moran D S，Kenney W L，Pierzga J M，et al. Aging and assessment of physiological strain during exercise-heat stress［J］. American Journal of Physiology-Regulatory，Integrative and Comparative Physiology，2002，282（4）：R1063-R1069.

［11］　Moran D S，Montain S J，Pandolf K B. Evaluation of different levels of hydration using a new physiological strain index［J］. American Journal of Physiology-Regulatory，Integrative and Comparative Physiology，1998，275（3）：R854-R860.

［12］　Neter J，Kutner M H，Nachtsheim C J，et al. Applied linear statistical models［M］. Chicago：Irwin，1996.

［13］　Rabinowicz E. An introduction to Experimentation［M］. London：English Universities Press，1973.

［14］　Radder H. The philosophy of scientific experimentation［M］. Pittsburgh：University of Pittsburgh Press，2003.

［15］　Singleton R A，Straits B C. Approaches to social researth［M］. New York and Oxford：Oxford University Press，2010.

［16］　Snedecor G W C and Cochran W G. Statistical Methods［M］，Iowa State University Press，1989.

［17］　Srinagesh K. The principles of experimental research［M］. Oxford：Butterworth-Heinemann，2006.

［18］　Yi W，Chan A P C. Optimizing work-rest schedule for construction rebar workers in hot and humd environment ［J］，Building and Environment，2013，61：104-113.

［19］　Yi W，Chan A P C. Which environmental indicator is better able to predict the effects of heat stress on construction workers? ［J］. Journal of Management in Engineering，2014a，31（4）.

［20］　Yi W， Chan A P C. Optimal work pattern for construction workers in hot weather：a case study in Hong Kong ［J］. Journal of Computing in Civil Engineering， 2014b， 29 （5）.

［21］　胡良平，李子建，刘惠刚. 医学论文中统计分析错误辨析与释疑——实验设计原则的正确把握 ［J］. 中华医学杂志，2004，84 （13）：1134-1136.

［22］　胡良平. 临床科研中如何正确实现随机化 ［N］. 中国医学论坛报，2006-03-02 （18）.

［23］ 胡良平，陶丽新，王琪，等. 实验设计不容忽视随机原则［J］. 中国骨伤，2009，22（6）：474-477.

［24］ 胡良平. 科研设计与统计分析［M］. 北京：军事医学科学出版社，2012.

［25］ 康崇禄. 蒙特卡罗方法理论和应用［M］. 北京：科学出版社，2017.

［26］ 林震岩. 多变量分析：SPSS 的操作与应用［M］. 北京：北京大学出版社，2007.

［27］ 刘存成，胡畅. 基于 MATLAB 用蒙特卡洛法评定测量不确定度［M］. 北京：中国质检出版社，2014.

［28］ 孙锐，杨晓光，朴建华. 气体代谢法及其典型设备 K4b2 在能量代谢测量中的应用［J］. 中国食品卫生杂志，2005，17（5）：445-448.

［29］ 伊文，陈炳泉. 合理优化炎热天气下建筑底盘作息时间安排［J］. 绿十字，2013（5/6）：15-18.

［30］ 张红坡，张海峰. SPSS 统计分析实用宝典［M］. 北京：清华大学出版社，2012.

第6章 高温下建筑施工健康安全的对策和展望

6.1 高温下建筑施工健康安全的对策

6.1.1 "纵横"研究策略

高温下建筑施工健康安全不再只仅仅涉及建造工程安全管理这一个专业，而是一门跨学科、跨地域的研究。横向上，这个领域的研究需要职业健康与安全、人体生理学、病理学、卫生学、环境学等其他领域的专家与学者共同协作，以对研究背景有更广阔的视野与认知，这类跨学科研究团队有运用多种研究方法处理不同问题的经验，能够有效管理理论、技术、统计、社会及应用等各方面的问题，经由学科间交叉渗透，超越以往分门别类的研究方式，将研究课题里涉及不同的学科"化零为整"，实现对高温下建筑施工健康安全问题的整合。根据不同的视角，跨学科研究体现在研究理论、方法及问题解决等各方面的融合。以解决实际问题为中心，展开多领域的综合研究，是跨学科研究的基本动力之一。研究理论的融合通常表现为新兴学科向已经成熟学科的借鉴和靠近，或成熟学科向新兴学科的渗透与扩张。例如，高温下建筑施工健康安全需要依赖环境学、人体生理学、病理学的基础知识来研究高温下建筑施工的风险因素、危害与解决办法。研究方法交叉是通过比较、移植的方式，将某类学科的特定方法用于解决高温下建筑施工健康安全这一研究问题。传统的建筑施工管理方法主要是访谈、问卷调查或案例分析，这些方法或存在一些缺憾，如不能量化防暑降温措施的有效性等问题；而实验方法较常用于医学、生物学、运动学、心理学、社会科学等领域，虽然能弥补此类不足，却因实施难度较高导致极少用于建筑施工管理中。近年来，学者们开始提倡将实验方法论应用到高温下建筑施工安全管理领域。例如 Yi 和 Chan（2013a）通过设计、执行"准实验"推算了高温下建筑施工的最优休息时间（详见本书5.4节）。

纵向上，高温下建筑施工健康安全的研究也透过不同地区的专家学者之间的合作来实现；这种跨地域的研究不仅代表着多方面社会力量的集成，还能促进良好工作方式的学习与实践。虽然各国气候条件不尽相同，但全球变暖是世界各地区共同面临的环境问题，致使高温下施工的工人面临着严峻考验，这类普遍性问题是各地区专家学者合作的动力之一。从研究对象角度，跨地域研究超越传统的定点个案研究或某地全盘研究，进行多地点的互动、比较研究；从研究执行者角度，跨地域研究通常会由不同地区的专家学者成立合作研究小组，透过不同领域的经验来实现同一个研究目的。

总而言之，当前学术研究早已不再是学者通过"闭门造车"来实现，尤其在涉及高温下施工健康安全这一类跨专业的研究课题时，学者需要积极地与来自其他专业、地域的专家展开合作，汲取各类研究方法和手段的长处，并结合实际研究问题，制定"量体裁衣"的研究框架。

6.1.2 应用型研究方向

与基础研究不同，应用型研究是解释与检验基础研究所产生的知识，用来解决实际问题的一种研究类型（Weiss，1979），是对现有知识的扩展，目的是将理论运用到实践；其研究成果针对具体的领域、问题或情况，对应用领域具有直接影响。

为解决"高温下施工健康安全"这一实际问题，研究人员需运用基础研究的有关成果和知识，结合科学的研究方法，制定有效、可行的高温下施工危害的干预措施，以保障工人的健康与安全。在执行研究计划时，业界的参与尤为重要，这意味着不仅要将建筑工人纳入研究（实验）对象的范畴，也会直接影响防暑降温措施在未来的应用情况，避免了学者"纸上谈兵"。

6.1.3 科学研究方法

科学研究方法是一种系统的技术，用来检查自然现象、获取新知识或修正与整合先前已获得的知识，以解决实际问题（Cross et al.，1981）。这种技术主要涉及的步骤包括：观察，提出研究问题和假设、测试方法，收集可量度的数据，验证假说以及深化理论（Kumar，2000）。通过科学研究方法获得的结果具有可重复性与实证性。现阶段有关"高温下施工健康安全"的研究方法仍有待完善。为了弥补这一研究缺口，基于Goldenhar等人（2001），Robson等人（2001）与Camp（2001）提出的职业危害与临床医学干预研究方法，Yang和Chan（2017a）进一步发展了"高温下施工危害干预研究方法"（图6-1）。

图 6-1 高温下施工危害干预研究框架

资料来源：Yang et al.，2017a。

由Camp（2001）提出的"功效—效果—传播"的循环是研究防暑降温措施有效性的核心内容。防暑降温措施的功效是指在严格控制的条件下（如实验室），该措施对防暑降温的有效性；防暑降温措施的效果是指在真实工地环境下，该措施对防暑降温的有效性。

当确定防暑降温措施无论在实验室环境下或是真实情况下都能起到防暑降温的作用时，下一步则是继续调查其在大规模使用者间的可接受度和可推广性。

研究背景的收集有助于阐述研究问题、研究的理论基础、研究缺口、研究目的及研究假设，不仅如此，一系列研究方法的设计也可从以往的研究中精炼出来（Lipsey，1993；Goldenhar et al.，1994）。理论是解释防暑降温措施如何缓解高温下施工的危害这一论据的基础。在此阶段，因为不具备现实性的科学创新无法使目标群体受益（Chataway et al.，2007），研究人员还应考量防暑降温措施的实用性。因此，研究问题的确立需要既要基于理论论据，也要考虑现实工人的确切需要以及在工地实现的可能性。

高温下施工危害干预研究涉及的领域颇为广泛，一个跨专业的研究团队善于管理不同领域的理论、技术、统计、应用等方面的知识，并能建立一个较为完整的研究框架和研究设计。这类研究更涉及广泛的群体，包括建筑工人、业界管理人员、学术界及政府机构等，参与到研究项目中，以对研究项目的成果及其实用性进行点评。开展广泛的合作或有助于为这类研究提供一个平台，使业界人士成为该研究的参加实验者，亦是受益者。

针对如何建立有效的防暑降温措施，良好研究方案需要考虑干预措施的特性、实验对象的选择、需采集的数据信息，以及测量工具等方面（Goldenhar et al.，1994）。首先，需要明确现行防暑降温措施的种类及其特点（详见本书 3.2 节），根据它们的特性，结合实际应用情况，确定这些措施在研究方案中使用的时长、频率及强度（Goldenhar et al.，1994）。样本选择包括实验对象与样本容量的设计；其中，实验对象的选择会影响结果的普遍性问题，而后者则影响结果的可信度（Goldenhar et al.，1994）。最理想的情况是实验对象皆为建筑工人；而由于现实研究中人员、资金的限制，未能以建筑工人为实验对象时，应注明其对研究结果的影响。应采用随机抽样原则以确保样本总体中任何一个个体都有同等机会被抽取进入实验样本。样本容量的设计则需要考量其统计意义以及效应量。接着，将实验对象随机分配至一个或多个干预组与对照组，以区分干预组和其他组别的结果；而随机的目的是避免系统偏差，以提高研究的内部效度。双盲测试，即研究调查员与实验对象都不被知会"干预组"与"对照组"的区别，以减少"偏差"或"安慰剂效果"❶（Kristensen，2005）。随机与盲测经常用于严格控制的实验室实验；虽然其在工地实验中较难实现，但不失为一个度量防暑降温措施在真实环境下有效性的方法。为了调查工人对防暑降温措施实用性的评价与意见，一般采用工地调查或访谈的手段，以便为将来防暑降温措施的执行奠定可行性的基础。最后，测量工具的可靠性和有效性是获得准确研究结果的基础之一。校准程序常用来确保测量工具的可靠性（Bassett et al.，2012），以获得准确的数据。

执行实验的程序一般包括准备、简报、测量与结束四个步骤（Yi et al.，2013a；Sasson et al.，1969；Singleton et al.，2010）。首先，在正式实验前，预实验被用来规范实验步骤和流程，或用来辨识研究设计上可能出现的问题而随之进行修正与调整，以及用来预测可能出现的结果（Lancaster et al.，2004）。实验准备包括招募实验对象，训练调查员，准备实验仪器与实验地点等。实验对象与调查员需要清楚了解研究的目的、程序，或出现

---

❶　"安慰剂效果"为一医学名词，表示患者从心理上感觉治疗效果有效（Eccles，2006）。

的紧急状况等。调查员还需要管理测量仪器的正常运行。实验结束后，应给予实验对象一定的恢复时间，方才离开。

实验结果的数据需要运用合适的分析工具进行分析，以辨别"干预组"与"对照组"的差异。这些数据分析方法包括描述型统计（如频率、百分比、均值、标准差与标准误等）来描述两组或多组结果的差异、一般线性模型（如方差分析、协方差分析、重复测量方差分析等）或混合线性模型来描述这些组别结果差异的统计学意义，或回归分析方法以确定自变量与因变量之间的关系。

最后，关于防暑降温措施的统计意义与现实意义，或非预期的研究结果，需要向研究参加实验者及非参加实验者公布，为该措施在将来的广泛实施奠定基础。

6.2 抗高温个人防护设备的研发

根据图 6-1 的研究步骤，本章主要介绍本书作者及其研究团队在过去六年间研发的两项抗高温个人防护设备，这些研究以中国华南某典型高温地区夏季施工健康安全状况为平台，旨在提供一个良好的研究案例，并可应用类似的研究方法在其他地区开发因地制宜的防暑降温措施。

6.2.1 建筑工人夏季抗热工作服

1. 研究问题与目的

中国华南某典型高温地区夏季的天气炎热且潮湿。部分建造工人常于夏季施工时打赤膊或穿着短裤暴晒于太阳下，这有可能增加他们罹患皮肤癌的风险，也容易被建筑物料、机械刮伤皮肤。造成他们有这种不恰当的着装方式可能是因为他们穿着现有工作服于夏季施工时感觉太热、太湿，或不舒适；而恰当设计的衣物则不仅能鼓励他们于高温下使用，而且能保护他们免受太阳辐射的危害。近年政府机构及业界非常关注工人于酷热天气下作业的健康安全问题，因此大力推行一系列防暑降温措施及工作指引以预防工人中暑。在多项措施中，工人穿着合适的（如轻薄、浅色、透气性良好）夏季工作服是其中一项个人防护措施；然而，一方面，并无行业准则鉴定何为"合适"衣物，另一方面，也缺乏科学系统的研究针对建造工人而设计合适衣物。所以，研究团队运用科学的研究方法为建造业工人设计并制作合适的抗热服，旨在推行一项有效且实用的个人防暑降温措施。

考虑到研究项目的跨学科性，研究团队由来自职业安全与健康、纺织科学、生理与运动科学等领域的学者及专家组成。结合各领域的专业知识，他们被分为三个小组：服装设计小组、实验设计小组及协调与执行小组。在项目带头人的领导下，这三个小组相互协调、沟通、紧密合作，共同完成研究任务。该团队主要开展了四阶段的研究任务：文献回顾、面料筛选、成衣设计及性能评估（图 6-2）。文献回顾的目的是为该研究项目提供理论基础，并指导研究方法的制定与执行。面料筛选与成衣设计是理论研究的成果，是研究结果的产品化形式。对新型抗热服效用的评估是研究的关键阶段，包括通过实验室实验评估抗热服的功效，通过工地实验评估抗热服的效果，以及通过工人问卷调查评估抗热服的可接受度与实用性。

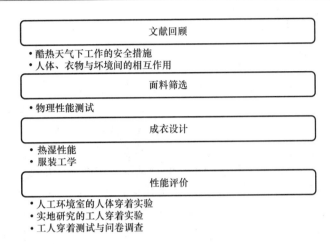

图 6-2　研究步骤

资料来源：陈炳泉，2016。

2. 理论基础

1）人体—服装—环境交互下的体热平衡

如本书 3.1.1 节所述，造成热应激的潜在风险多种多样，包括环境、工作量、衣物、人体生理、心理等因素。当人体内产热增加或身处热环境下，正常的人体热平衡受到干扰，人体将产生一系列生理反应来对抗这种干扰，如辐射、传导、对流和蒸发散热，以防止核心体温过高，继而限制生理系统的正常运作（Sawka et al.，1995）。

人体热平衡依赖于周遭环境与代谢活动及衣物的相互作用；此时，人体与环境的热交换过程变得更为复杂（Gavin，2003；Wan et al.，2008）。衣服在人体表面的覆盖面积较大，它被当作是"隔离层"（Jay et al.，2010），介入了人体—环境的热湿传递。但是，这并不意味着工人可以在高温下施工时"打赤膊"或穿着短裤来减少这种隔离作用。衣服作为人们生活的一个必不可少的组成部分，不仅可以阻挡恶劣环境的危害（如紫外线、施工工地的危险物料等），还可以帮助人体适应环境（Wan et al.，2008）。

在夏季高温环境下，蒸发是主要的散热方式，而较高的相对湿度、较低的风速都会阻碍人体蒸发散热。因此，为发挥衣物对人体热湿传递的调节作用，夏季工作服的核心功能是增强人体蒸发散热。

2）热环境下的穿着舒适性

当衣物在人体和环境之间发挥热湿调节的作用时，其另一个重要功能是令衣服和皮肤间产生令人感到舒适的微环境区，这种穿着舒适性是人们对衣物的基本需求。穿着舒适性是一种主观感受，在人体—衣服—环境的相互作用下，是人们基于物理、生理、神经生理、心理变化过程的判断（Li，2001）。

穿着舒适性作为一个综合的主观评价指标，与其他主观感受指标密切相关，如热湿感觉、触感、压迫感觉等（Li，2001）。因此，夏季工作服的设计还应考量工人对服装的主观评价，在提升热湿舒适度的同时，还应考虑服装是否干扰工人的活动能力。

基于前述研究理论基础，夏季工作服的设计考量以下三方面：热湿性能、防护性能及服装工学。面料筛选的目的在于测试布料的热湿及防护性能，而热湿性能的优化亦通过成衣设计实现，后者也着重考量服装工学问题，以提高穿着舒适性、防护性及安全性。

3. 面料筛选

面料筛选的主要手段是物理性能测试。一共有 13 种上衣布料及 19 种长裤布料进行物理性能测试。测试的物理属性包括热湿性能（单位重量、厚度、空气阻力、透湿性及综合水分管理能力）与防护性能（紫外线防护系数、耐磨性）。透气性主要指人体透过织物排出水蒸气的能力，空气阻力指标越小，说明织物透气性越强。透湿性是指液态汗水通过织物的性能，数值越大，透湿性越好。布料的单项排水能力意味着汗水是否能够快速排出，从而带走热量，促进蒸发散热，考虑到布料的筛选以热湿性能为准则，综合水分管理能力是一关键指标，其数值与评价级别为：0～0.2 代表较差，0.2～0.4 代表一般，0.4～0.6 代表良好，0.6～0.8 代表非常好，大于 0.8 表示优秀（Hu et al.，2005）。另外，防紫外线系数（UPF）大于 40，则表示织物能够提供较好的防护能力。织物的磨损是指其在使用过程中受到其他物体的反复摩擦而逐渐被损坏的现象，耐磨性便是织物抵抗磨损的性能。在测试中，通过织物受到往复及回转的平面摩擦后，测得的重量损失来评价其耐磨性，一般，重量损失越大，表示织物的耐磨性越差。根据以上测设，Coolmax 与 Dry-in-side 面料具有较为优异的热湿性能，因此分别作为抗热服的上衣与长裤。

4. 成衣设计

基于选取的上衣与长裤面料，成衣设计不仅需要进一步优化织物热湿传递性能，还需要考量穿着舒适性，更要满足行业需求（如佩带反光带）。因此，具体设计方法见表 6-1 所列。上衣两侧网眼布料能够进一步增强微环境空气流通。多孔反光带不仅具有可视性，而且比无孔反光带透气性更好。反光带前后不同设计则能够增加工人的辨识度。宽松的版型亦能增加穿着舒适度。新制抗热工作服如图 6-3 所示。

抗热工作服的设计特点 表 6-1

项目	上衣	长裤
优化热湿传递功能	网眼织物于两侧身板 （促进蒸发散热）	
	多孔反光带（增加透气性）	
提高穿着舒适性	宽松且合身	
	插肩袖 （裁剪上给予背部宽松的空间）	可调节腰围及较大臀围设计 （方便腰部、胯部活动）
满足行业需求	前后不同设计的反光带（提高可视性与安全性）	

资料来源：Chan et al. 2016b；Yi et al.，2017a。

5. 性能评估

通过展开人工环境控制室实验、工地实验及工地问卷调查，比较新型抗热服与传统工作服对人体生理、感知的影响，以评价新型抗热服对防暑降温的有效性。表 6-2 对比了两套工作服上衣与长裤的基本热湿性能。新型抗热服较传统工作服更为轻薄，且具有更好的综合水分管理能力，即汗水更容易从皮肤表面单向排出至面料表层，从而促进蒸发散热。

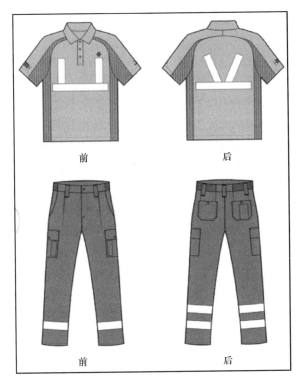

图 6-3　新型抗热工作服的成衣设计

新型抗热工作服与传统工作服的基本热湿性能　　　　表 6-2

项目	上衣		长裤	
	新型	传统	新型	传统
颜色	浅蓝色	黄色	卡其色	湛蓝色
纤维成分	100％涤纶（Coolmax）	65％棉，35％涤纶	60％棉，40％涤纶（Dry-inside）	100％棉
单位重量（g/cm²）	135.46	187.46	185.26	244.46
厚度（mm）	0.60	0.83	0.48	0.57
空气阻力（kPa·s/m）	0.15	0.14	1.96	1.92
透湿性［g/(d·m²)］	594.67	600.53	507.44	530.58
综合水分管理能力	0.61	0.51	0.86	0.08

资料来源：Yi et al.，2017a。

1）人工环境室实验

实验前，新型工作服与传统工作服被储藏于恒温室内（气温 23℃，60％相对湿度）。10 位男性参加实验者均自愿参与是次实验。他们每周运动 2～3 次，无重大疾病史。每一位参加实验者穿着同一双运动鞋和同一件内衣参加两次实验，分别穿着新型工作服与传统工作服；每次实验需在同一时间段进行，且两次实验的间隔需在一周以上；并确保 10 位参加实验者的穿着次序是对抗平衡次序（counter-balanced order），即随机安排 5 位参加实验者先穿新型工作服，其他参加实验者先穿传统工作服；而参加实验者本身并不被告知他们被分到哪一组，以减少"安慰剂"效应。实验前所有参加实验者需了解实验目的和流程，且签署参加实验同意书；基于安全考虑，有一名随行护士全程看护参加实验者。

参加实验者到达实验室后，研究团队对参加实验者的年龄、裸重（含内衣）、身高等个人基本信息和身体指标进行询问与采集。他们的平均年龄、体重、身高分别为 21 岁、63kg、173cm。接着，参加实验者食用一份标准营养补充小食（热量 260kcal，蛋白质 9g，脂肪 7g，碳水化合物 41g），并按每公斤体重 3mL 的标准饮用温水（约 37℃）（Yaspelkis et al.，1991）。然后，参加实验者佩戴实验仪器，包括核心体温接收器、皮肤温度探测器（LT8A，Gram Co.，日本）及心率带（Polar T34 Transmitter，美国）。核心体温（T_c）由可吞食的体温探测器（CorTemp®，美国）检测。参加实验者在实验前 4 个小时饮用温水吞食该探测器。平均皮肤温度探测采用四点法，即在胸部、前臂、大腿和小腿配置探测器。核心体温、皮肤温度、心率（HR）及参加实验者都被摄影机实时记录下来，以便研究团队监测实验整个过程。

人体穿着实验于一人工环境控制室内进行，该控制室可模拟高温高湿的气候，本实验将气温与相对湿度分别控制为 34.5℃ 与 75%。每一位参加者进入环境控制室 10min 后（标准缓冲时间），正式进入实验过程。实验流程主要包括 5 个运动阶段：运动前 30min 适应阶段、9min 热身运动、间歇跑步运动、运动后 6min 整理运动及 30min 静态休息（图 6-4）。间歇跑步运动的时间由以下因素决定：①核心温度到达 38.5℃；②心率到达最大心率的 95%；③参加实验者力竭主动要求停止。在整个实验过程中，参加实验者的生理数据及主观感受被实时记录下来，用于日后数据分析。记录核心体温与皮肤温度的频率为每 30 秒 1 次；心率每秒记录 1 次数据。根据获得的温度、心率数据，进一步计算出平均皮肤温度（式 6-1）、平均体温（式 6-2）、体热含量变化（式 6-3）及生理热应变指标（式 6-4）。主观感受，包括辛苦程度、热感觉、湿感觉（表 6-3），在休息时每 10min 记录 1 次，在运动时每 3min 记录 1 次。实验 5 个阶段结束后，参加实验者立即用干净毛巾擦拭汗液，再次称量裸重，以计算出汗量；出汗量为实验前后两次裸重差，并调整尿液与饮水量后得到（1L 水量按 1kg 计算）。

$$\overline{T_{sk}} = 0.3(T_{chest} + T_{forearm}) + 0.2(T_{thigh} + T_{calf}) \tag{6-1}$$

式中，$\overline{T_{sk}}$ 为平均皮肤温度，T_{chest}、$T_{forearm}$、T_{thigh}、T_{calf} 分别为胸部、前臂、大腿和小腿的皮肤温度。

$$\overline{T_b} = 0.65T_c + 0.35\overline{T_{sk}} \tag{6-2}$$

式中，$\overline{T_b}$ 为平均体温。

$$\Delta S = C_b \times m \times \Delta\overline{T_b} \tag{6-3}$$

式中，ΔS 为体热含量变化；C_b 为比热容系数，取 3480J/(kg·℃)；m 为实验前测得裸重。

$$PhSI = 5 \times \frac{T_{ci} - T_{c0}}{39.5 - T_{c0}} + 5 \times \frac{HR_i - HR_0}{HR_{max} - HR_0} \tag{6-4}$$

式中，$PhSI$ 指人体热应变指标，取值范围为 0~10；T_{c0} 与 HR_0 分别是核心体温与心率的初始值；T_{ci} 与 HR_i 分别是实验过程中同步记录的核心体温与心率的数据；HR_{max} 为测量到的最大心率，若此数值未超过 180，则用 180 作为最大心率。

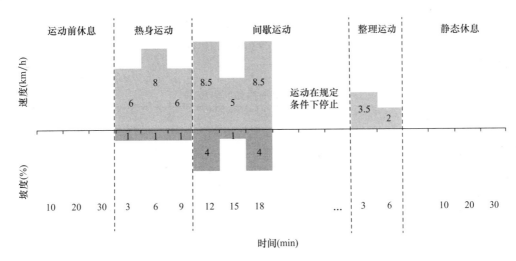

图 6-4　五阶段运动流程

资料来源：Yi et al.，2017a。

主观感受评价　　　　　　　　　　　　　　　　　　　　　　　　　表 6-3

量表	主观疲劳感觉	量表	热感觉	湿感觉
0	休闲			
1	非常轻松	−3	非常凉爽	非常干爽
2	轻松	−2	凉爽	干爽
3	中等	−1	轻微凉爽	轻微干爽
4	少许辛苦	0	中等	中等
5	辛苦	1	轻微炎热	轻微湿
6		2	炎热	湿
7	非常辛苦	3	非常炎热	非常湿
8				
9				
10	极限			

资料来源：Yi，et al.，2017a。

　　运用 SPSS 数据统计软件，二因子（服装×阶段）重复测量方差分析用于评估新型工作服与传统工作服影响生理、感知反应的差异。成对样本 t 检定用于评估不同服装对运动时间与出汗量的差异。数据结果表示为均值与标准差；显著性水平设置为 $P < 0.05$。相应地，效应量的计算用于评估总体均值之间的差异大小，不受样本量影响。当效应量小于 0.2，说明影响效力微弱；当效应量在 0.2~0.4 之间，说明影响效力小；当效应量在 0.4~0.7 之间，说明影响效力中等；当效应量大于 0.8 时，说明影响效力强（Christensen et al.，1977）。

　　二因子（服装×阶段）重复测量方差分析结果显示服装因子对核心体温（$F = 8.75$，$p = 0.01$）、平均皮肤温度（$F = 5.92$，$P = 0.02$）、心率（$F = 13.05$，$P = 0.02$）、体热容变化（$F = 36.17$，$P = 0.01$）及生理热应力（$F = 15.23$，$P = 0.02$）指标的主效应显著，即较传统工作服而言，新型工作服能够显著减少生理热应变。在感知反应方面，新型工作服亦能带来更轻松（$F=67.23$，$P=0.01$）、更凉快（$F=25.12$，$P<0.01$），以及更干爽（$F=19.21$，$p<0.01$）的感觉。Post hoc 分析进一步显示服装种类在某个阶段时生理、感知指标的显著差异（表6-4）。

服装对生理与感知的影响　　　　　　　　　　　　　　表6-4

参数		热身运动		间歇运动		整理运动		静态休息	
		均值	标准值	均值	标准值	均值	标准值	均值	标准值
核心体温（℃）	新型	37.47	±0.18	38.34	±0.14	38.51	±0.11	37.89	±0.13
	传统	37.47	±0.22	38.45	±0.11	38.64	±0.13	38.06	±0.13
	统计结果	$P>0.05$		$P=0.03$		$P<0.01$		$P<0.01$	
	效应量	$d=0$		$d=0.87$		$d=1.08$		$d=1.31$	
平均皮肤温度（℃）	新型	35.34	±0.38	36.01	±0.36	36.33	±0.47	35.68	±0.37
	传统	35.49	±0.35	36.27	±0.34	36.33	±0.35	36.02	±0.41
	统计结果	$P<0.01$		$P=0.03$		$P>0.05$		$P<0.01$	
	效应量	$d=0.41$		$d=0.68$		$d=0$		$d=0.87$	
心率（次/min）	新型	127	±10	158	±9	141	±10	104	±10
	传统	135	±11	163	±11	143	±13	113	±11
	统计结果	$P<0.01$		$P>0.05$		$P>0.05$		$P<0.01$	
	效应量	$d=1.01$		$d=0.50$		$d=0.17$		$d=0.81$	
生理热应力指标	新型	3.4	±0.6	5.4	±0.5	5.4	±1.0	3.3	±0.7
	传统	3.9	±0.6	5.4	±0.5	5.3	±1.1	4.1	±1.0
	统计结果	$P=0.02$		$P>0.05$		$P>0.05$		$P<0.01$	
	效应量	$d=1.10$		$d=0.0$		$d=0.1$		$d=0.93$	
体热含量变化（kJ）	新型	54.5	±19.6	202.7	±78.2	156.9	±47.2	−75.9	±11.3
	传统	78.7	±32.1	273.6	±89.1	197.8	±43.8	−65.3	±12.7
	统计结果	$P=0.04$		$P=0.03$		$P<0.01$		$P<0.01$	
	效应量	$d=0.91$		$d=0.85$		$d=0.9$		$d=0.88$	
辛苦程度	新型	2.7	±0.6	5.8	±0.6	2.2	±0.6	0.8	±0.8
	传统	3.4	±0.8	6.2	±0.8	2.8	±0.7	1.7	±0.9
	统计结果	$P<0.01$		$P<0.01$		$P<0.01$		$P<0.01$	
	效应量	$d=0.99$		$d=0.56$		$d=0.92$		$d=1.06$	
热感觉	新型	0.2	±0.7	1.7	±0.9	1.1	±0.8	0.1	±0.9
	传统	0.7	±0.6	2.6	±0.7	2.3	±0.7	1.0	±0.8
	统计结果	$P=0.03$		$P=0.02$		$P<0.01$		$P=0.02$	
	效应量	$d=0.77$		$d=1.12$		$d=1.60$		$d=1.06$	
湿感觉	新型	0.5	±0.9	1.9	±0.9	1.4	±0.7	1.1	±1.0
	传统	0.9	±0.8	2.6	±0.8	2.8	±0.3	2.3	±0.8
	统计结果	$P=0.02$		$P<0.01$		$P<0.01$		$P=0.02$	
	效应量	$d=0.45$		$d=0.82$		$d=2.59$		$d=1.32$	

资料来源：Yi et al.，2017a。

对样本 t 检验结果显示新型工作服的出汗量（592.8±136.2g）显著低于传统工作服（900.2±109.2g，$P<0.01$，$d=2.49$）。穿着新型工作服与传统工作服条件下运动时间分别为（24.2±6.6)min 与（22.9±6.1)min，差异不显著。

2）实地研究的工人穿着实验

工地实验将人工环境实验室实验的方法"搬到"工地进行，以评估抗热服在实际工作环境中的防暑降温作用。考虑到现实实验环境的复杂性，我们对个别高温下建筑施工对健康安全的潜在风险进行了控制。例如，考虑到年龄、性别、健康状况对个人耐热能力的影响，参加实验者仅限于无重大疾病的年轻男性建筑工人；考虑到热适应程度对个人耐热能力的影响，所有参加实验者需已在夏季施工约 1 个月。

一共有 16 位合乎条件的建筑工人参与到实地实验。他们的平均年龄为 22 岁，身高174cm，体重 65kg，身体质量指数为 21.5kg/m²。他们其中有 37.5％是钢筋工，12.5％是测量工，37.5％是木模板工，另外 12.5％是水暖和油漆工。

每位参加实验者均参加一日实验，该实验分为上午、下午两部分，他们分别穿着新型工作服与传统工作服；并确保 16 位参加实验者的穿着次序是对抗平衡次序，即随机安排 8位参加实验者先穿新型工作服，其他参加实验者先穿传统工作服。

在穿好指定工作服后，参加实验者还需佩戴一条心率带（Polar Wearlink®，美国）。在实验期间，他们从事日常劳作 135min[❶]；在此期间，他们可以根据个人需要喝水、小憩及自我控速劳作，以减小因脱水或过度劳动产生的超额热应变风险。因此，每位参加实验者的直接工作时间可能存在差异。在实验过程中，暑热压力监察器（QUESTemp°36，澳大利亚）放置在参加实验者周围，用来监测环境温度综合温度热指数 WBGT。研究人员每 5 min 询问参加实验者的主观疲劳感觉与热感觉。每位参加实验者在实验过程中的工作地点（如户外或阴凉区域）及其改变都会被记录。参加实验者的累计工作时间也需要记录。当他们小憩结束后，累计工作时间将重新计算。参加实验者在午饭结束后，于室温为22℃的休息室静态休息（约 30 min），直至他们皮肤表面完全干爽。接着，他们换上另外一套工作服进行第二部分实验，下午的实验流程与上午一致。

由于在实地实验中较难采集到核心体温及生理热应变，感知热应变（PeSI）被用来评估人体热应变水平（式 6-5）。此指标的可靠性和有效性已在多篇文献中提到（Tikuisis et al.，2002；Yang et al.，2015；Chan et al.，2016）。

$$PeSI = 5 \times \frac{RPE_i}{10} + 5 \times \frac{TS_i - 1}{6} \tag{6-5}$$

式中，RPE 为主观疲劳感觉（详见表 6.3），TS 为热感觉，由七点李克特量表表示，1 指非常凉爽，2 指凉爽，3 指微凉，4 为中等，5 为微热，6 为热，7 为非常热。

相对心率（RHR）可用来估计体力劳动负荷（Shimaoka et al.，1997；Maiti，2008）：

$$RHR = \frac{HR_w - HR_r}{HR_{max} - HR_r} \times 100 \tag{6-6}$$

式中，HR_w 为工作时的心率，HR_r 为休息时的心率，HR_{max} 为基于年龄估计的最高心率

---

❶　根据 Yi 和 Chan（2014）的热应力模型，$HTT = (RPE + 5.43 - 0.11 \times WBGT - 0.1 \times API - 0.06 \times AGE + 0.07 \times PBF - 2.28 \times ADH - 0.5 \times SH - 0.14 \times EC - 0.16 \times RE + 0.01 \times RHR)/1.4 \times 60$，当假设主观疲劳感觉 RPE为 7（辛苦），综合温度热指数 WBGT 为 30℃，体脂比 PBF 为 12％，年龄为 21 岁（本实验以年轻人为主），饮酒习惯ADH 为每天不多于 4 单位标准量的酒或每周不多于 14 单位标准量的酒，吸烟习惯 SH 为每天 1～4 支，体力消耗为 2，呼吸强度为 2（表示中等劳动量），静息心率 RHR 为 78 次/min；继而算得耐热时间 HTT 为 134 min。在此次实验中使用耐热时间作为实验设计的控制系数之一是为了避免因长时间暴露于热环境下而产生过多热负荷，保证参与实验的工人安全。

（220-年龄）（Rodahl，1989）。

接下来对收集到的数据包括 $PeSI$、RHR、$WBGT$、累计工作时间、工作地点、工种、服装种类进行统计分析。为评估服装种类对热应变水平的影响，需考虑其他因素的相互作用；且由于每一个参加实验者两次实验数据重复采集的次数、间隔不一，重复测量线性混合模型是一个较为合适的分析方法来解决实际问题。在此模型中，HR、$WBGT$、累计工作时间、工作地点、工种、服装种类以及其交互作用均为固定效应，参加实验者为随机效应，重复测量的次数设定为序列号，$PeSI$ 为因变量。

重复测量线性混合模型的结果显示（表6-5），$WBGT$、RHR、累计工作时间与感知热应变成正比，且统计结果显著，即当 $WBGT$ 上升1℃时，感知热应变上升0.5个单位；当劳动量增加 $10W/m^2$ 时，感知热应变上升0.4个单位；当工作时间延长10min时，感知热应变上升0.2个单位。与此同时，服装种类与工种的交互作用对感知热应变的影响显著，即穿着新型抗热服能减少钢筋工的感知热应变5.8个单位，减少测量工的感知热应变6.3个单位，减少木模板工人感知热应变6.1个单位，减少油漆、水暖工人感知热应变1.6个单位。这些结果证实了抗热服对减少工人感知热应变的有效性。

重复测量线性混合模型的结果　　　　　　　　　　　　　　　　表 6-5

参数	系数	标准差	p 值
固定效应			
截距	−10.63	6.49	0.102
主效应			
湿球黑球温度	0.51	0.21	0.015
相对心率	0.04	0.01	<0.001
工作时间	0.02	0.00	<0.001
交叉效应			
新型 × 钢筋工	−5.76	1.11	<0.001
新型 × 测量工	−6.33	1.24	<0.001
新型 × 木模板工	−6.11	1.11	<0.001
新型 × 油漆与水暖工	−1.63	0.56	0.004
传统 × 钢筋工	6.92	6.56	0.293
传统 × 测量工	8.42	6.60	0.203
传统 × 木模板工	8.23	6.58	0.211

资料来源：Yang et al.，2017b。

3）工人穿着测试与问卷调查

工人穿着测试于2014年夏季在中国华南某典型高温地区进行，旨在评估抗热服的实用性与可行性。一共189位男性工人参与穿着测试，其中有48.7%的工人是木模板工，31.7%的工人是钢筋工，6.9%的是测量工，4.8%是水暖工，4.2%是砌砖和抹墙工，另外3.7%是油漆工。他们的平均年龄、身高、体重分别为33岁、171cm、69kg。

穿着测试分16天进行，每位工人参与为期2天的穿着测试（随机分别穿着新型工作服与传统工作服）；每日测试随机分配两组工人穿上新型工作服与传统工作服进行日常劳作，第二日测试时工作服种类交换，且保证这两日的工作程序大致类似。每日穿着体验结束后，需要填写一份关于制服舒适性、可接受性及实用性的调查问卷（图 6-5）。这些主观感受均由七点李克特量表表示。工人对新型工作服与传统工作服主观感受的差异通过成对双样本中位数差异检定（Wilcoxon signed ranks test），若 P 值均小于 0.05，则统计结果显著。另外，在第二日测试的问卷最后，参加实验者需指出 2 天测试完成后更喜欢哪一件上衣和长裤。

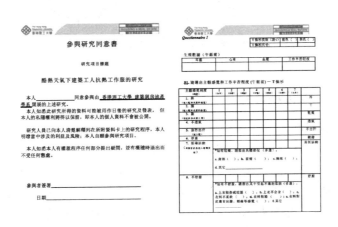

图 6-5　调查问卷样式

问卷调查结果显示抗热服的主观评价优于传统工作服（表 6-6）。超过 87％的工人认为抗热服能够提供更凉快、干爽、舒适及灵活的感觉，且统计结果显著（图 6-6）。

工人对两套工作服的主观评价　　　　　表 6-6

主观属性	上衣					长裤				
	新型		传统		P 值	新型		传统		P 值
	均值	标准差	均值	标准差		均值	标准差	均值	标准差	
热—凉	3.87	±1.55	2.33	±1.21		4.20	±1.44	2.42	±1.28	
湿—干	3.71	±1.54	2.17	±1.26		4.16	±1.62	2.38	±1.35	
黏—干爽	4.13	±1.42	2.36	±1.30		4.42	±1.53	2.47	±1.42	
闷热—透气	4.44	±1.56	2.54	±1.24	<0.05	4.60	±1.48	2.52	±1.41	<0.05
厚重—轻薄	4.87	±1.44	2.78	±1.30		5.04	±1.38	2.73	±1.38	
阻碍活动—活动灵活	4.95	±1.51	3.13	±1.40		4.87	±1.53	2.94	±1.43	
不舒服—舒服	4.87	±1.57	2.96	±1.36		4.93	±1.53	2.90	±1.43	
不喜欢—喜欢	5.09	±1.50	2.92	±1.39		5.14	±1.45	2.89	±1.47	

注：主观属性由七点李克特量表表示，度量由 1～7 代表：由热至凉爽，由湿至干，由黏至干爽，由闷热至透气，由厚重至轻薄，由阻碍活动至活动灵活，由不舒服至舒服，由不喜欢至喜欢。数值越大则表示主观评价越高。

资料来源：陈炳泉，2016。

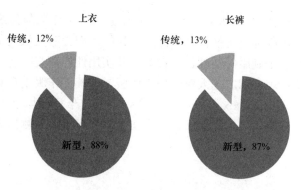

图 6-6　建筑业工人对两套工作服的偏好

资料来源：陈炳泉，2016。

6.2.2　建筑工人抗热背心

1. 研究问题与目的

高温是众多行业共同面临的挑战。防暑降温措施一直是学者和各行各业利益相关者关注的问题：有效的防暑降温措施不仅能够维护高温下活动人员的健康与安全，也能提高他们的工作/运动能力。相较其他防暑降温措施而言，个人冷却设备是一种较为新型的防暑降温产品，它能够为人体提供一个相对较凉爽、舒适的局部环境。当前个人冷却设备的研究主要集中于运动、消防、军事等领域；这些研究都肯定了合适的个人冷却设备对防暑降温的有效性，这些研究或为建筑工人个人冷却设备的开发提供良好的理论支撑。

个人冷却设备的应用基于一个理想的冷却方案，其包括冷却形态、冷却系统、冷源、冷却产品、冷却策略，以及应用环境（图 6-7）；换句话说，冷却方案需解决的问题是——在什么样的环境下使用何种冷源、冷却形态和产品，利用何种冷却原理，何时使用个人冷却设备，以及使用多长时间等。其中，应用环境与冷冻策略是冷却方案的核心。

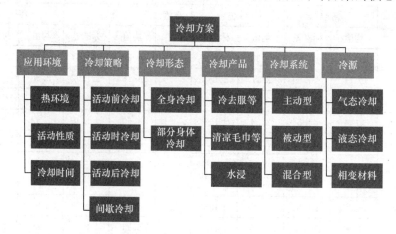

图 6-7　冷却方案

个人冷却设备虽已被广泛运用于军事训练、防火演习与运动赛事中，但建筑业的应用环境大为不同。从事军事训练与防火演习的使用者通常须穿着个人安全防护装备，在高温环境下，他们会暴露在"无偿性热应激"条件下，即人体无法有效通过排汗维持热平衡。在高温下施工时，建筑工人在一般情况下无须穿着厚重的个人防护装备，在这种"有偿性热应激"条件下，他们能够通过排汗来促进蒸发散热。因此，建筑工人个人冷却设备的设计要点是考量如何强化人体蒸发散热的能力，从而达到提高劳动生产率的目的。个人冷却设备的使用时间应与应用环境和设备的有效冷却时间一致。

冷却策略包括活动前冷却、活动时冷却、活动后冷却。活动前冷却能够增强人体蓄热能力（Quod et al.，2006），活动时冷却（即持续冷却）能够促进人体有效散热，减缓热应变增加的速度（Bongers et al.，2014），活动后冷却则能够缓解疲劳，加速恢复。Marino（2002）认为活动前冷却的时间需在 30 min 以上，才有可能提高运动能力；然而，在建筑施工开始前将工人冷却 30 min 的方式并不切合实际。活动时冷却或有助于提高高温下的运动能力（Tyler et al.，2013；Bongers et al.，2014）；然而，这种方式对人体工学造成的有关问题（如重量、活动性），可能抵消其防暑降温的优势（Constable et al.，1994），这些问题也是阻碍使用持续冷却方式的原因之一（Tyler et al.，2013）。活动后冷却虽有助于快速降低体温，防止"过高热"进一步恶化；但在实际施工环境中，一般工人在劳动结束后会自行走入凉快环境中休息，安排"工作后冷却"显得不切实际。

间歇冷却是在两个活动的间隙时进行冷却。高温下施工时，承包商通常为建筑工人安排休息时间，如中国华南某典型高温地区建筑工人在夏季早上与下午分别有 15 min 与 30 min 的小憩时间。若工作区离休息区较远，并且风扇等降温设备无法送达工作区时，高温下休息可能不能有效地防暑降温；此时，若为建筑工人提供个人冷却设备，一方面既能缓解劳动后疲劳，加速恢复，另一方面也不会因人体工学问题阻碍工人劳作。Constable 等人（1994）与 Yeargin 等人（2006）证实了间歇冷却不仅能够提高后续运动的表现，而且缓解了生理热应变的增加。

按照冷却系统的原理，个人冷却设备可分为主动型、被动型及混合型。主动型冷却系统由外部冷源（气体或液体）及其外部供给设备组成，如空气冷却、液体循环冷却等；或由内部供给设备提供冷源，如安装在服装内部的由电池驱动的小型风扇。被动型冷却系统主要利用在服装内嵌入的相变材料，如冰块、冰胶、盐混合物、石蜡等这些相变材料作为热传递的媒介，当它们从固体转为液体时能够吸收能量，从液体变为固体时则能够释放热量。混合型冷却系统则结合两种或以上的冷却系统以达到降温的目的。

按照冷却设备的形态，个人冷却方法可分为局部冷却和全身冷却；其中局部冷却方式有清凉毛巾/头巾、清凉帽、清凉带、清凉垫、冷冻背心及部分身体浸泡。全身冷却设备主要包括冷冻套装和全身浸泡。全身或部分身体浸泡常被认为是一种理想的冷却形式（Hausswirth et al.，2012；Yeargin et al.，2006）；然而，在实际建筑施工中，难以对大批工人采用浸泡方式。间歇冷却方案下运用的冷却装备，如清凉巾（DeMartini et al.，2011）、冷却服（Duffield et al.，2003；Constable et al.，1994），被证实能够有效减少生理热应变，提高后续运动的表现。然而，这些研究主要应用于运动领域；在高温施工的环境中使用间歇冷却及相应产品的防暑降温的有效性仍待调查。

目前为止，对高温下施工中使用冷却方案的研究仍然相当匮乏。除了考虑个人冷却设备的防暑降温效果以外，其成本、后勤安排，以及影响人体活动性的问题仍是阻碍其在高温施工中广泛使用的原因。个人冷却设备在建造业的研发与应用仍处于起步阶段，需要解决的关键问题是：确定理想冷却方案，以及评估该冷却方案的冷却效果与实用性。基于此，本研究团队经过两个阶段的研究，最终确定了一个理想的冷却方案，并证实了这个方案对防暑降温的有效性与实用性。具体研究框架如图6-8所示。

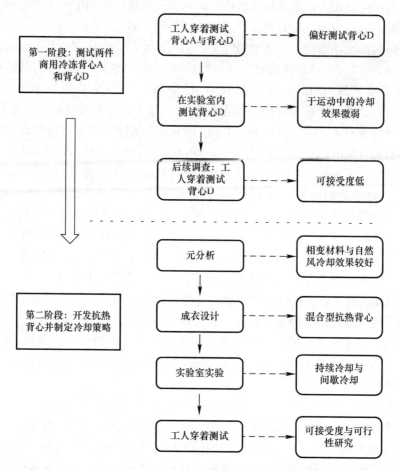

图 6-8　建筑工人抗热背心的研究框架

2. 第一阶段研究

本研究团队在第一阶段的研究主要在于评估两件商用个人冷却设备对防暑降温的有效性。

1）研究背景

中国华南某典型高温地区夏季的天气炎热且潮湿，近些年当地行政主管机构及业界非常关注工人于酷热天气下劳作的健康安全问题，并大力推行一系列安全措施指引以预防工人中暑。当地管理部门尤为关注此议题，便委托美国堪萨斯州立大学测试了四种商用个人冷却背心的冷却功率。暖体假人的测试（测试环境为气温35℃，相对湿度为65%）结果显示两件冷却背心 A 与 D 具有较高的冷却功率，即背心 A 能够在使用的第一个小时提供50W 以上的冷却功率，背心 D 能够持续 2h 提供 50W 以上的功率，其平均冷却功率为74W；而另外两款背心在 2h 内只能提供约 20W 的功率（表 6-7）（McCullough，2012）。基于此研究，当地管理部门尝试引入 A、D 两款个人冷却背心供当地高温作业人员使用；

为评估它们防暑降温的有效性以及在业界的实用性，当地管理部门委托本研究团队对这两件背心作进一步人体穿着测试。

个人冷却背心	冷源及其分布	冷却系统	2h平均冷却功率（W）	有效凉感时间*
A	4 串相变材料包，每串 3 块；上身躯干前后各两串分布	被动型	52.2	65
B	6 块较大相变材料包覆盖在背部，2 块较小相变材料包分布在肩颈处	被动型	20.6	0
C	6 块相变材料包覆盖在上身躯干	被动型	19.7	0
D	2 个小型风扇置于后腰两侧，1 小块相变材料置于两风扇位置中间，另 2 块分布置于左右腹部处	混合型	73.7	>120

* 有效凉感时间——冷却功率持续大于 50 W 的时间。

资料来源：McCullough，2012。

研究团队对两件背心的外观表征进行进一步测量（表 6-8）。背心 A 的总重量是背心 D 的 1 倍，而有效凉感时间不到 D 的 1/2。相变材料利用冰块、冰啫喱、盐、石蜡等热传递媒介，当它们吸收热量时，从固体转化为液体；释放热量时，从液体变为固体；相变材料主要通过传导散热，即相变材料越贴近皮肤，它辅助人体传导散热的效果越好。风扇通过加速空气流通来到达对流和蒸发散热的目的。

项目	背心（A）	背心（D）
颜色	卡其色	深蓝色
相变材料覆盖躯干总面积（cm²）	1680	480
相变材料总重量（kg）	1.64	0.36
背心总重量，包括（背心、相变材料、风扇、电池等附件）（kg）	2.3	1.0
相变材料由啫喱状态转化为固态的时间（冷藏）（h）	6	6

2）工地穿着体验与问卷调查

研究团队于 2012 年 8 月在三个建筑工地一共邀请了 36 位建筑工人参与穿着测试。他们的平均年龄、身高、体重分别为 46 岁、168cm、66kg；在建筑行业平均工作经验为 17 年。他们来自钢筋工、木模板工、水暖、焊工、电镀工等工种。

每次测试时，最多有 12 位工人参与，他们被随机分为两组，其中一组于上午先穿背心 A，下午穿背心 D，另一组相反。参加实验者在穿着体验时从事他们的日常劳作。他们在穿着体验结束后填写一份问卷，评价对两件背心的主观感受，包括舒适度、实用性、可接受性等，它们分别由七点李克特量表表示，度量由 1～7 代表：数值越大，表示对个人冷却设备的主观感受越好。此外，参加实验者对两件背心的有效性、实用性进行点评，以获得较为全面的工人穿着体验感受。

通过方差分析，工人对背心 D 的主观感觉更好（表 6-9），尤其在湿感觉、手感与可接受度方面优势更明显。参加实验者还指出背心 A 与背心 D 的平均主观凉感时间分别约为 1.26（标准差为 0.59）与 1.37（标准差为 0.66)h（$P=0.625$），统计结果不显著。背心 A 的主观凉感时间与堪萨斯大学的研究报告的有效凉感时间接近，即背心 A 在使用的第一个小时较为有效。而背心 D 的主观凉感时间与有效凉感时间差异较大，甚至在对"炎热—凉爽"这一主观感受的评价中，穿着背心 D 比背心 A 感觉更热。尽管如此，大多数建筑工人（61.1%）偏好背心 D。

工人对两件商用个人冷却背心的主观评价（表示为均值及标准差）   表 6-9

主观评价	背心 A		背心 D		p 值
	均值	标准差	均值	标准差	
黏—干爽	3.2	1.6	3.8	2.0	0.238
闷热—透气	2.7	1.6	3.1	1.8	0.374
湿—干	2.2	1.5	3.4	2.1	0.006
厚重—轻薄	2.1	1.5	4.2	1.8	<0.001
热—凉爽	3.4	1.8	3.1	1.6	0.434
粗糙—光滑	3.8	2.1	5.8	1.6	<0.001
僵硬—柔软	2.9	1.5	5.6	1.5	<0.001
阻碍活动—易于活动	3.0	1.7	4.8	2.3	0.001
不舒服—舒服	2.5	1.6	4.2	2.0	0.002
不实用—实用	2.5	1.8	3.5	2.1	0.080
干扰工作效率—不干扰工作效率	3.6	2.0	4.5	2.2	0.043
不喜欢—喜欢	2.4	1.7	3.8	2.3	0.007

注：主观属性由七点李克特量表表示，度量由 1～7 代表：由黏至干爽，由闷热至透气，由湿至干，由厚重至轻薄，由热至凉爽，由粗糙至光滑，由僵硬至柔软，由阻碍活动至活动灵活，由不舒服至舒服，由不实用至实用，由干扰工作效率至不干扰工作效率，由不喜欢至喜欢。数值越大则表示主观评价越高。

基于参加实验者对两款背心的评论（表 6-10），部分工人认为背心 A 仅在休息的时候有凉快感觉，而在工作时无效；更有部分工人因相变材料"过冷"而感觉不适，如头晕、心脏和胃部不舒适。过重的重量（约 3kg）是背心 A 的主要缺点；建筑工人经常背负物料，或下蹲、弯腰等动作，过重的冷却装备会妨碍他们活动，从而影响工作效率。背心 D 虽然感觉没有背心 A 凉快，但它具有更好的舒适性、触感和实用性。然而，背心 D 也不是没有缺点的。有工人评论认为其主要缺点是有限的凉感时间：当参加实验者直接暴露在太阳下工作或从事高强度工作时，他们感受不到明显的冷冻效果，尤其上半身、颈部或头部感受较为炎热。其深蓝色面料似乎更容易吸热。工人还表示风扇顶住腰部带来不舒适的感觉，从而妨碍正常劳作。背心 D 的风扇电源需使用电池，使用碱性电池不环保，而使用可充电电池需要一段较长的充电时间。

		建筑工人对两款冷却背心的评价	表 6-10
种类	优点	缺点
背心 A	感觉更为凉快 防火布料添安全性 美观	有限的（短暂、局部）凉感 不舒适（过冷） 较差的使用性（过重）
背心（D）	轻便 风扇有良好的凉感效果	有限的（短暂、局部）凉感 深色布料吸热 风扇、电池的使用方便性较差

基于上述问卷调查的结果，发现两款商用个人冷却背心是否能在高温下施工环境大规模推广主要取决于：①凉感效果与时间；②对身体活动、工作效率的影响；③使用方便性。

3）人工环境实验室实验

人工环境室实验的目的是评估建筑工人偏好的个人冷却背心 D 对减少生理热应变的有效性；两组实验分别为"穿着冷却背心"与"未穿冷却背心"，通过比较两组对影响生理热应变的差异性，来确定该冷却背心是否有效减少生理热应变。实验样本的大小根据式(6-7)决定：为获得 80% 的统计检验力，保证误差概率小于 5%，以检验"穿着"组与"未穿"组的核心体温差为 0.8℃（标准差为 0.45℃），最终计算得到实验样本为 10。

$$n = \left[\frac{2(\mu_\alpha + \mu_\beta)\sigma}{\delta} \right]^2 \tag{6-7}$$

式中，n 为需要样本大小，$\mu_\alpha = 1.96$ 表示误差概率小于 5%，$\mu_\beta = 0.84$ 表示 80% 的统计检验力，δ 为核心体温在"干预组"与"控制组"的差异，σ 为标准差。

10 位男性参加实验者均自愿参与此次实验，两组实验在同一日连续举行。他们每周运动 2～3 次，无重大疾病史。他们在实验前一天与当天都不可饮用带有酒精、咖啡因的饮品，亦不可吸烟。参加实验者在实验前 4 个小时饮用温水吞食核心体温探测器（Cor-Temp®，美国）。

参加实验者到达实验室后，研究人员向参加实验者说明实验目的和流程，如无异议，签署参加实验同意书。研究人员对参加实验者的年龄、裸重（含内衣）、身高等个人基本信息和身体指标进行询问与采集。他们的平均年龄是 22 岁，体重为 65kg，身高为 171cm，体表面积为 1.7m²。接着，参加实验者食用一份标准营养补充小食（热量 1048kcal，蛋白质 9g，脂肪 7g，碳水化合物 11g），并按每公斤体重 3mL 的标准饮用温水（约 37℃）（Yaspelkis et al.，1991）。他们在实验当日指派穿着同一款运动短袖和短裤（运动服热阻约为 0.3clo）。随机安排 5 位参加实验者在第一组实验穿着背心，其他参加实验者在第一组先不穿冷却背心，确保该实验是对抗平衡次序。运动服与冷却背心的大小根据参加实验者的需求分配。然后，参加实验者佩戴实验仪器，包括核心体温接收器和心率带（Polar T34 Transmitter，美国）。

人体穿着实验于一人工环境控制室内进行，本实验将气温与相对湿度分别控制为 33℃与 75%。每一位参加者进入环境控制室 10min 后（标准缓冲时间），正式进入实验过程。参加实验者先在控制室内休息 30min 以适应实验环境。穿着组与未穿组的实验过程一样，都包括增量跑步运动（图 6-9）、10min 整理运动及 30min 静态休息阶段；两组实验间参加实验者于环境控制室外额外休息 20min。基于安全考虑，有一名随行护士全程看护参加实验者。增量跑步运动的时间由以下因素决定：①参加实验者核心温度到达 38.5℃；②参加实验者力竭主动要求停止。在整个实验过程中，参加实验者的生理数据（如核心体温 T_c、心率 HR）及主观感受（RPE）被实时记录下来；记录核心体温的频率为每 30s 1 次，心率每秒记录 1 次数据，主观感受每 3min 记录 1 次。根据获得的温度、心率数据，进一步计算生理热应变指标。

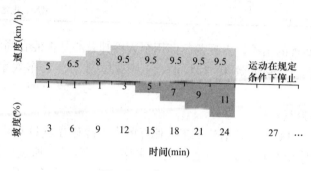

图 6-9　增量运动模式

资料来源：Chan et al.，2017a

成对样本 t 检定用于评估穿着组与不穿组在运动时间、辛苦程度、核心温度变化率、心跳变化率及生理热应力指标变化率上的差异。二因子（组别×时间点）重复测量方差分析用于评估不同组别如何影响核心温度、心率及生理热应力指标的变化。相应地，效应量的计算用于评估总体均值之间的差异大小。所有结果表示为均值、标准差与 95% 置信区间。

统计结果显示（表 6-11），在运动期间，穿着冷却背心对缓解核心温度变化率、心跳变化率及生理热应变指标变化率的效果虽然不显著，但效应量显示此为中等冷却效果。穿着冷却背心对增加运动时间的效果微弱。在增量运动结束后 40 min 休息时间里，组别因子对生理热应变指标变化的主效应显著，即穿着冷却背心后，生理热应变指标的下降程度（均值 3.15，标准差 1.52）显著大于未穿冷却背心组别（均值 2.86，标准差 1.50 单位，$P=0.037$，$d=0.2$，95% 置信区间为 [0.03，0.56]）。实验结果表明穿着冷却背心在维持运动表现的情况下，对缓解身体热应变的增长具有中等冷却效果；并能够显著加快运动后的恢复。

冷却效果　　　　　　　　　　　　　　　　　　　　　　表 6-11

项目		穿着冷却背心	未穿冷却背心	P 值	效应量 d	95% 置信区间
增量运动期间						
运动时间（min）	均值	23.11	22.09	0.456	0.16	−1.94，3.99
	标准差	±6.51	±6.57			
核心温度变化率（℃/min）	均值	0.03	0.04	0.054	0.57	−0.17，0.00
	标准差	±0.02	±0.02			
心跳变化率（次/min）	均值	3	4	0.229	0.40	−0.95，0.26
	标准差	±1	±1			

续表

		穿着冷却背心	未穿冷却背心	P 值	效应量 d	95%置信区间
每分钟生理热应变指标变化率	均值	0.20	0.23	0.072	0.50	−0.06，0.00
	标准差	±0.06	±0.06			
运动后结束 40 min 休息期间						
核心温度变化率（℃/min）	均值	0.015	0.013	0.565	0.15	−0.003，0.005
	标准差	±0.007	±0.007			
心跳变化率（次/min）	均值	2	2	0.958	0.00	−0.18，0.19
	标准差	±0	±0			
每分钟生理热应变指标变化率	均值	0.10	0.10	0.479	0.16	−0.01，0.01
	标准差	±0.018	±0.027			

资料来源：Chan et al.，2017a。

4）后续调查

中国华南某典型高温地区职业安全健康管理机构于2013年委托研究团队开展较大规模的调研活动"在炎热工作环境下使用个人冷却设备（冷冻背心）预防中暑的效用研究——后续调查"，旨在评估背心 D 的有效性与实用性，以及针对工地管理人员对冷冻背心的后勤支援安排的可行性。

总共有68位建筑工人和15位工地管理人员参加此次调研活动。建筑工人于2013年夏季进行试穿后，研究人员便前往这些工人所在工地进行问卷收集。他们对一系列主观感受基于五点李克特量表进行"打分"，分数越高，代表主观感受越好，并要求指出主观凉感时间。最后，建筑工人与管理人员分别对冷冻背心的优缺点进行评价。

调查结果显示建筑工人对冷冻背心的评分并不突出（表6-12），均值基本在2.5～3.4，说明建筑工人对冷冻背心的评价较差。工人指出的主观凉感时间均值仅为74min，且多数工人认为有效凉感时间仅 1h 左右。

建筑工人对冷冻背心的主观感受　　　　　　　　　　　　表 6-12

主观感受	评价均值	标准差
热—凉爽	3.4	0.8
湿—干	2.8	0.6
重—轻	3.1	0.8
活动受限—活动灵活	2.9	0.9
不耐用—耐用	2.5	0.9
不舒服—舒服	3.1	0.8
不方便—方便	3.4	0.9
不接受—接受	3.2	0.8
难看/奇怪—时尚	3.1	0.6
对防暑降温无效—对防暑降温有效	3.1	0.6
不满意—满意	3.1	0.7

注：主观属性由五点李克特量表表示，度量由1～5代表：由热至凉爽，由湿至干，由重至轻，由活动受限至活动灵活，由不耐用至耐用，由不舒服至舒服，由不方便至方便，由不接受至接受，由难看/奇怪至时尚，由对防暑降温无效至对防暑降温有效，由不满意至满意。数值越大则表示主观评价越高。

建筑工人与管理人员均对冷冻背心（包括其颜色、尺寸、布料和设计、清洁、储存和保养方面等）进行了点评，他们提出的前十大问题见表6-13所列。

冷冻背心十大问题　　　　　　　　　　　　　　　表6-13

	工人	管理人员
1	颜色容易脏	缺少基于行业特性的设计（如反光带）
2	短暂有效凉感时间	颜色易脏
3	缺少反光带	布料厚且透气性不佳
4	重	短暂有效凉感时间
5	阻碍活动	冷却背心成本昂贵
6	布料厚，透气性不佳	重
7	相变材料易融化	有待改善
8	布料易破损	尺寸小且紧
9	较难清洁	阻碍活动
10	风扇位置不佳	不方便于工作期间更换相变材料

第一阶段研究结果显示冷冻背心仍需要从以下方面改进：

（1）增强冷冻效果，提高有效凉感时间与热湿舒适度；

（2）根据建筑施工需要，为工人"量身定做"；

（3）成本与后勤安排的合理化；

（4）应向工人与管理人员提高充足指引，包括使用说明、清洁及保养。

3. 第二阶段研究

本研究团队在第二阶段的研究主要在于开发一件适合建筑工人的个人抗热背心，并评估它对防暑降温的有效性及实用性。

1）元分析

在研究初期，为了确定个人冷却服装的设计方向，即什么样的冷却系统、冷源与设备形态才能获得较好的冷却效果，研究团队回顾了有关个人冷却服装有效性的文献。传统的叙事式文献回顾可解决个人冷却设备"是否有效"的研究问题，而不能解释有效的程度，亦不能比较不同冷却设备有效性的差异。为了量化个人冷却设备的降温效果，研究团队进行了系统化的回顾，即运用统计手段（如元分析法），整合多个研究的结果，使文献回顾更具有客观性与证据力（Jones，1995）。

研究团队收集文献的准则包括以下几个方面：

（1）个人冷却设备在运动/工作期间使用，剔除设备在运动/工作之前、之后或间歇使用的文献；

（2）个人冷却设备使用的环境温度需在高温条件下（即大于28℃）；

（3）研究旨在比较穿着与未穿个人冷却设备对人体的影响；

（4）研究中测量了生理反应（如核心体温、心率、出汗率等）及运动/工作能力。

基于此，总共收集到了约30篇文献，涵盖8类个人冷却设备。元分析用来计算穿着与未穿个人冷却设备对生理反应变化率的差异，以及对运动/工作能力的差异。结果由效应量、95%置信区间或统计量来表示（表6-14）。总体而言，比较未使用个人冷却设备，在运动/工作过程中使用个人冷却设备有助于减缓核心温度的上升（−0.34℃/h），降低出汗率（−0.3 L/h），并显著提高将近30％的运动/工作表现（$d=1.1$）。各式个人冷却设备中，局部冷却包对提高个人运动/工作表现的效果并不显著（+3.0％，$d=0.29$），差过冷却服装的效果（+32.5％，$d=1.1$）。冷却服装中，冷风冷却系统对提高个人运动/工作表现的效果最为显著，其次为液体冷却系统、混合型（冷风与液体）冷却系统、自然风冷却系统和相变材料冷却系统。考虑到它们的实用性，冷风冷却与液体冷却系统往往需要繁重的冷源设备，不适宜建筑工人在工作中使用；自然风冷却和相变材料冷却系统既有助于提高人体运动/工作表现，其重量往往较轻便，对建筑工人具有较大的实用性。因此，研究团队最终采用这两种类型的冷源来设计一套混合型冷却系统。

元分析结果 表6-14

个人冷却设备*	运动/工作表现（变化率、效应量、95％置信区间）	核心温度变化率（℃/h）（统计量）	出汗率（L/h）（统计量）
冷风冷却	+106.2％（$d=2.32$；[1.25，3.39]）	−0.52（$P<0.05$）	−0.43（$P<0.05$）
液体冷却	+68.1％（$d=1.86$；[1.16，2.56]）	−0.44（$P<0.05$）	−0.36（$P<0.05$）
混合型（冷风与液体）冷却#	+59.1％（$d=3.38$；[1.38，5.38]）	—	—
自然风冷却	+39.9％（$d=1.12$；[0.49，1.75]）	−0.40（$P<0.05$）	−0.42（$P<0.05$）
相变材料	+19.5％（$d=1.20$；[0.59，1.80]）	−0.43（$P<0.05$）	−0.24（$P<0.05$）
混合型（自然风与相变材料）#	+3％（$d=0.11$，[−0.69，0.91]）	−0.05（$P>0.05$）	−0.04（$P>0.05$）

*：与未使用个人冷却设备比较。

#：仅有一篇文献研究相关领域。

资料来源：Chan et al.，2015。

2）冷源设计

基于元分析的结果，新制混合型冷却系统选用风扇和相变材料包组成。风扇装置能够增加微环境空气对流，从而促进蒸发散热。通过比较商用个人冷却背心 D 的风扇装置（表6-15），定制的风扇装置风力有4挡调节，提供8～20L/s 的风量。定制的风扇装置由7.4V（4400mA）的锂聚合物移动充电电池供能，一般充电3～4h，可持续工作7h之久。因此，定制风扇装置具有大风量和较长运行时间。

两种风扇装置的比较 表6-15

特征	商用个人冷却背心 D 的风扇装置	定制风扇装置
风轮直径（cm）	10	10
风轮数量	5	9
额定功率（W）	2.5	2.5
重量（g）	87	98
电池类型	4个碱性电池（6V，2122mA）	锂聚合物（7.4V，4400mA）
电池充电时间（h）	—	3～4

续表

特征	商用个人冷却背心 D 的风扇装置	定制风扇装置
电池持续使用时间（h）	6.22	7.05
风力挡数	2	4
通风量（L/s）	0～13	8～22

相变材料包有助于身体传导散热。通过测试市面产品，选择和定制相变材料包（具有合适的熔点和较高的熔解热）。在过去的研究中，相变材料的重量、覆盖面积、分布、熔点与人体温度差、熔解热都会影响其传导散热的能力（Gao et al.，2010）。相变材料熔点与皮肤温度差需高于 6℃ 才具较有效的散热能力；相变材料在人体躯干的覆盖面积越大，散热速度越快；相变材料的重量与熔解热越大，有效冷感时间越长（Gao et al.，2010）。冰的熔点为 0℃，熔解热约为 334J/g，在相同的重量、覆盖面积下，相较其他相变材料，冰能提供较好的散热速率，但是，冰包在实际使用中却有明显缺点，比如第一阶段研究显示这种相变材料需要在冰箱冷藏一段时间、融化较快、融化时的水湿气附着于衣服表面引起不适等。因此，在选择相变材料包时，需考虑其降温效果及使用方便性。

人体平均皮肤温度为 34℃ 左右时表明人体热舒适，选取熔点为 28℃ 的相变材料能够发挥其有效的散热能力（温差为 6℃）。选取的商用相变材料包 28（Climator，瑞典）具有 28℃ 的熔点和 131J/g 的熔解热。此外，28℃ 熔点的相变材料可以在空调房（20～25℃）中冷却凝固供下次使用，无须使用冰箱冷冻，减少了后期使用的负担（表 6-16），因此被选作混合型冷却系统的冷源之一。

三种相变材料包的比较　　　　　　　　　　　　　　　　　表 6-16

特征	商用个人冷却背心 D 的相变材料包	定制相变材料包 28（Climator，瑞典）	定制相变材料包 24（Climator，瑞典）
成分	水	硫酸钠	硫酸钠
重量（g）	140	110	110
面积（m²）	100	120	120
熔点（℃）	0	28	24
溶解热（J/g）	334	131	105
总可用溶解热（kJ）	140.28	115.28	92.40
凝固时间	冰箱冷藏 6h	冷气房（24℃）放置 2h 左右	冷气房（20℃）* 放置 2h 左右

3）面料筛选

为了使风扇装置能够有效地在服装—人体微环境里运行，服装由内外两层面料组成：内层面料应选择具有高透气性的网状聚酯纤维面料，以促进微环境的空气循环；外层面料应选用具有高空气阻力的尼龙塔夫绸，以防止空气逸出到外部环境，从而保证身体微环境有足够的空气流动。外层面料还须具有高透湿性，有助于汗液蒸发散热；具有抗紫外线功能，适合户外使用；考虑到施工作业的安全性和使用的耐久性，还须选择具有抗磨损和抗静电性能的织物。研究团队对 9 种内层面料和 12 种外层面料进行物理性能测试（表 6-17）。最后选择内层面料 I 9 与外层面料 O12 来制作个人冷却服装。

面料物理性能测试　　　　　　　表 6-17

面料编号	单位重量（g/cm²）	厚度（mm）	透湿性［g/（m²·d）］	空气阻力（kPa·s/m）	紫外线防护系数	2000r/min 转速下重量损失（%）	抗静电（×10" Ω）
里层面料							
I1	0.75	0.24	885.88	0	—	—	—
I2	0.48	0.24	1 253.48	0	—	—	—
I3	0.53	0.28	1 145.56	0	—	—	—
I4	0.89	0.29	841.09	0	—	—	—
I5	1.12	0.14	1 046.39	0	—	—	—
I6	1.65	0.52	1 095.56	0.07	—	—	—
I7	1.44	0.42	1 035.55	0.05	—	—	—
I8	1.43	0.44	1 119.12	0.05	—	—	—
I9[a]	1.57	0.34	1 041.39	0.03	—	—	—
外层面料							
O1	0.73	0.06	846.19	0.04	50+	2.32	530
O2	0.65	0.06	846.38	0.02	50+	3.23	270
O3	0.60	0.08	828.81	0.01	50+	0.29	1 380
O4	0.72	0.06	858.46	0.03	50+	1.75	6 290
O5	0.70	0.06	809.16	0.02	50+	3.07	1 890
O6	0.64	0.08	656.47	∞	5	0.68	700
O7	0.94	0.23	425.81	∞	50+	0.06	1 590
O8	1.37	0.32	648.00	∞	50+	2.06	10
O9	1.29	0.32	1 103.62	1.18	50+	0.82	410
O10	0.42	0.07	1 052.31	2.46	5	0.55	3 720
O11	0.98	0.28	1 014.30	1.10	50+	0.48	820
O12[a]	0.71	0.12	938.50	∞	50+	1.65	180

4）成衣设计

成衣设计分为两方面：服装款式与冷源布局。结合本书 6.2.1 节的研究，新研发个人冷却服装将穿于抗热工作服外，考虑到兼容性，成衣设计为背心款式较好。考虑到工地安全需要，抗热背心也增添了多孔反光带。

早期研究指出通风装置应置于最需要散热的身体局部，如脊柱和下背部，从而促进有效的局部降温（Zhao et al.，2013）。考虑到施工的方便性，两个风扇装置将分别置于左、右下背部。在背心的上背部面料上有两个开口的设计，一方面为了增强空气循环，另一方面为使用者提供一个舒适的微环境风压（Zhao et al.，2013）。

当风扇鼓动时，皮肤表面和背心内层之间的间隙从下背部区域的 55mm 缩小到上背部区域的 10mm。基于此间隙距离、汗腺的分布，以及相变材料包的覆盖面积，四包相变材料放置在上后背区域，以确保了相变材料包与皮肤表面之间的接触，以增加传导散热效果；另外四包放置在前胸区域。相变材料包覆盖总面积约为 960cm²。

基于上述构想，研究团队研发的个人抗热背心成品如图 6-10 所示。接下来，研究团队进行一系列测试，以检验抗热背心对减少人体热应变的有效性。

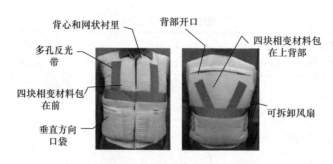

图 6-10 个人抗热背心设计

资料来源：Chan et al.，2017b

5）冷却方案的优化

基于第 阶段研究，研究团队假设穿着抗热背心不能有效减少运动时身体热应变，亦不能提高运动表现。为了寻求最优的冷却方案，实验采取两种冷却策略，分别为"持续冷却"与"间歇冷却"。"持续冷却"方案是指参加实验者在运动和休息期间始终穿着抗热背心；"间歇冷却"方案是指参加实验者仅在静态休息时穿着。参加实验者在所有实验中始终穿着抗热工作服，抗热背心穿着于工作服外。人体穿着实验于一人工环境控制室进行，该控制室将气温与相对湿度分别控制为 37℃ 及 60%。

为评估"持续冷却"的有效性，10 位男性参加实验者以随机、对抗平衡的顺序参与两组实验：控制组未穿抗热背心和持续冷却组于运动、休息期间穿着抗热背心。他们的平均年龄为 23 岁，身高为 169cm，体重为 60kg。实验过程包括运动前 30min 适应阶段、6min 热身运动、间歇跑步运动、6min 整理运动及 30min 静态休息（图 6-11）。间歇跑步运动的时间由以下因素决定：①核心温度到达 38.5℃；②心率到达最大心率的 95%；③参加实验者力竭主动要求停止。生理数据（如核心体温、皮肤温度、心率等）及主观感觉（如主观疲劳感觉、热湿感觉等）需要记录下来。生理反应与主观感觉指标如前文实验所示。二因子重复测量方差分析用来检验两组实验对运动表现、生理、主观反应的差异，效应量用来评估总体均值之间的差异大小。

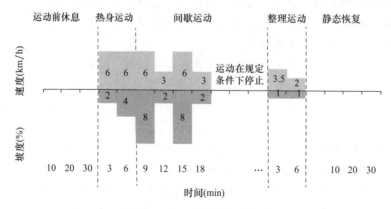

图 6-11 "持续冷却"实验运动方案

资料来源：Yi et al.，2017b。

这组实验显示（图 6-12）在运动中穿着抗热背心虽然能够显著降低平均皮肤温度

（$P=0.04$，$d=0.53$）与减少热感觉（$P=0.03$，$d=0.95$），但不能显著降低核心体温、心率及热储率，亦不能减轻辛苦程度，它对提高运动表现的作用甚微（持续冷却组：36.4 ± 7.8min；控制组：36.2 ± 5.62min，$P>0.05$，$d=0.03$）。在静态休息时穿着抗热背心，对比控制组，核心体温（$P<0.01$，$d=0.82$）、皮肤温度（$P<0.01$，$d=1.56$）、心率（$P<0.05$，$d=0.83$）、热储率显著下降（持续冷却组-57.65W/m^2，控制组-34.28W/m^2，$P<0.01$，$d=1.43$），热湿感觉也明显好转。这些实验结果验证了穿着抗热背心对减少运动时的热负荷与改善运动效能的作用不佳这一假设，考虑到第一阶段研究中指出的工学问题，"持续冷却"可能不是最优冷却方案。

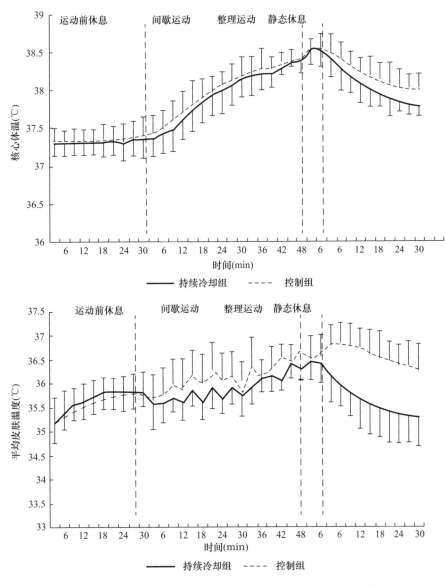

图 6-12　"持续冷却"方案对体温与心率的影响（均值与标准差）（一）

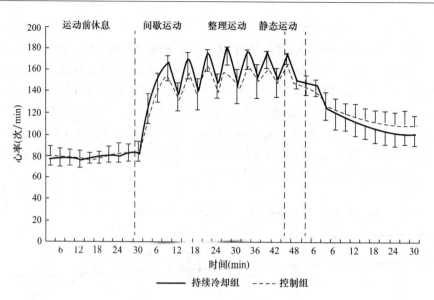

图 6-12 "持续冷却"方案对体温与心率的影响（均值与标准差）（二）

（资料来源：Yi et al.，2017b。）

研究团队进一步对"间歇冷却"的效能进行了评估。实验设计与"持续冷却"实验程序、步骤相似；不同之处在于"间歇冷却"实验增加了一段间歇跑步运动，即在完成30min 静态休息后，参加实验者开始第二阶段间歇跑步运动（图 6-13），抗热背心仅在静态休息时使用，其目的是评估在休息阶段穿着抗热背心对后续运动时的热应变与表现的作用。12 位男性参加实验者以随机、对抗平衡的顺序参与两组实验：控制组未穿抗热背心和间歇冷却组于静态休息期间穿着抗热背心。他们平均年龄为 22 岁，体重为 61kg，身高为 170cm。他们的核心体温、皮肤温度、心跳数据被实时记录下来。数据分析方法包括二因子重复测量方差分析、成对样本 t 检定、效应量与 95％置信区间。

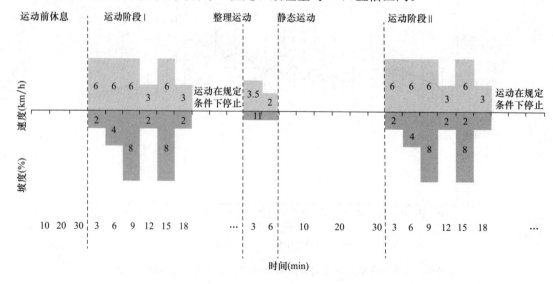

图 6-13 "间歇冷却"实验运动方案

资料来源：Chan et al.，2017b。

实验结果显示（表 6-18），相对未使用抗热背心，穿着抗热背心时的生理热应变在两个运动间歇时显著下降，此时，核心体温下降的平均速度为 0.024℃/min，显著大于未穿抗热背心时 0.017℃/min（$P=0.004$），冷冻效应明显（$d=1.07$）。在使用抗热背心的后续运动时，核心温度亦显著低于未使用抗热背心的情况，并且运动时间显著提高，即穿着抗热背心后与未穿的后续平均运动时间分别为 22 min 与 11 min（$P=0.005$，$d=1.23$），运动水平上升了 99.5%。

"间歇冷却"方案的作用（均值与标准差）　　表 6-18

实验阶段/抗热背心的使用	核心体温（℃）		平均皮肤温度（℃）		热储率[kJ/(m² · h)]		心率（次/min）		生理热应力指标	
	均值	标准差	均值	标准差	均值	标准差	均值	标准差	均值	标准差
运动阶段Ⅰ										
冷却组（穿着抗热背心）	37.9	±0.1	36.2	±0.3	214.5	±48.0	148	±12	4.9	±0.5
控制组（未穿抗热背心）	37.9	±0.1	36.0	±0.5	231.8	±81.1	146	±13	4.8	±0.4
95%置信区间	−0.1，0.1		−0.1，0.4		−57.9，23.2		−9，12		−0.2，0.6	
整理运动										
冷却组	38.6	±0.1	36.6	±0.4	168.2	±174.6	146	±10	6.4	±0.6
控制组	38.6	±0.1	36.5	±0.6	209.2	±114.6	146	±14	6.4	±0.6
95%置信区间	−0.1，0.1		−0.1，0.4		−145.5，63.5		−8，10		−0.4，0.5	
静态休息										
冷却组	38.2	±0.2	35.6	±0.6	−199.1	±67.1	109	±13	3.8	±0.9
控制组	38.4 **	±0.2	36.6 ***	±0.6	−130.2 **	±55.0	114	±14	4.5 *	±0.7
95%置信区间	−0.4，−0.1		−1.3，−0.7		−101.2，−36.6		−13，2		−1.2，−0.2	
运动阶段Ⅱ										
冷却组	38.1	±0.1	36.0	±0.6	286.4	±115.9	155	±10	5.78	±0.4
控制组	38.3 * *	±0.1	35.9	±0.8	212.4	±155.2	154	±13	5.9	±0.5
95%置信区间	−0.2，−0.0		−0.1，0.4		−51.7，199.6		−6，9		−0.5，0.2	

注：统计显著水平 * $P<0.05$，** $P<0.01$，*** $P<0.001$
资料来源：Chan et al.，2017b。

在两个运动阶段间歇之使用抗热背心，具有以下两方面作用：

（1）加快体力恢复。在高温环境中，当人体运动/体力工作过后身体会产生热应变，此时穿上抗热背心后，首先为皮肤表面带来冷却效果，进而冷却周边血液，因此观察到显著下降的平均皮肤温度。随着皮肤温度的下降，核心温度—皮肤温度的热梯度开始扩大，从而促进体内血液的热传导，使身体核心向表皮散热，因而穿着抗热服的核心体温也显著低于未穿的情况。核心体温在穿着抗热背心的境况下下降速度（0.024℃/min）显著超过未穿的情况（0.017℃/min），这说明其加速人体散热。

（2）提高后续运动能力。在运动/体力工作间歇间穿着抗热背心，促使核心体温更快地下降，从而为后续运动时核心体温创造更大的上升空间，最终延长核心体温上升至临界值的时间，最终提高运动时间。同时，在后续运动时，心率与生理热应变指标的上升也显著减缓,同样有助于运动能力的提升。

6）工人穿着测试与问卷调查

工人穿着测试于 2016 年夏季进行,旨在评估抗热背心的可行性及实用性。143 位工人参与此次测试,其中 42% 为木模板工,58% 为钢筋工。他们参加为期 2 天的穿着测试,即一天于上午、下午 30min 休息期间穿着抗热背心,另一天不穿抗热背心;测试的顺序采用随机对抗平衡。在早晨与下午休息时段结束后,他们被要求填写一份简短的问卷,对主观降温效果、舒适性、皮肤湿度改善程度及体力恢复程度进行评价;用七点李克特量表表示,分值越高越代表主观感受越好。2 天测试结束后,他们需要指出是否在休息期间穿着抗热背心。

实地研究结果显示与未穿抗热背心组相比,穿着抗热背心组观察到较高的主观评分,评分范围为 4～6（7 为最高分）,且工作间歇时穿着与未穿抗热背心的主观评分差异显著,所有结果 P 值均小于 0.001（Chan et al.,2017c）,表明使用抗热背心达到令人满意的降温抗热效果（图 6-14）。此外,超过 91% 的工人倾向于在休息阶段穿着抗热背心。

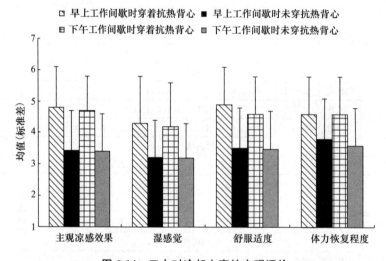

图 6-14　工人对冷却方案的主观评价

注:主观属性由七点李克特量表表示,度量由 1～7 代表:休息时感觉凉快的程度,
休息时皮肤干爽的程度,休息时舒服的程度,休息之后体力恢复的程度。

资料来源:Chan et al.,2017c。

4. 研究意义

为建筑工人设计抗热背心是一项极具挑战性的研究工作。首先,此研究项目属于跨学科研究范畴,需要来自职业安全与健康、纺织科学、运动学、材料学等有关领域的专家与学者共同完成。在项目实施阶段,需要研究人员对织物、冷源装置的物理性能有较为全面的认识,能够熟练执行暖体假人与人体穿着测试。因此,研究团队由 1 名项目负责人、6 名合作者及 5 名研究人员分工协作,组成成衣设计小组、测试设计小组及执行小组,共同完成研究任务。

针对建筑工人设计抗热背心的研究处于萌芽阶段,过去的文献鲜有涉及这方面。研究团队基于以往研究项目的经验,采用科学的研究方法,为抗热背心的设计、评估提供了坚实的理论基础与实证结果。研究证实了于体力劳作间歇使用抗热背心的有效性与实用性。

尤其当工人在工作间歇时无法采用其他降温方式时，抗热背心可能有助于他们快速恢复体力，从而提高后续工作效率。抗热背心的使用也非常方便：相变材料无需冷藏，置于空调房间（24℃）1～2h 便可凝固、循环使用；工人还可根据需要自行控制相变材料包的数量；抗热背心耐洗，用机洗方便；风扇装置容易拆卸与安装，电池充电时间仅需 3～4h 便可续航 7h。这些使用方便性大大提高了抗热背心的实用性。抗热背心成本约每件数百元，是其值得大力推广的优势之一。虽然个人冷却服装在建筑业尚未广泛应用，本研究揭示了这一冷却方案在建筑业具有很高的应用潜力，旨在为工人创造福祉。

建筑工人抗热背心的研究获得报刊、媒体、公众的广泛关注，亦获得学术界及业界人士的垂询。例如，当地管理部门曾于 2017 年 5 月到访当地理工大学可持续城市伍永康实验室参观，抗热背心作为其中一项研究项目展示给到访者。2017 年 6 月研究团队向当地基金机构专家组展示了研究项目成果。本地有线宽频新闻（2016）等多家媒体向专业人士、工人和公众报道了抗热背心的研究成果。研究团队获邀参展当地地铁公司2017 年度安全创新会议与展示会。这些展览活动向公众展示了团队的研究成果，提高了公众对高温下施工健康与安全的关注，更有助于完善防暑降温的措施。

6.3　高温职业健康安全的展望

我国气候环境决定了大部分地区在夏季面临高温的侵袭，建筑工程施工主要是露天作业，更容易受热环境的影响。我国建筑业是吸纳劳动人口最多的行业，处于劳动密集型产业阶段，对工人体力劳动需求大，建筑工人容易产生疲劳。近年来，我国建筑行业面临着工人"老龄化"的问题，鲜有 80 后、90 后投身于以"卖苦力"为生的建筑行业，工人的老龄化有可能致使他们的耐热能力变差。这些自然环境、施工要求及个人因素给高温下施工的建筑工人带来不利的影响，致使中暑事件时有发生，给建筑工人健康和生命安全造成了严重危害。

高温下施工的健康与安全关乎建筑工人的福祉，为进一步健全和完善建筑施工职业健康安全管理体系，有效控制高温下施工事故频发的局面，作者运用科学研究方法，开发了一系列防暑降温的措施，包括夏季最优工作和休息时间安排、抗热工作服及抗热背心，这些研究成果有助于行业标准的制定，完善夏季施工健康与安全指引。然而，单一的研究成果并不能有效推动高温职业健康安全，而是需要依靠业界与学术界共同协作，维护工人健康及相关权益。对此，本书提出以下几点展望。

（1）高温下施工的健康与安全研究仍处于发展阶段，需要大量研究项目来完善这一跨学科领域的理论体系与实证研究成果。作者在进行"高温天气下建筑业的健康安全措施研究"时，发现现阶段研究仍存在不足，新的研究领域仍待开拓。由于现存核心体温探测器的测量方式具有侵入性，如吞服一颗钱币大小的"药丸"探测器，或是用温度计测量肛温，这些仪器对普通工人来说难以接受。因此，对建筑工人核心体温数据的采集一直是实地实验面临的困难之一，仅对耳温、心率进行测量不能全面评估身体热负荷，最终可能导致分析结果存在误差。未来的研究方向之一是开发一种能够准确监测并且不具侵入性的核心体温探测仪器，这不仅有助于采集研究数据的准确性，还能根据核心体温数据预先警示工人是否有中暑的风险。

（2）按照高温施工防暑降温措施介入的时间，可分为工作前预防、工作时干预及事发时急救三个阶段。现阶段研究主要集中于"工作时干预"，如穿着抗热工作服能够减轻身体热应变，穿着抗热背心能够提高后续工作能力，合理休息时间能够避免工人承受超额热负荷等。对于其他类型的"工作时干预"办法，仍需大量研究来制定行业标准。比如针对热适应问题应如何合理安排工作—休息时间？究竟工人每天应饮用多少水才能避免脱水？另外，对预防工作与急救工作的研究略显不足，大多这类工作指引仅仅依赖基本常识，缺乏基于高温施工环境下的实证证据。

（3）近年来，高温下施工对工人健康及安全的影响得到了越来越多的关注。各地行政主管机构与建造行业试图通过立法、制定标准及指引来保障工人安全。然而，这些标准的制定却存在多个漏洞。①大部分的行业指引采用了国际认可的标准（如 ISO、NIOSH 等），然而却忽视了地区人口、文化、社会经济的差异性，并且，这些一般性标准可适用于任何高温作业的行业，便忽视了建筑施工这一高风险行业的特殊性，因此，单一地引用一般性国际标准可能高估或者低估了高温下施工的风险（Rowlinson et al.，2014），从而影响了防暑降温措施的有效性。②现行的大多数行业指引推行"应该"和"不应该"的措施（Yi et al.，2013b），但缺少明确的标准来规范施工单位和建筑工人的行为。举例来说，中国华南某典型高温地区制定的《在酷热天气下工作的工地安全指引》中强调"工人应适当及定时保持体内水分充足"，然而，却没有界定工人应该喝多少水来避免出现脱水的症状。即使美国职业安全与健康管理局（OSHA）建议高温下作业的工人应每隔 20min 喝一杯水，也不禁让人存疑：这是否对建筑工人是最"经济有效"的饮水方式？③由于缺乏科学系统的研究，即根据地域性特征量化高温下施工的风险及其对工人健康安全的影响，并制定且评估防暑降温措施的有效性，这导致现行行业标准缺乏明确的准则。比如，大多防暑降温措施中提到承包商应为工人适当安排休息，避免长时间暴晒；建筑工人应穿着宽松、透气、浅色的工作服，以保证有效散热，然而，过去的行业指引中鲜有规范何时休息、休息多长时间、何为合适的工作服。本书作者及其研究团队经过近 8 年的研究，得到了最佳工作和休息时间，并设计了建筑工人抗热服与抗热背心（详见本书第 5 章和第 6 章），回应了现行防暑降温措施中的"准则"问题。然而，仍然需要大量研究来辅助制定其他相关防暑降温的行业准则。

（4）"知识转移"是将研究成果应用于实践的"里程碑式"阶段。对于高温施工健康与安全的研究来说，随着有效的防暑降温措施的开发，由基础科学到应用技术，再转化为最终的使用"产品"，它意味着研究成果能够被业界利益相关者接受，建筑业与社会将从知识转移活动中得到实质的益处，学者亦能与社会有更紧密的联系，为工人创造更多福祉，这极具现实意义。例如，作者所在单位其附属机构理大科技及顾问有限公司将"抗热工作服"技术授予当地管理部门，极大推动了抗热工作服的广泛应用，惠益更多工人，实现防暑降温的最终目的。最后，现阶段高温施工健康与安全研究主要集中在防暑降温措施的"开发阶段"，仍然缺乏其在实施阶段和影响阶段的研究，即它们在业界的使用情况，包括推广、应用过程，以及使用性能方面的评价，却鲜有相关研究。下一阶段研究需要调查防暑降温措施是否能够改善施工安全文化意识，或是否带来社会、经济效益等方面，不断地完善防暑降温措施。

6.4　本章小结

抗高温个人防护设备是一项重要防暑降温措施，业界对抗高温个人防护设备的需求日益增加。研究团队研发的抗热服利用吸湿排汗和高水分管理技术，令汗水能够快速由皮肤传送到衣物表面，加速了汗水蒸发；同时成衣设计还考虑了款式与行业特征，大大提高了工作服的可推广性。后续的实验室实验证实：对比传统工作服，抗热工作服能够有效地减少生理与感知热应变；工地研究证明 87% 以上的工人认同抗热服能提供更凉快、干爽、舒适及灵活的感觉。

相较其他防暑降温措施而言，个人冷却设备是一种较为新型的防暑降温产品，它能够为人体提供一个相对较凉爽、舒适的局部环境。当前个人冷却设备的研究主要集中于运动、消防、军事等领域，却较少用于高温下施工的环境。为了进一步开发防暑降温措施，研究团队开展了两阶段研究：第一阶段主要测试两件商用冷却背心，发现它们的冷冻效果不佳，工人的可接受度较低；第二阶段主要开发最优的冷却方案，以及在工作间歇时穿着新型抗热背心，结果显示这一冷却方案不仅能够有效减少人体热应变，还能有助于后续工作能力的提升。工地研究表明 91% 以上的工人接受这一冷却方案。

本章阐述了研究团队在过去六年时间里从事的抗高温个人防护设备的开发，包括抗热工作服和抗热背心。这些研究以中国华南某典型高温地区夏季施工健康安全状况为平台，旨在提供一个良好的研究案例，并可应用类似的研究方法在其他地区开发因地制宜的防暑降温措施。

本章参考文献

[1]　Bassett Jr D R,Rowlands A V,Trost S G. Calibration and validation of wearable monitors[J]. Medicine and Science in Sports and Exercise,2012,44(Suppl ement 1):S32.

[2]　Bongers C C,Thijssen D H,Veltmeijer M T,et al. Precooling and percooling (cooling during exercise) both improve performance in the heat:a meta-analytical review[J]. British Journal of Sports Medicine,2014,49(6):377.

[3]　Camp C J. From efficacy to effectiveness to diffusion:Making the transitions in dementia intervention research[J]. Neuropsychological Rehabilitation,2001,11(3-4):495-517.

[4]　Chan A P C,Song W,Yang Y. Meta-analysis of the effects of microclimate cooling systems on human performance under thermal stressful environments:potential applications to occupational workers[J]. Journal of Thermal Biology,2015,49:16-32.

[5]　Chan A P C,Yang Y. Practical on-site measurement of heat strain with the use of a perceptual strain index[J]. International Archives of Occupational and Environmental Health,2016a,89(2):299-306.

[6]　Chan A P,Guo Y P,Wong F K,et al. The development of anti-heat stress clothing for construction workers in hot and humid weather[J]. Ergonomics,2012b,59(4):479-495.

[7]　Chan A P C,Yang Y,Wong F K W,et al. Reduction of physiological strain under a hot and humid environment by a hybrid cooling vest[J]. The Journal of Strength & Conditioning Research,2017a.

[8]　Chan A P C,Yang Y,Song W,et al. Hybrid cooling vest for cooling between exercise bouts in the heat:Effects and practical considerations[J]. Journal of Thermal Biology,2017b,63:1-9.

［9］ Chan A P C,Zhang Y,Wang F,et al. A field study of the effectiveness and practicality of a novel hybrid personal cooling vest worn during rest in Hong Kong construction industry［J］. Journal of Thermal Biology,2017c,70(PARTA):21-27.

［10］ Chataway J,Chaturvedi K,Hanlin R,et al. Building the case for national systems of health innovation ［R］. A background policy paper prepared for NEPAD in advance of the AMCOST meeting and the African Union Summit January 2007.

［11］ Christensen J E,Christensen C E. Statistical power analysis of health,physical education,and recreation research［J］. Research Quarterly. American Alliance for Health,Physical Education and Recreation,1977,48(1):204-208.

［12］ Constable S H,Bishop P A,Nunneley S A,et al. Intermittent microclimate cooling during rest increases work capacity and reduces heat stress［J］. Ergonomics,1994,37(2):277-285.

［13］ Cross N,Naughton J,Walker D. Design method and scientific method［J］. Design Studies,1981,2(4):195-201.

［14］ DeMartini J K,Ranalli G F,Casa D J,et al. Comparison of body cooling methods on physiological and perceptual measures of mildly hyperthermic athletes［J］. The Journal of Strength & Conditioning Research,2011,25(8):2065-2074.

［15］ Duffield R,Dawson B,Bishop D,et al. Effect of wearing an ice cooling jacket on repeat sprint performance in warm/humid conditions［J］. British Journal of Sports Medicine,2003,37(2):164-169.

［16］ Eccles R. Mechanisms of the placebo effect of sweet cough syrups［J］. Respiratory Physiology & Neurobiology,2006,152(3):340-348.

［17］ Gao C,Kuklane K,Holmér I. Cooling vests with phase change material packs: the effects of temperature gradient,mass and covering area［J］. Ergonomics,2010,53(5):716-723.

［18］ Gavin T P. Clothing and thermoregulation during exercise［J］. Sports Medicine,2003,33(13):941-947.

［19］ Goldenhar L M,LaMontagne A D,Katz T,et al. The intervention research process in occupational safety and health: an overview from the National Occupational Research Agenda Intervention Effectiveness Research team［J］. Journal of Occupational and Environmental Medicine,2001,43(7):616-622.

［20］ Goldenhar L M,Schulte P A. Intervention research in occupational health and safety［J］. Journal of Occupational and Environmental Medicine,1994,36(7):763-778.

［21］ Hausswirth C,Duffield R,Pournot H,et al. Postexercise cooling interventions and the effects on exercise-induced heat stress in a temperate environment［J］. Applied Physiology,Nutrition,and Metabolism,2012,37(5):965-975.

［22］ Hu J,Li Y,Yeung K W,et al. Moisture management tester: a method to characterize fabric liquid moisture management properties［J］. Textile Research Journal,2005,75(1):57-62.

［23］ Jay O,Kenny G P. Heat exposure in the Canadian workplace［J］. American Journal of Industrial Medicine,2010,53(8),842-853.

［24］ Jones D R. Meta-analysis: weighing the evidence［J］. Statistics in Medicine,1995,14(2):137-149.

［25］ Kristensen T S. Intervention studies in occupational epidemiology［J］. Occupational and Environmental Medicine,2005,62(3):205-210.

［26］ Kumar C. Research methods［EB/OL］. Library and Information Science,Kuvempu University,India,2000. http://www.freewebs.com/sampathkumar/u34.pdf.

［27］ Lancaster G A,Dodd S,Williamson P R. Design and analysis of pilot studies: recommendations for good practice[J]. Journal of Evaluation in Clinical Practice,2004,10(2):307-312.

[28]　Li Y. The science of clothing comfort[J]. Textile Progress,2001,31(1-2):1-135.

[29]　Lipsey M W. Theory as method: Small theories of treatments[J]. New Directions for Evaluation,1993,57:5-38.

[30]　Maiti R. Workload assessment in building construction related activities in India [J]. Applied Ergonomics,2008,39(6):754-765.

[31]　Marino F E. Methods,advantages,and limitations of body cooling for exercise performance[J]. British Journal of Sports Medicine,2002,36(2):89-94.

[32]　McCullough E A. Evaluation of personal cooling systems using a thermal manikin-Part II[R]. Institute for Environmental Research,Kansas State University,Manhattan,US,2012.

[33]　Quod M J,Martin D T,Laursen P B. Cooling athletes before competition in the heat[J]. Sports Medicine,2006,36(8):671-682.

[34]　Robson L S,Shannon H S,Goldenhar L M,et al. Guide to evaluating the effectiveness of strategies for preventing work injuries[R]. Department of Health and Human services,National Institute for Occupational Safety and Health,Publication No. 2001-119. 2001.

[35]　Rodahl K. The physiology of work[M]. London:Taylor & Francis,1989.

[36]　Rowlinson S,YunyanJia A,Li B,et al. Management of climatic heat stress risk in construction:a review of practices,methodologies,and future research [J]. Accident Analysis & Prevention,2014,66:187-198.

[37]　Sasson R,Nelson T M. The human experimental subject in context[J]. Canadian Psychologist/Psychologie Canadienne,1969,10(4):409.

[38]　Sawka M N,Wenger C B,Pandolf K B. Thermoregulatory responses to acute exercise-heat stress and heat acclimation[R]. Environmental Physiology and Medicine Directorate,U. S. Army Research Institute of Environmental Medicine,Natick,Massachusetts,1995.

[39]　Shimaoka M,Hiruta S,Ono Y,et al. A comparative study of physical work load in Japanese and Swedish nursery school teachers[J]. European Journal of Applied Physiology and Occupational Physiology,1997,77(1):10-18.

[40]　Singleton Jr R A,Straits B C,Straits M M. Approaches to social research [M]. 5th edition. [M]. New York:Oxford University Press,2010.

[41]　Tikuisis P,Mclellan T M,Selkirk G. Perceptual versus physiological heat strain during exercise-heatstress[J]. Medicine & Science in Sports & Exercise,2002,34(9):1454-1461.

[42]　Tyler C J,Sunderland C,Cheung S S. The effect of cooling prior to and during exercise on exercise performance and capacity in the heat:a meta-analysis [J]. British Journal of Sports Medicine,2013,49(1):1-8.

[43]　Wan X,Fan J. A transient thermal model of the human body-clothing-environment system[J]. Journal of Thermal Biology,2008,33(2):87-97.

[44]　Weiss C H. The many meanings of research utilization[J]. Public Administration Review,1979,39(5):426-431.

[45]　Yang Y,Chan A P C. Perceptual strain index for heat strain assessment in an experimental study:an application to construction workers[J]. Journal of Thermal Biology,2015,48:21-27.

[46]　Yang Y,Chan A P C. Heat stress intervention research in construction: gaps and recommendations [J]. Industrial Health,2017a,55(3):201-209.

[47]　Yang Y,Chan A P C. Role of work uniform in alleviating perceptual strain among construction work-

ers[J]. Industrial Health,2017b,55(1):76-86.

[48] Yaspelkis B B,Ivy J L. Effect of carbohydrate supplements and water on exercise metabolism in the heat[J]. Journal of Applied Physiology,1991,71(2):680-687.

[49] Yeargin S W,Casa D J,McClung J M,et al. Body cooling between two bouts of exercise in the heat enhances subsequent performance[J]. Journal of Strength and Conditioning Research,2006,20(2): 383.

[50] Yi W,Chan A P C. Alternative approach for conducting construction management research:quasi-experimentation[J]. Journal of Management in Engineering,2013a,30(6):05014012.

[51] Yi W,Chan A P. Optimizing work-rest schedule for construction rebar workers in hot and humid environment[J]. Building and Environment,2013b,61:104-113.

[52] Yi W,Chan A P C. Which environmental indicator is better able to predict the effects of heat stress on construction workers? [J]. Journal of Management in Engineering,2014,31(4):04014063.

[53] Yi W,Chan A P,Wong F K,et al. Effectiveness of a newly designed construction uniform for heat strain attenuation in a hot and humid environment [J]. Applied Ergonomics,2017a,58:555-565.

[54] Yi W,Zhao Y,Chan A P,et al. Optimal cooling intervention for construction workers in a hot and humid environment[J]. Building and Environment,2017b,118:91-100.

[55] Zhao M,Gao C,Wang F,et al. A study on local cooling of garments with ventilation fans and openings placed at different torso sites[J]. International Journal of Industrial Ergonomics,2013,43(3):232-237.

[56] 陈炳泉. 建造业工人抗热服研制及其抵御高温高湿环境功效测试[J]绿十字,2016,26(4):16-21.

第7章 结 论

据气象资料显示，地球正在经历气候变暖为特征的显著变化。高温天气将变得更加频繁、强烈和持续。由于厄尔尼诺现象导致气候变暖，以及温室气体排放造成的长期气候变化，2017年前5个月，全球陆地和海上地表平均气温达到自有纪录以来第二高。全球气温升高不仅是环境危害，还是职业危害。高温天数的延长，炎热高湿天气的增多，直接危害着工地工人的健康，引起热疹、中暑、热衰竭、热晕厥等问题。此外，气温升高还会加剧工地中有毒化学物质、农药等的蒸发，引起呼吸系统、神经系统等疾病。

目前，大部分关于高温天气与健康的研究，主要关注的是一般性人群，或是脆弱人群，如儿童、老年人。与普通人群不同，职业人群面对高温天气，会受到工作方式的限制，如进行中等、高等强度的体力劳动，穿着防护服装，以及工作场所的热源。因此，带来的健康影响会更大。发达国家已开展一系列研究针对高温天气对职业人群的健康影响，主要集中在建筑工人、矿工、消防员、士兵、农民等户外作业人员。随着全球变暖的加剧，高温热浪事件对职业人群的健康威胁会大大增加，同时会导致其工作时间降低、工作效率下降等，从而影响社会经济的发展。高温天气不仅造成国家劳动力的损失、流失，还可能对社会经济发展产生不利影响。因此政府和相关机构需要制定并实施预防和控制策略，以减少由于气候变化造成的健康损害和经济损失。

建筑业是我国国民经济的支柱产业之一，其工程建设安全问题历来备受各级政府和社会的关注。建筑安全不仅是建筑业可持续发展的基础，也是国民经济改革和发展的重要条件。高温安全事故是建筑施工现场主要的安全隐患之一，严重威胁着施工人员的生命安全。高温环境下的建筑施工多为露天场外作业，受温度、气候条件影响大，而劳动工具粗笨，劳动对象体积规模大，加大了高温下建筑施工的危险性。由于夏季光照时间长，是工程施工的抢工季节，导致高温作业时间较长，施工单位为赶工期，施工作业人员工作时间超时的情况常有发生。劳动强度高，手工操作多，体能消耗大，使得高温劳动保护工作非常艰巨。为了提高人们对气候变化与职业健康关联性的认识，本书在系统回顾国内外相关研究的基础上，提出了有效预防高温下建筑施工的健康安全管理措施，并对我国建筑业职业健康的研究和防治提出建议。

7.1 高温下建筑业的防暑降温措施

炎热的工作环境导致中暑症状及事故的频发，严重威胁着工人的健康安全。建筑施工多为露天户外作业，受温度、气候条件影响大，而劳动强度高加大了夏季施工的危险性。根据相关资料统计，夏季是建筑工地死亡事故的高发期，建筑工人易出现不同程度的中暑症状。政府部门与行业各界对此予以高度重视，颁布了一系列关于夏季工作的注意事项及基本措施。然而，上述推行的基本措施缺乏基于科学实验的研究和临床参数的定量分析。

为了解决上述问题，作者进一步细化及完善现行措施：①确定建筑工人在不同高温环境下的工作极限时间；②确定建筑工人在高温下长时间工作后，体能恢复所需要的最佳休息时间；③优化了高温天气下建筑工人的作息时间安排，优化后的作息时间安排不仅有助于提升建筑业的生产效率，同时保障建筑工人的安全与健康。

从创新的角度，研究首次从人体运动生理及热环境学的角度、通过科学实验研究建筑业的高温作业管理。从科学价值的角度，研究监测了工人的生理指标、运动强度及建筑工地的热环境，为建筑工人在夏季工作的环境、生理状态提供了科学依据；研究通过科学实验、数据模拟、行业论坛等方法，优化了建筑业夏季作息时间安排，为高温作业下的职业健康安全管理提供了决策依据。从社会效益的角度，研究在降低高温天气下中暑事故的发生、保护劳动者健康及其相关权益方面有重要意义。此项研究针对中国华南某典型高温地区建筑业，不同国家地区、不同种类的高温作业的防暑降温措施有待进一步探索。

优化后的作息时间安排已被当地管理部门采纳，纳入最新版的《在酷热天气下工作的工地安全指引》。

7.2　建筑业工人抗热工作服

建筑业工作服是保护建筑工人在施工过程中的安全与健康的服装，对减少职业危害起着重要作用。但现有的建筑业工作服有吸热、厚实且透气性能差等缺点，造成建筑工人工作效率低，甚至引起热疹等不适症状。作者研究团队研制了建筑业的抗热工作服（抗热服）：①采用含纳米技术、具备单向传送及液体湿度管理功能、透气度高、透湿性强、汗水蒸发快的布料；②运用服装功能（纤维的尺寸、纱线的粗细、织物的结构和服装的设计）和服装舒适性的数学模型，并结合建筑工地环境与工作强度，设计了抗热服；③通过暖体假人实验、人体生理实验、建筑工地实验，验证抗热服能有效减轻身体热负荷并提高穿着舒适度。研究是首次为建筑工人研制抗高温环境的工作服。该研究是一项跨学科研究，涉及纺织与服装、职业健康安全、土木工程管理、人体生理运动学等领域。

作者所在单位与当地管理部门于 2015 年 4 月 1 日签订《建造业抗热服技术授权协议》。根据所签订的协议，管理部门将会把抗热服技术再授权给其他承包商，并按照作者团队提供的规格生产。技术授权有助于推动业界广泛使用抗热工作服。当地管理部门于 2016 年 9 月正式宣布抗热服为当地建筑工人第二代工作服。通过精简工作服订购流程，削减行政与后勤开支，抗热服的售价比第一代工作服降低了 20%。自此之后，雇主可通过当地管理部门订购抗热服。根据统计，在 2015 年 9 月至 2017 年 9 月期间，业界相关单位已订购了超过10 万件抗热衣及抗热裤。

抗热服对中国华南某典型高温地区建筑施工的实践与指引产生重要影响。当地管理部门于 2017 年 3 月发表的《工地福利——健康和安全措施》这一参考资料中明确将"抗热服"作为其中一项为建筑工人创造福祉的措施。当地管理部门于 2017 年初在《工程项目管理手册（英文版）》中指定抗热服为公务工程合同工程的标准制服，承包商可采用抗热服或相似设计作为工人统一制服。除此之外，作者所在单位其附属机构理大科技及顾问公司与其他地区的管理部门于 2017 年 6 月签署了授权协议，总共 1500 套抗热服将分发于户外工人，包括建筑施工、园艺及物流工人。这些举措大力推动了抗热服在业界的广泛使用。

7.3　高温预警智能设备

夏季高温天气导致从事户外作业的劳动者中暑甚至死亡的事件时有发生，给劳动者身体健康和生命安全造成了严重损害，成为社会各界共同关注的重要问题。为了加强高温作业、高温天气作业劳动保护工作，维护劳动者健康及其相关权益，国家安全生产监督管理总局、卫生部、人力资源和社会保障部、中华全国总工会制定了《防暑降温措施管理办法》。该管理办法中规定用人单位应当制定高温中暑应急预案。作者团队开发了适用于建筑工地的高温预警智能设备。高温预警智能设备是穿戴式设备，由一个智能手环和一个智能手机组成，能有效监控建筑工人的个人信息、热环境、生理、工作位置等信息：①智能手环能实时监控工人心率；②智能手机内置温湿度感应器和全球定位芯片，能实时监测工人工作热环境（温度、湿度等）及工作位置；③智能手机中开发的应用软件（APP）能记录工人的个人信息（年龄、性别、吸烟习惯、饮酒习惯、工作种类）、工作时间、热环境数据、生理数据，基于此数据和高温作业模型，评价建筑工人所承受的热压力，智能手机及手环发出不同等级的高温警报及相应的应急措施。

从创新的角度，研究首次对建筑工地的高温风险进行预警，将大数据、信息技术与职业健康安全管理紧密结合，全面持续地识别、评估和控制与高温风险相关的职业健康安全管理。从科学价值的角度，研究基于建筑工人在热环境作业的生理状态的算法，运用了传感技术、地理信息定位技术、通信技术，开发了高温预警智能设备。从社会效益的角度，研究推动安全管理技术及设备的改进，制定了有效的高温应急机制；加强建筑工人劳动保护的管理，确保工人的健康；提高管理层对施工现场的有效监督管理，促使职业健康安全业绩持续改进。

本章参考文献

［1］　Applebaum K M，Graham J，Gray G M，et al. An overview of occupational risks from climate change
［J］. Current Environmental Health Reports，2016，3(1)：13-22.

［2］　Kjellstrom T，Lemke B，Hyatt O，et al. Climate change and occupational health：a South African per-
spective［J］. Samj South African Medical Journal，2014，104(8)：586.

［3］　世界气象组织：全球各地面临异常高温天气袭击［EB/OL］. 2017-06-02. http：//www. un. org/chi-
nese/News/story. asp？ NewsID＝28269.

致　谢

研究项目由中国香港特别行政区研究资助局优配研究金资助（包括三个 RGC 项目，编号分别为 PolyU510409、PolyU5107/11E、PolyU510513）。其他支持机构包括中国香港地区的香港建造业协会、香港发展局、香港房屋委员会、香港职业安全健康局、新鸿基地产发展有限公司、有利建筑有限公司、中国建筑工程（香港）有限公司、香港理工大学纺织及制衣学研究所、香港理工大学企业发展院和中国澳门地区的澳门劳工事务局等机构。特别感谢香港测量师学会对本书的资助。书中内容属于 RGC 研究项目《建筑工人在炎热天气下工作的健康安全措施研究》《建筑工人抗热工作服的研发》《建筑工人个人冷冻系统的研发》以及香港职业安全健康局 OSHC 咨询项目《在炎热工作环境下使用个人冷却设备来预防中暑的效用研究》《在炎热工作环境下使用个人冷却设备（冷冻背心）来预防中暑的效用研究——后续调查》的一部分，其他相关出版物以研究项目为背景，着重于不同的研究目的。感谢香港理工大学、香港教育学院、香港公开大学、香港高等教育科技学院、曼彻斯特大学、山东体育学院、武汉理工大学、苏州大学、东华大学专业人员对研究的技术支持：

黄君华教授、任志浩教授、陈炜明副教授、林伟明博士（香港理工大学建筑与房地产系）；
李蓓教授、Ms. TAN Suqing（香港理工大学应用生物及化学科技学系）；
王发明助理教授、郭月萍博士、孙舒博士、韩笑博士、胡军岩博士、焦娇博士（香港理工大学纺织及制衣学系）；
钟慧仪教授（香港教育学院）；
张泳沁博士（香港公开大学）；
李翼教授（曼彻斯特大学）；
王培林教授（山东体育学院）；
张英副教授（武汉理工大学）；
宋文芳博士（苏州大学）。

此外，感谢参与此项研究的香港理工大学技术人员（Mr. I. K. CHAN，Mr. C. F. WONG，Mr. Kenneth LAI）、实验志愿者和建筑工人对研究的支持与配合及所做出的贡献。

作者简介

陈炳泉（Albert P. C. Chan）

男，教授，博士生导师，香港理工大学建筑及房地产学系系主任及建筑工程及管理讲座教授，拥有英国、澳大利亚和中国香港多项专业执业资格，包括英国皇家特许建造师学会资深会员（FCIOB）、英国皇家特许测量师（MRICS）、澳洲特许资深建造师（FAIB）及澳大利亚项目管理协会会员（MAIPM）等，并曾在香港城市大学、南澳大利亚大学任教。研究领域主要包括公私合作机制、伙伴合作关系、项目管理和采购及建筑安全管理。曾主持和参与80多项国内外资助的重大课题，发表国际期刊论文300多篇，其中SCIE检索的论文200多篇，尤其是在公私合作机制、安全管理等研究领域，拥有相当高的国际声誉。被列入2016年世界大学学术排名榜与爱思维尔出版集团发布的"土木工程领域最广获征引科研人员"名录。

伊文

女，博士，新西兰梅西大学讲师。其研究方向包括建筑业安全与健康、信息自动化与安全管理、建筑业生产率等。2010年12月毕业于重庆大学，获管理学硕士学位；2014年5月毕业于香港理工大学，获建设工程管理博士学位。2010年7月至2011年7月间，赴香港理工大学建筑及房地产学系进行研究工作；2014年7月至2017年6月在香港理工大学进行博士后研究；2015年9月至2016年3月在澳大利亚科廷大学任博士后研究员。已发表学术论文50篇，包括国际英文期刊论文30篇，合著图书1本，国际会议论文14篇，中文期刊论文5篇。

杨扬

女，博士，香港理工大学博士后。本科毕业于华中科技大学，获得经济学与工程学双学士学位。2011年获得香港城市大学"房地产项目管理"硕士学位。2012年就读于香港理工大学，攻读博士学位，研究课题为"建筑工人抗热工作服"，并于2015年获得博士学位。研究方向主要包括建筑工人安全与健康、高温下建筑施工个人防护措施的研究，以及建造管理。已发表国际英文期刊论文14篇，国际会议论文7篇。

赵一洁

女，博士。本科就读于重庆大学，2012年获得工学学士学位。研究生就读于重庆大学，2014年获得硕士学位。博士就读于香港理工大学，2018年获得博士学位，研究课题为"建筑工人个人冷冻系统的研发"。研究兴趣主要包括建筑工人安全与健康、热湿环境与热舒适、个人冷却系统，以及建造管理。已发表学术论文9篇，包括国际英文期刊论文

5 篇，国际会议论文 2 篇，中文期刊论文 2 篇。

研究团队获得的奖项包括：

- 2008 年日内瓦第三十六届国际发明及创新技术与产品展览评审团特别嘉许金奖及特别奖
- 2008 年英国皇家特许建造学会国际创新和研究奖：大奖
- 2012 年英国皇家特许建造学会国际创新和研究奖：健康及安全研究奖
- 2014 年中国香港地区的香港项目管理学会项目管理研究大奖
- 2014 年亚太项目管理联会项目管理研究大奖
- 2015 年建设及环境学院卓越知识转移项目奖
- 2015 年中国香港地区的香港建造业议会创新大奖（本地组别）
- 2015 年英国皇家特许建造学会国际创新和研究奖：大奖
- 2016 年中国发明与创新代表团特别大奖及第 44 届日内瓦国际发明展金奖
- 2016 年中国建筑学会科技进步奖：一等奖
- 2016 年中国香港地区的香港项目管理学会项目管理研究大奖
- 2017 年卓越知识转移项目奖：社会项目大奖
- 2017 年亚太项目管理联会项目管理研究大奖